VALÉRIE LEJEUNE

十字繡聖經
手作人の完美刺繡典藏

謹獻給我的父親，

也獻給法國巴黎十字繡大展裡的魔術師們──

Vanessa, Catherine，

兩位Sophie，

Perrine，Rose，

Marie－Noëlle及Jean－Charles.

VALÉRIE LEJEUNE

十字繡聖經
手作人の完美刺繡典藏

完整收錄 **844** 款

英文字母 × 數字 &
20,000 種刺繡字型，
創意組合 Fun 手繡！

關於字母…

在十字繡的世界裡，字母，是初學者最好的禮物。

它不僅簡單易學，容易上手，可以妝點在襯衫或手帕角落的草寫字母，是決定學習者是否要繼續在刺繡領域裡努力，或立刻放下針線改行去的關鍵角色！

繡完第一個字母，你就會知道自己和刺繡究竟有沒有緣分。若有緣分，它就會一直跟隨著你，想像力也會在你的世界開始作用，在這26個字母裡盡情馳騁遨翔，你將會驚訝於它無比豐富的變化性！

無論是尖尖或胖胖的《A》，它已經作好萬全準備，因為它是第一個字母，有著無限可能，就像是電影開演前，戲院場燈終於全暗的那一剎那，全場觀眾同時發出期待的嘆息聲；當它是大寫字母時，那左右兩條堅實的臂膀向上靠攏，就像是清楚的路徑指標。《A》就像是一場意識旅行，而且保證和它的鄰居《B》完全不同。《B》帶著它兩個安全氣囊，扎扎實實地坐著，沒有任何東西能撼動它的位置，除了《R》。《R》的身形就像有隻往前伸出的腳，這個字母的形象同時有著皇家的氣勢，卻又帶著點不禮貌的隨性。仔細聆聽這些線條的聲音，你會聽見《R》發出的低吼聲！

這是為什麼？也許是為了要抗議那狂野且獨立的《K》，《K》那兩條朝向不同方向伸出的臂膀，就像印度神話裡的神祇。

在這個美麗字母的家族裡，不夠認真的就會受到懲罰。我們聽見《S》從遠方傳來的嘶嘶聲，彷彿它就在我們的左右，有著強烈的存在感，但它其實卻常常被安排在火車或隊伍的尾端。

至於《Z》，由於它蛇行的壞榜樣，當然就只能吊車尾。相對於《C》，它隱藏在柔順圓滑外表下的陰鬱靈魂，即使它是全班前三名，但還是帶著嫉妒的眼神偷瞄著《G》，因為《G》是它的兄弟，而且還端著個自由的小餐盤。而《G》呢！長得就像羅丹的沉思者，它總是扶著自己的下巴，就像人類的世界一樣，大家總是互相羨慕又嫉妒。

有些字母就像工具，《H》就是好用的梯子，或像《V》，長得就像花瓶，可以單獨使用也可以同時擺出兩個。但是《V》又會吃別人的醋，譬如那些單純秀麗的字母如《O》《U》《I》《X》。它甚至更討厭看到《Q》《Y》《P》，因為這三個字母長得不對稱！還有像《E》這種傻瓜，老是掛在字的尾巴，一點聲音也沒有。可是《E》卻夢想擁有像《F》一樣的自由，因為《F》可以捨去第三條線，讓自己旅行起來更輕盈！

至於《L》，即便它已擁有令人稱羨的90度直角，但它寧可犧牲所有，換取像《T》一樣在建築物裡重要的心臟地位！還有《N》，它已經決定做出最壯烈的犧牲，只要能多換取一條腿，讓它可以像《M》一樣，跑得那麼快！

我們的針線，就在這字母的故事裡，不斷持續地繡著……

INTRODUCTION

夢想就像是一座花園，花園會隨著園丁的心情或想法而不斷地演變、轉化。

自2000年我的第一本十字繡書籍出版，在書中介紹了那些我四處觀察蒐集而來的古典字母字體繡法之後，我的收藏便持續地擴大。

與我一起刺繡的朋友、造訪的博物館和老舊資料、在跳蚤市場裡的斬獲，都一點一滴地填滿我的檔案夾，並成就了其他的書籍。

水靜靜地從橋下流過，而我無法預期的幸運，也默默地引領著我，繼續走上這條屬於我的道路，甚至給了我想法，將收藏了超過200種字型的全集，一次出版在這本名為《十字繡聖經》的書裡，而在書中你所看到的字體，全部都是1930年前就已經存在的喔！

集結了上個世紀的各種不同字型體裁（Sajou, Alexandre, Rouyer, Cartier-Bresson, Poiret-frères等），這本書所呈現的並非是只可遠觀的距離感，而是有著自信與驕傲，希望是獻給全世界喜愛十字繡的人們，可用來參考的終極古典字體大全。

為了讓讀者能更方便地利用本書，每一個字母都經過特殊的比例尺拷貝，這樣可以更加輕鬆地使用數個不同的字母，編排你想刺繡的樣本，清楚地檢視它們是否適合排列在一起。在製作這本書的過程中，我們發現，以前的人在設計字型時並不夠嚴謹，常可發現雖然是同系列的字型，但有高度不一的情況。所以我們決定修正每個系列的字型，使它們更

具有一致性，同時依據每個字型，在有需要時填補一些被遺漏的字母，如《I》、《W》、《Q》。最後，我們列出了每個系列字母的不同尺寸（從最小的1格，到最大的55格），在每一頁的上方都標示出刺繡格的高度，既豐富且實用，《十字繡聖經》內含20,000個奇異字體，相信它將會成為你手中的繡線、繡布及想像力最好的伙伴，而這也是我最衷心的期盼。

V.L

ABCDEFGHIJKLMN
OPQRSTUVWXYZ

abcdefghijklm
nopqrstuvwxyz

abcdefghijk
lmnopqrsta
vwxyz

abcdefghijklm
nopqrstuvwxyz

abcdefghijklm
nopqrstuvwxyz

abcdefghijklm
opqrstuvwxyz

abcdefghijklm

nopqrstuvwxyz

alcdefghijklmn

opqrstuvwxyz

abcdefghijklmn

opqrstuvwyz

abcdefghijklmn

opqrstuvwxyz

abcdefghijklmnop

qrstuvwxyz

abcdefghijklmn

opqrstuvwoyz

24

abcdefghijkLm
nopqrstuvwxyz

25

abcdefghijklmn
opqrstuvwxyz

26

abcdefghijkLm
nopqrstuvwxyz

27

abcdefghijkLm
nopqrstuvwxyz

ABCDEFG
HIJKLMNO
PQRSTUV
WXYZ

ABCDEFGHIJKLM
NOPQRSTUVWXYZ

ABCDEFGHIJKLMN
OPQRSTUVWXYZ

ABCDEFGHIJKLMN
OPQRSTUVWXYZ

ABCDEFGHIJKLMN
OPQRSTUVWXYZ

ABCDEFGHIJKLMN
OPQRSTUVWXYZ

ABCDEFGHIJKLMN
OPQRSTUVWXYZ

ABCDEFGHIJKLMN
OPQRSTUVWXYZ

36
abcdefghijklmn
opqrstuvwxyz

37
abcdefghijklm
nopqrstuvwxyz

38
abcdefghijklm
nopqrstuvwxyz

39
abcdefghijklmn
opqrstuvwxyz

40
abcdefghijklmn
opqrstuvwxyz

41
abcdefghijklm
nopqrstuvwxyz

abcdefghijklmn
opqrstuvwxyz

42

abcdefghijklmn
opqrstuvwxyz

43

abcdefghijklm
mopqrstuvwxyz

44

abcdefghijklmn
opqrstuvwxyz

45

abcdefghijklmn
opqrstuvwxyz

46

abcdefghijklmn
opqrstuvwxyz

47

48
abcdefghijklmnop
qrstuvwxyz

49
abcdefghijklmno
pqrstuvwxyz

50
abcdefghijklmno
pqrstuvwxyz

51
abcdefghijklmnop
qrstuvwxyz

52
abcdefghijklmn
opqrstuvwxyz

53
abcdefghijklm
nopqrstuvwxyz

abcdefghijklmn
opqrstuvwxyz

abcdefghijklm
nopqrstuvwxyz

abcdefghijklmn
opqrstuvwxyz

abcdefghijklmn
opqrstuvwxyz

abcdefghijklmn
opqrstuvwxyz

abcdefghijklmn
opqrstuvwxyz

60 abcdefghijklmn
opqrstuvwxyz

61 abcdefghijklmn
opqrstuvwxyz

62 abcdefghijklmn
opqrstuvwxyz

63 abcdefghijklmn
opqrstuvwxyz

64 abcdefghijklmn
opqrstuvwxyz

65 abcdefghijklmn
opqrstuvwxyz

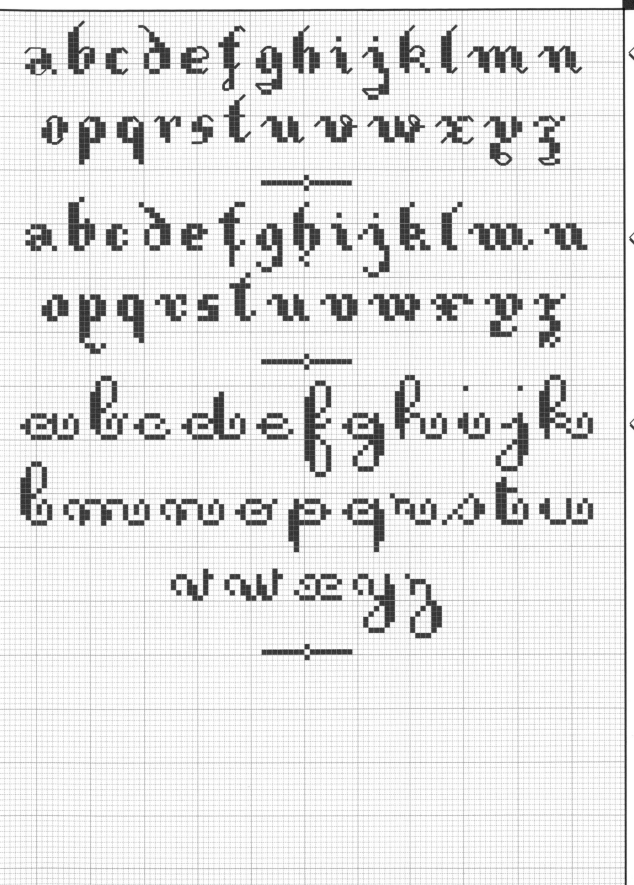

69

ABCDEFGHIJKLM
NOPQRSTUVWXYZ

 70

ABCDEFGHIJKLMN
OPQRSTUVWXYZ

 71

ABCDEFGHIJKLM
NOPQRSTUVWXYZ

 72

ABCDEFGHIJKLMN
OPQRSTUVWXYZ

 73

ABCDEFGHIJKLM
NOPQRSTUVWXYZ

 74

ABCDEFGHIJKLM
NOPQRSTUVWXYZ

 75

ABCDEFGHIJKLMN
OPQRSTUVWXYZ

76

abcdefghijklmn

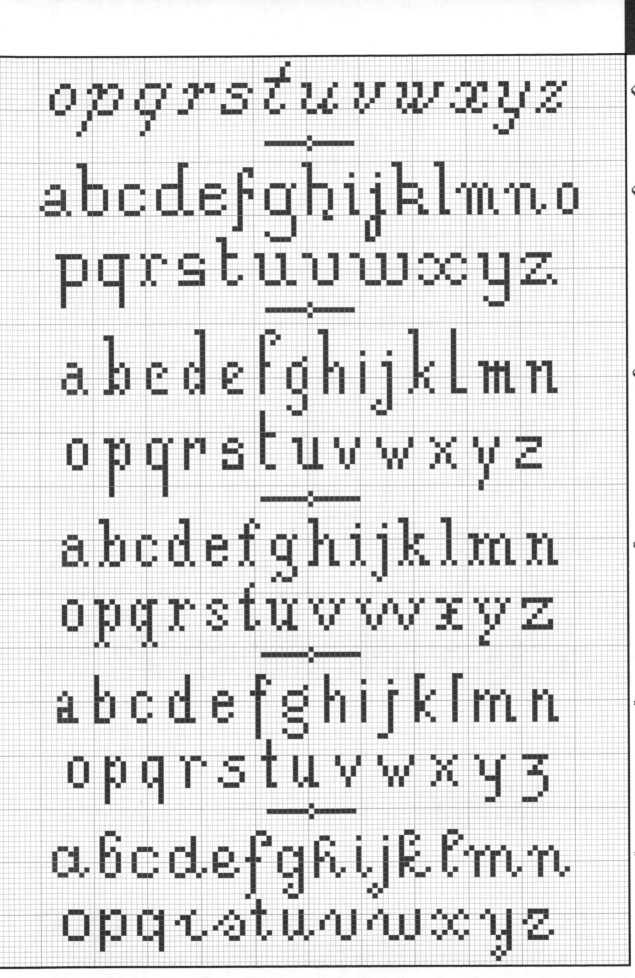

82 abcdefghijklmn
opqrstuvwxyz

83 abcdefghijklmn
opqrstuvwxyz

84 abcdefghijklmn
opqrstuvwxyz

85 abcdefghij
klmnopqrs
tuvwxyz

86 abcdefghijklmn

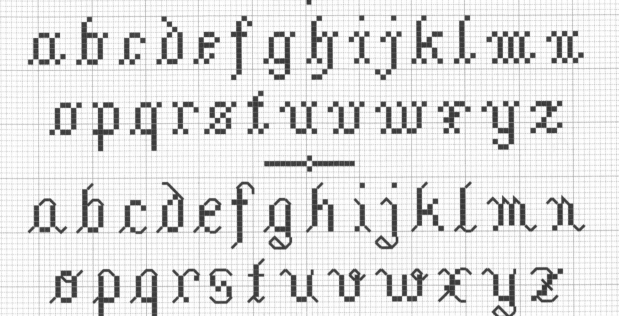

opqrstuvwxyz

abcdefghijklmn
opqrstuvwxyz

abcdefghijklmn
opqrstuvwxyz

89

90

91

92

93

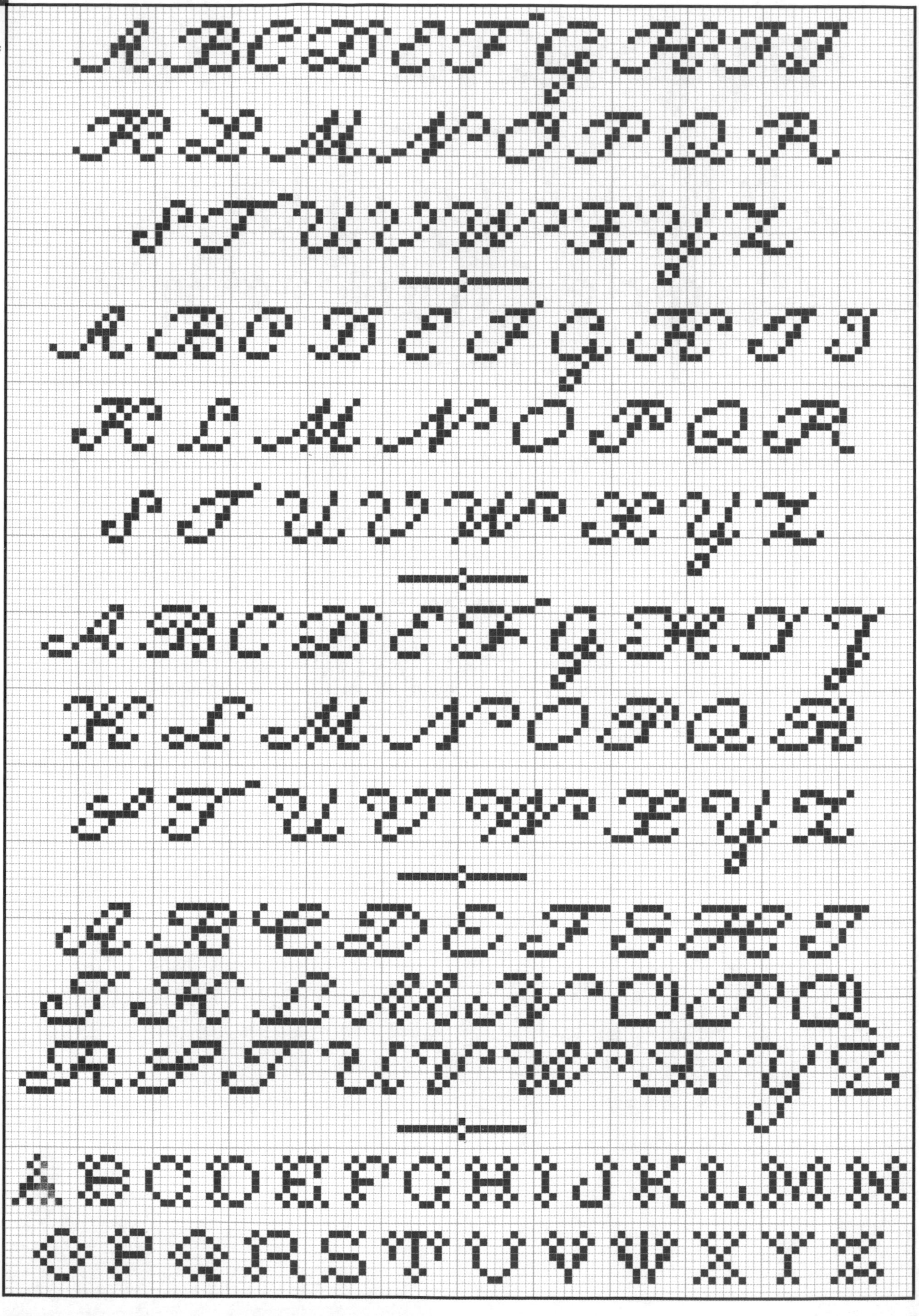

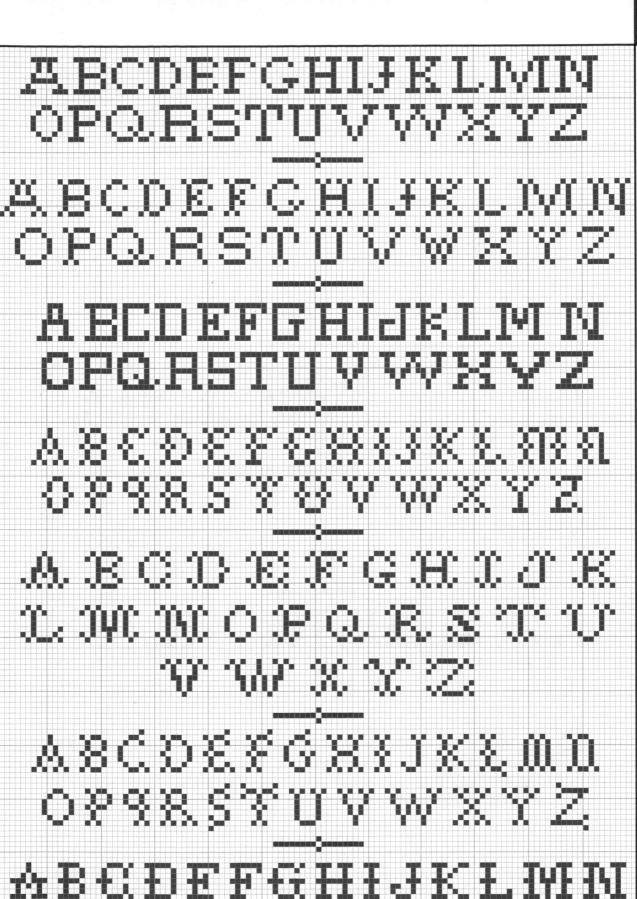

94

95

96

97

98

99

100

101

ABCDEFGHIJK
LMNOPQRSTU
VWXYZ

102

ABCDEFGHIJKLMN
OPQRSTUVWWXYZ

103

ABCDEFGHIJKLMN
OPQRSTUVWXYZ

104

ABCDEFGHIJKLMN
OPQRSTUVWXYZ

105

ABCDEFGHIJKLMN
OPQRSTUVWXYZ

106

ABCDEFGHIJKLMN
OPQRSTUVWXYZ

107

ABCDEFGHIJK
LMNOPQRSTUV

WXYZ

ABCDEFGHIJKLMN
OPQRSTUVWXYZ

ABCDEFGHIJKLMN
OPQRSTUVWXYZ

ABCDEFGHIJKLM
NOPQRSTUVWXYZ

ABCDEFGHIJ
KLMNOPQR
STUVWXYZ

ABCDEFGHIJ
KLMNOPQRS
TUVWXYZ

ABCDEFGHIJKLMN
OPQRSTUVWXYZ

114

ABCDEFGHIJ
KLMNOPQRS
TUVWXYZ

115

ABCDEFGHIJKLMN
OPQRSTUVWXYZ

116

117

a b c d e f g
h i j k l m n
o p q r s t u
v w x y z
_ / /

118

a b c d e f g h i j
k l m n o p q r s t
u v v w x y z

abcdefghijklmn
opqrstuvwxyz

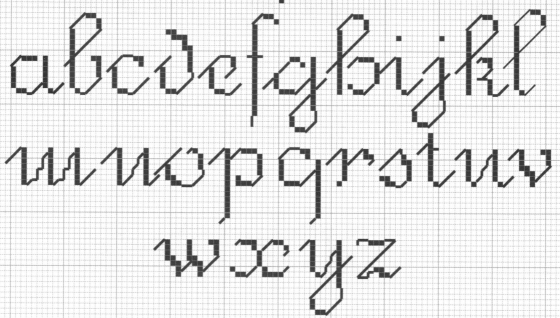

abcdefghijkl
mnopqrstuv
wxyz

abcdefghijklmn
opqrstuvwxyz

abcdefghijklmn
opqrstuvwxyz

abcdefghijklmn
opqrstuvwxyz

123

abcdefghijklmn
opqrstuvwxyz

124

abcdefghijklmn
opqrstuvwxyz

125

abcdefghijklmn
opqrstuvwxyz

126

abcdefghijklmn
opqrstuvwxyz

127

128 abcdefghijklmn
opqrstuvwxyz

129 abcdefghijklmn
opqrstuvwxyz

130 abcdefghijklmn
opqrstuvwxyz

131 abcdefghijklmn
opqrstuvwxyz

132 abcdefghijklmn
opqrstuvwxyz

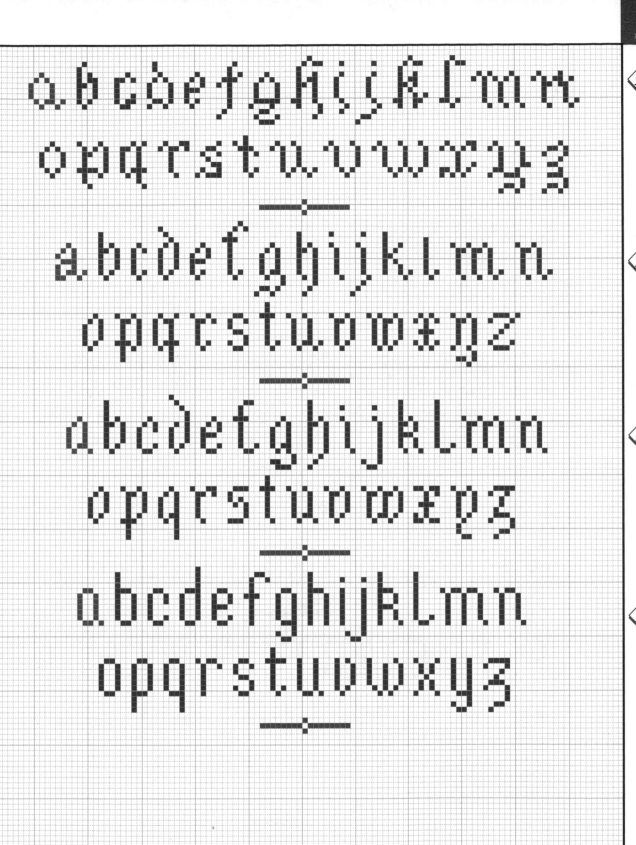

137

ABCDEFGHIJKLM
NOPQRPYUUWIYZ

138

ABCDEFGHIJKLM
NOPQRSTUVWXYZ

139

ABCDEFGHIJKLMN
OPQRSTUVWXYZ

140

ABCDEFGHIJKLMN
OPQRSTUVWXYZ

141

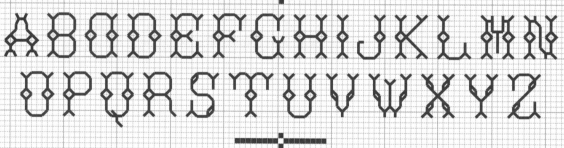

ABCDEFGHI
JKLMNOPQR
STUVWXYZ

142

ABCDEFGHIJKLMN
OPQRSTUVWXYZ

148 abcdefghijk
lmnopqrstu
vwxyz

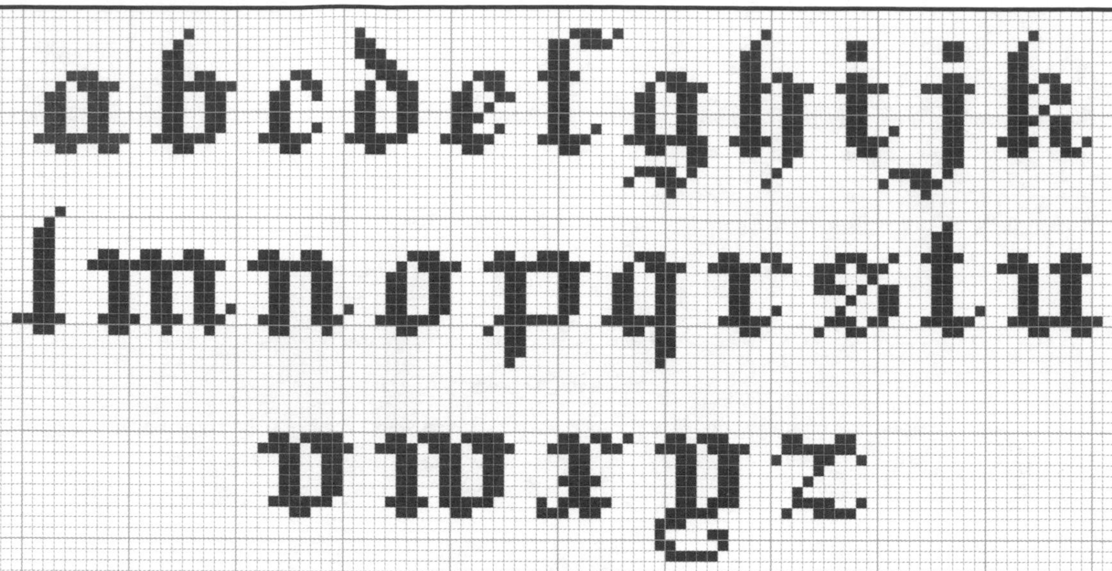

149 abcdefghijklm
nopqrstuvwxyz

150 abcdefghijklm
nopqrstuvwxyz

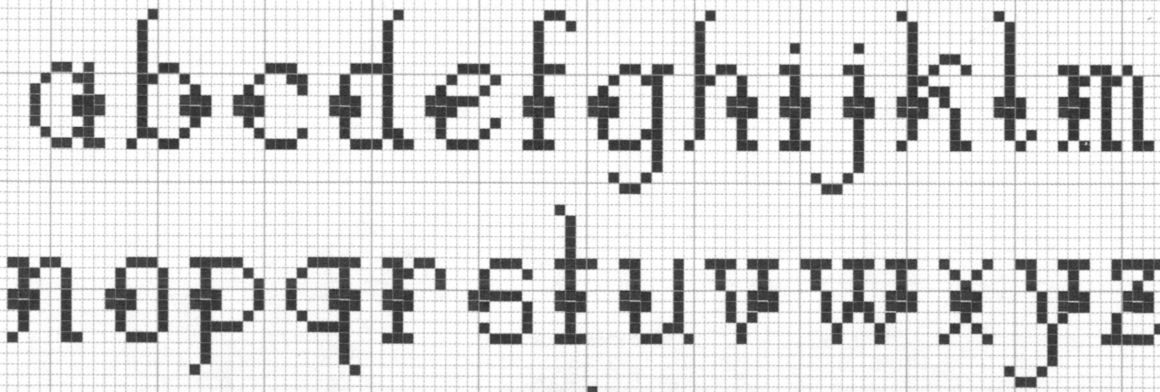

151 abcdefghijklmn
opqrstuvwxyz

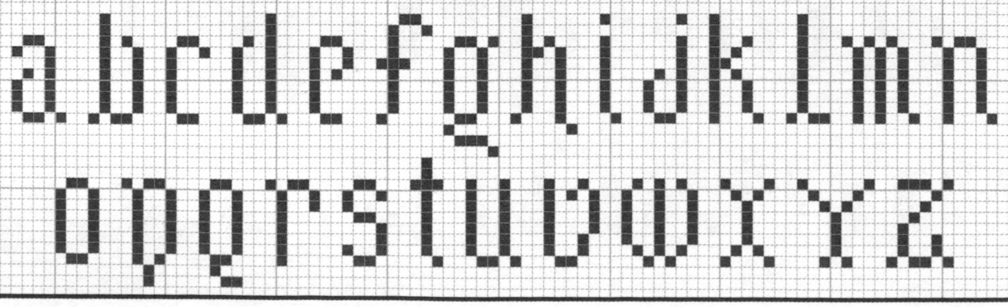

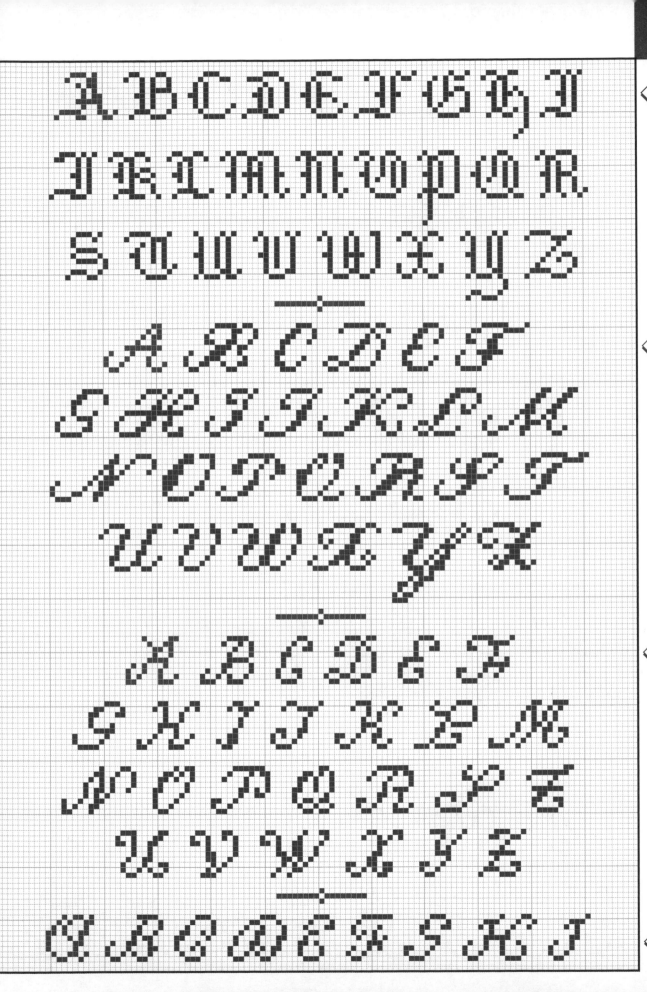

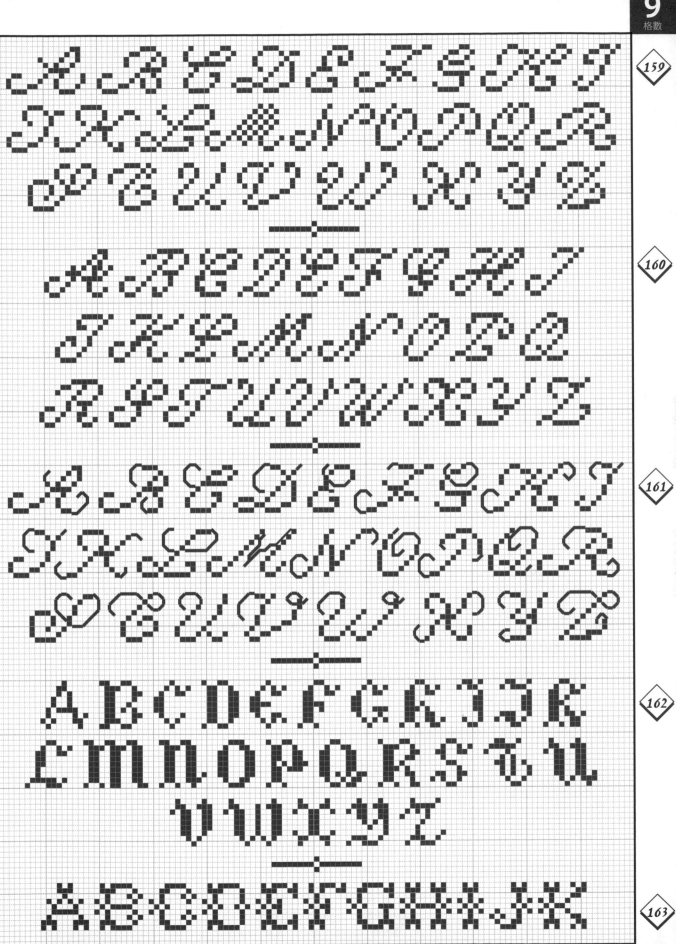

159

160

161

162

163

163

LMNOPQRSTU
VWXYZ

164

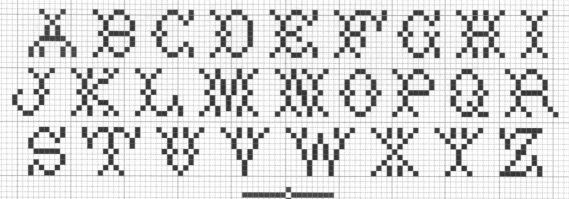

ABCDEFGHI
JKLMNOPQR
STUVWXYZ

165

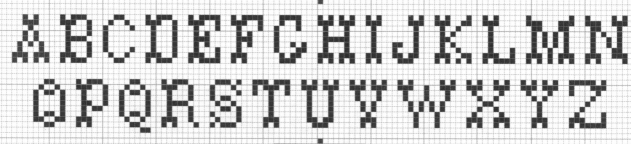

ABCDEFGHIJKLMN
OPQRSTUVWXYZ

166

ABCDEFGHIJ
KLMNOPQRS
TUVWXYZ

167

ABCDEFGHIJKL
MNOPQRSTUV
WXYZ

ABCDEFGHIJKLM
OPQRSTUVWXYZ

ABCDEFGHI
JKLMNOPQR
STUVWXYZ

ABCDEFGHI
JKLMNOPQR
STUVWXYZ

ABCDEFGHIJKLMN
OPQRSTUVWXYZ

ABCDEFGHIJKL
MNOPQRSTUV
WXYZ

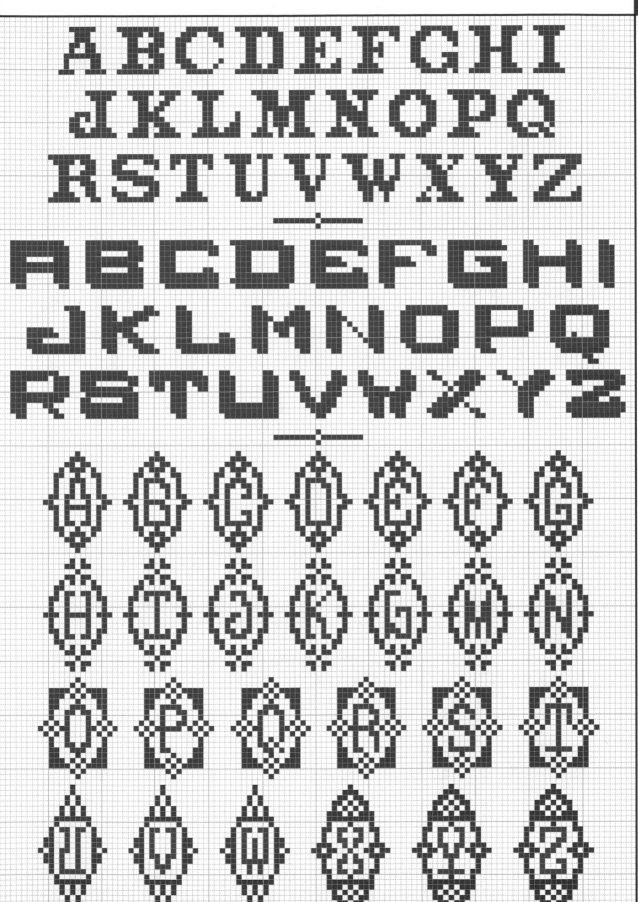

181
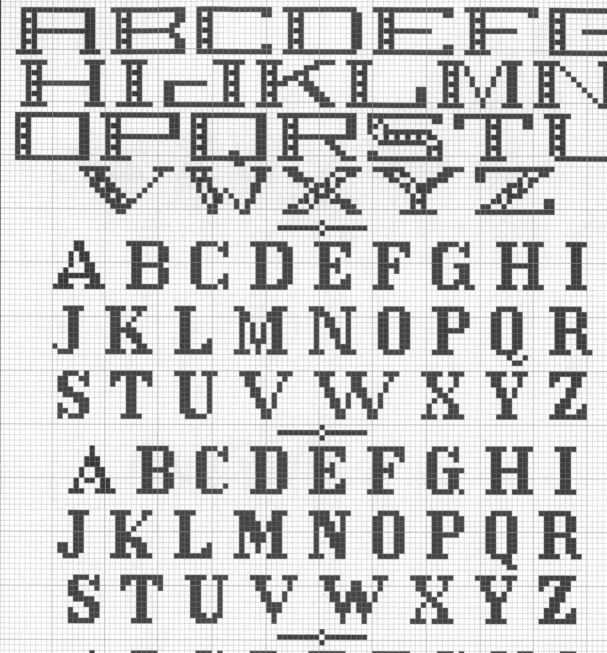

182

183

184
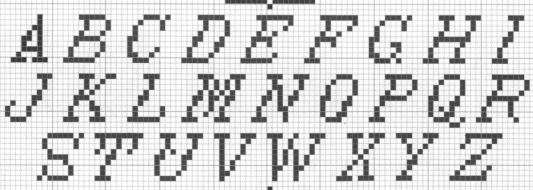

185

186
187
188
189
190

190

KLMNOPQRS
TUVWXYZ

 191

ABCDEFGHIJKLMN
OPQRSTUVWXYZ

192

ABCDEFGHIJ
KLMNOPQRS
TUVWXYZ

 193

ABCDEFGHIJ
KLMNOPQRS
TUVWXYZ

 194

ABCDEFGHIJ
KLMNOPQRS
TUVWXYZ

abcdefghi
jklmnopqrs
tuvwxyz
—·—

abcdefghijklmn
opqrstuvwxyz
—·—

abcdefghi
jklmnopqrs
tuvwxyz

198

abcdefghijklmn
opqrstuvwxyz

199

abcdefghijklmn
opqrstuvwxyz

200

abcdefgh
ijklmno
pqrstuv
wxyz

201

202

203

204

213 ABCDEFGHIOEIMN
OPQRSTUVWXYZ

214 ABCDEFGHIJKLMN
OPQRSTUVWXYZ

215 ABCDEFGHIJKLMN
OPQRSTUVWXYZ

216 ABCDEFGHIJKL
MNOPQRSTUV
WXYZ

217 ABCDEFGHIJ
KLMNOPQR
STUVWXYZ

221 abcdefghijklmn

opqrstuvwxyz

222 abcdefghij

klmnopqr

stuvwxyz

223 abcdefghij

klmnopqrs

tuvwxyz

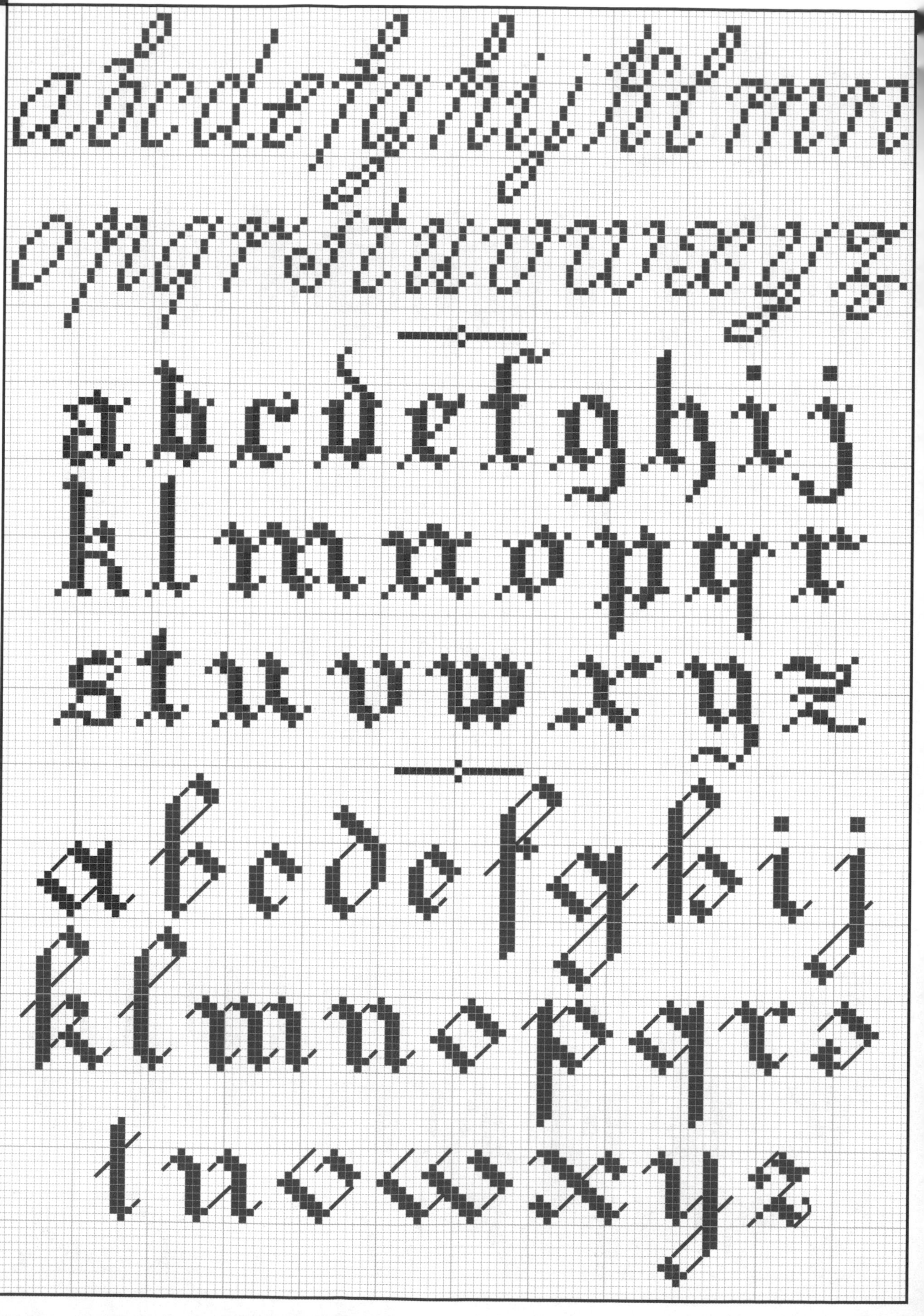

abcdefggijkl
mnopqrstun
wxyz

abcdefghijk
lmnopqrstu
vwxyz

abcdefggijklmn
opqrstuvwxyz

224

225

226

227

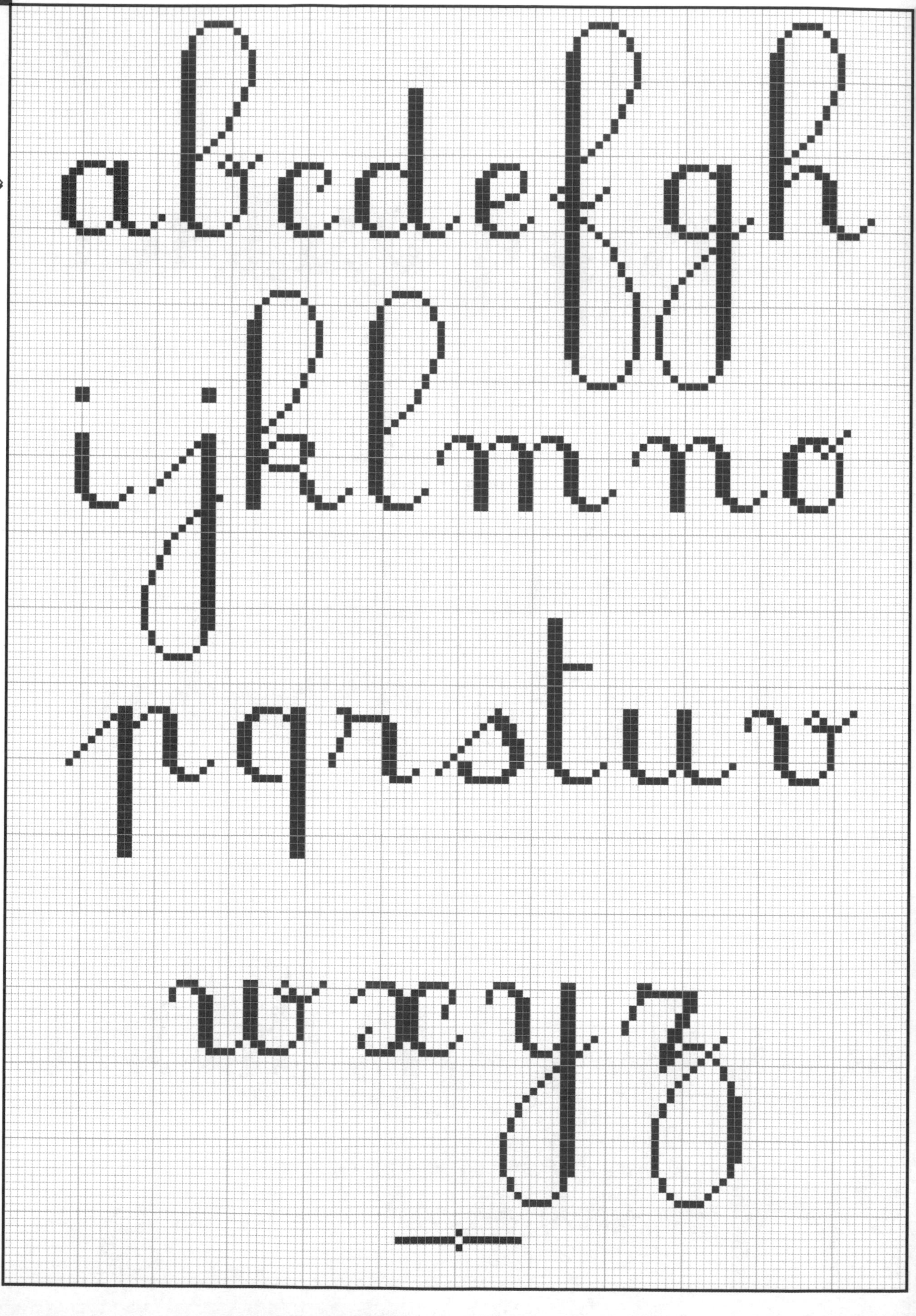

abcdefgh
ijklmno
pqrstuv
wxyz

—

228

229

230

231

232

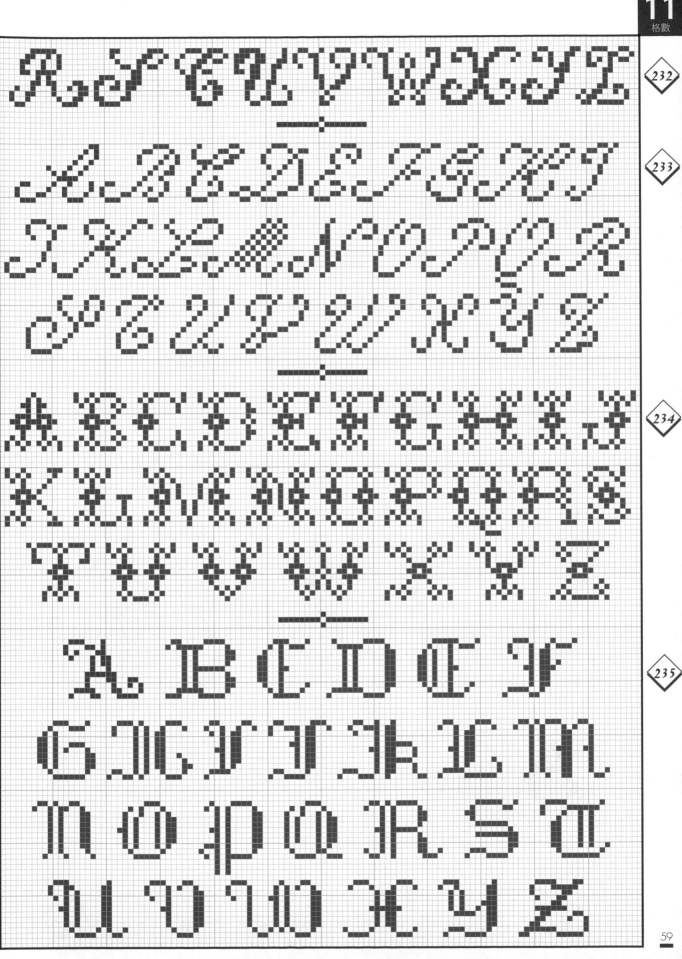

ABCDEFGHIJ
KLMNOPQR
STUVWXYZ

ABCDEFGHI
JKLMNOPQR
STUVWXYZ

ABCDEFGHI
JKLMNOPQR
STUVWXYZ

ABCDEFGHI
JKLMNOPQR
STUVWXYZ

244

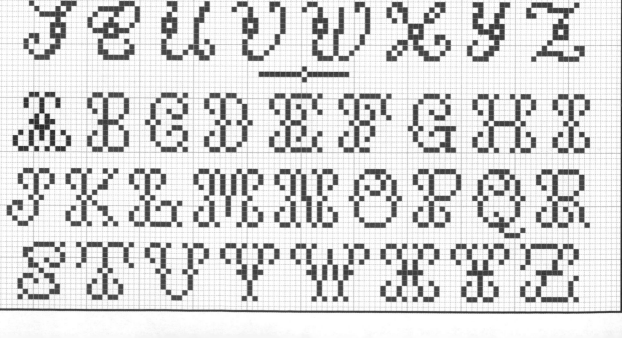

245

246

247

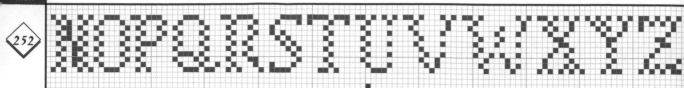

ABCDEFGHIJKLMN
OPQRSTUVWXYZ

ABCDEFGHI
JKLMNOPQRS
TUVWXYZ

ABCDEFG
HIJKLMNN
OPQRSTU
VWXYZ

ABCDEFGHIJKLM
NOPQRSTU
VWXYZ

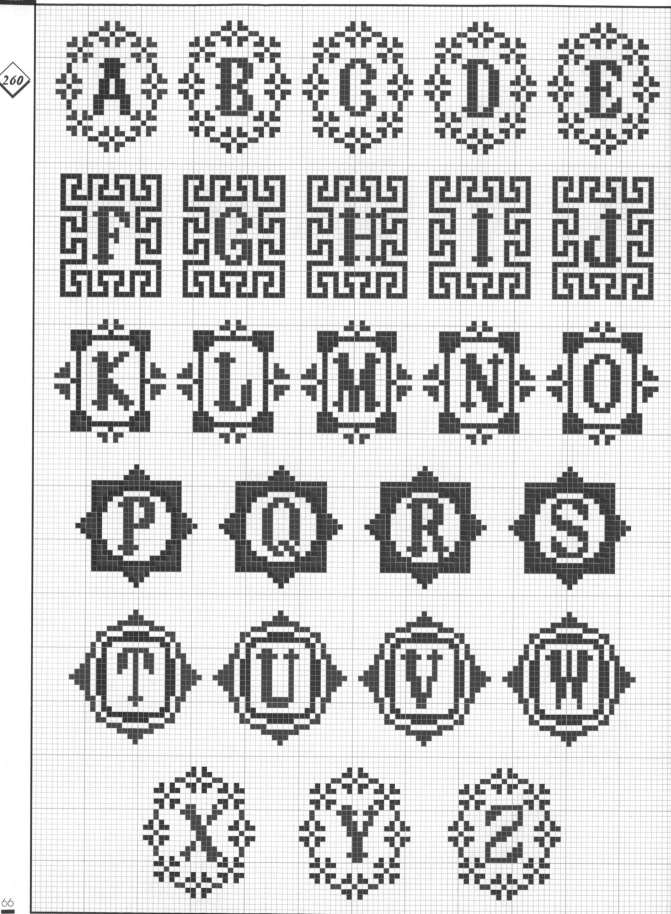

261 ABCDEFGHI
KLMNOPQR
STUVWXYZ

262 ABCDEFGHI
JKLMNOPQR
STUVWXYZ

263 ABCDEFGHIJKLMN
OPQRSTUVWXYZ

264 abcdefghij
klmnopqr
stuvwxyz

265

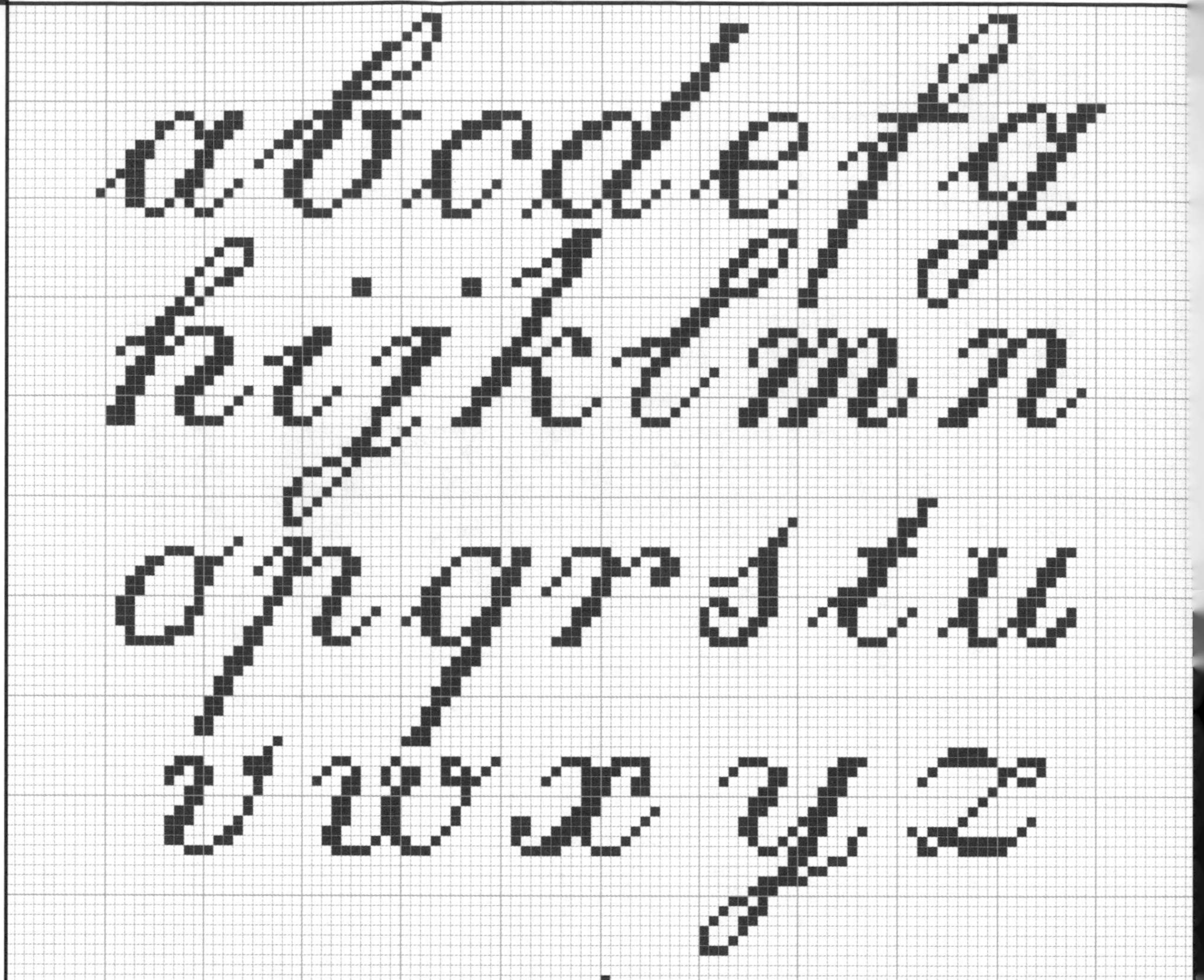

abcdefg
hijklmn
opqrstu
vwxyz
—·—

266

abcdefg
hijklmno

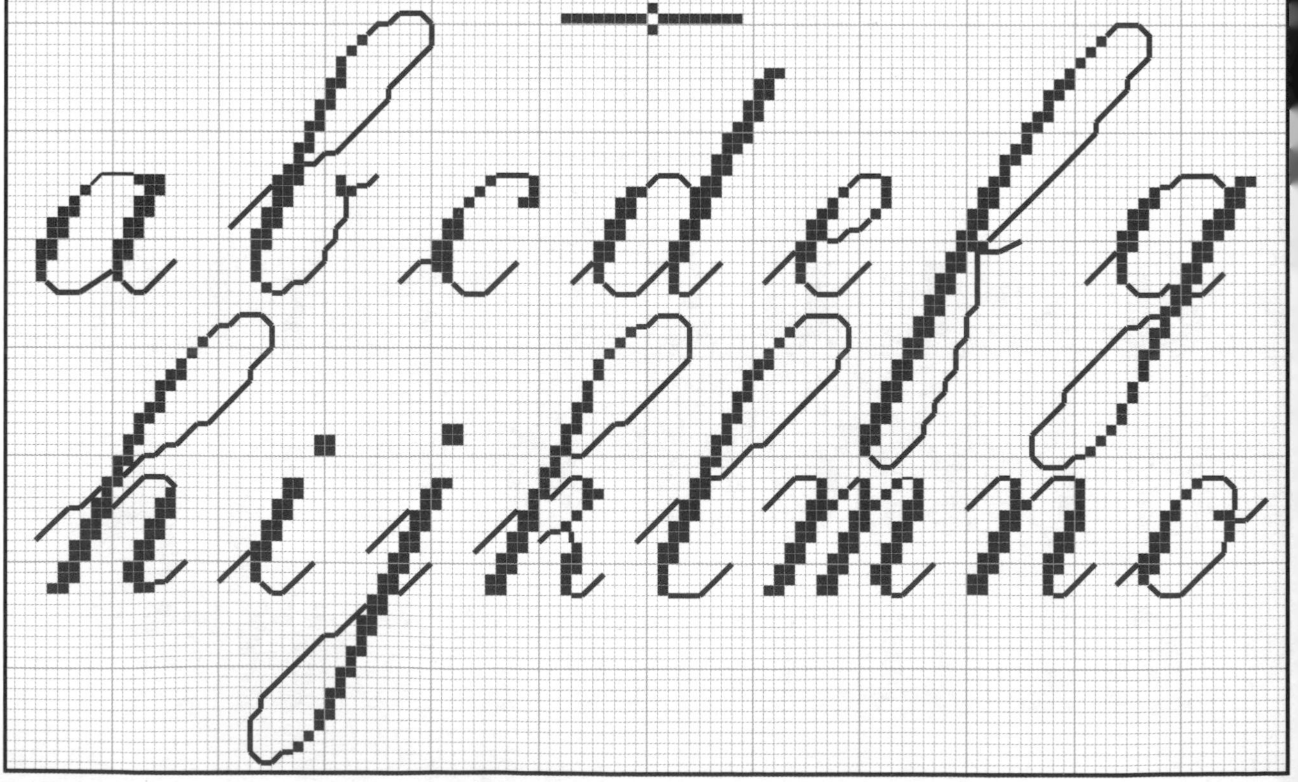

p q n s t u v

w x y z

a b c d e f g

h i j k l m n

o p q r s t u

v w x y z

268

269

270

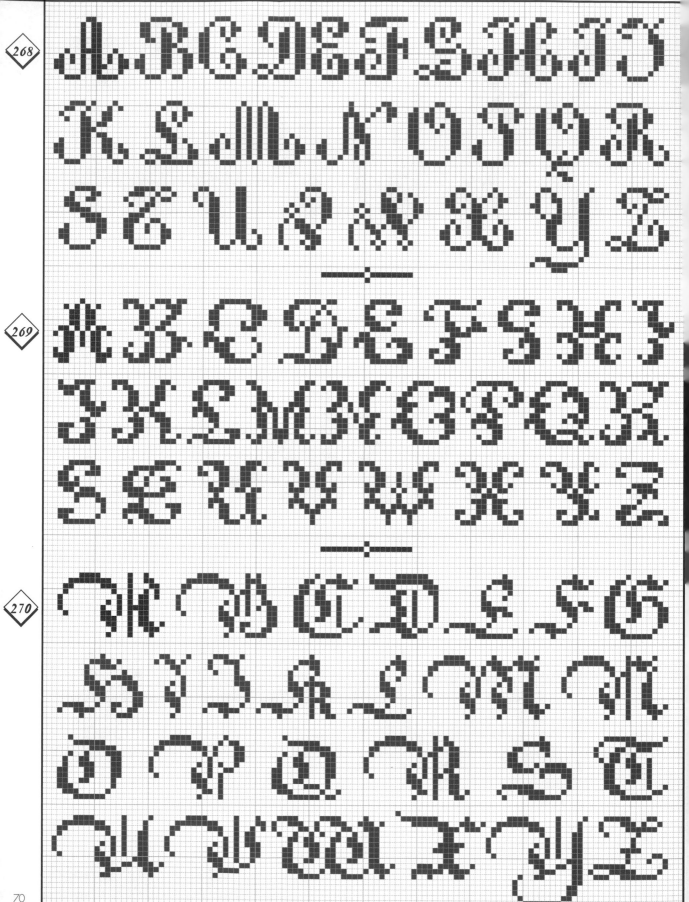

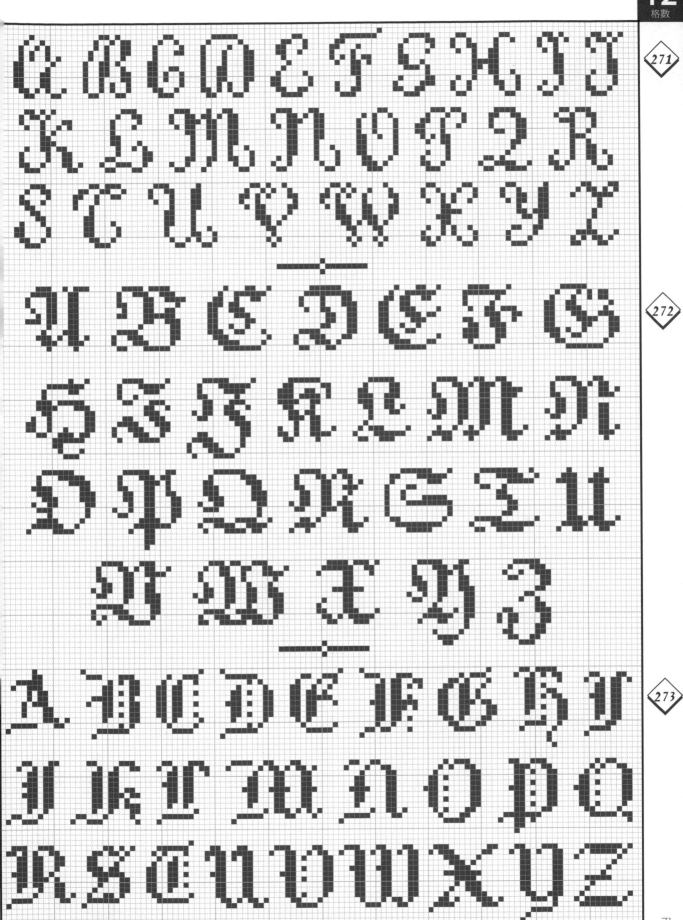

PQRSTUV
WXYZ

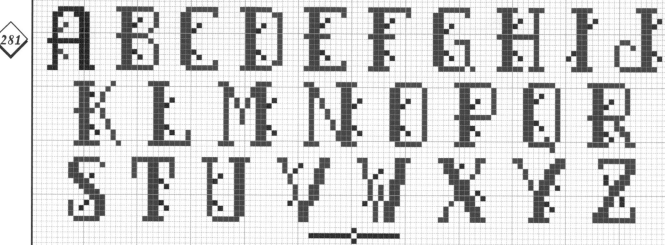

ABCDEFGHIJ
KLMNOPQR
STUVWXYZ

ABCDEFG
HIJKLMN
OPQRSTU
VWXYZ

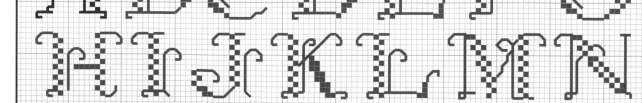

ABCDEFG
HIJKLMN

283

284

285

286

287

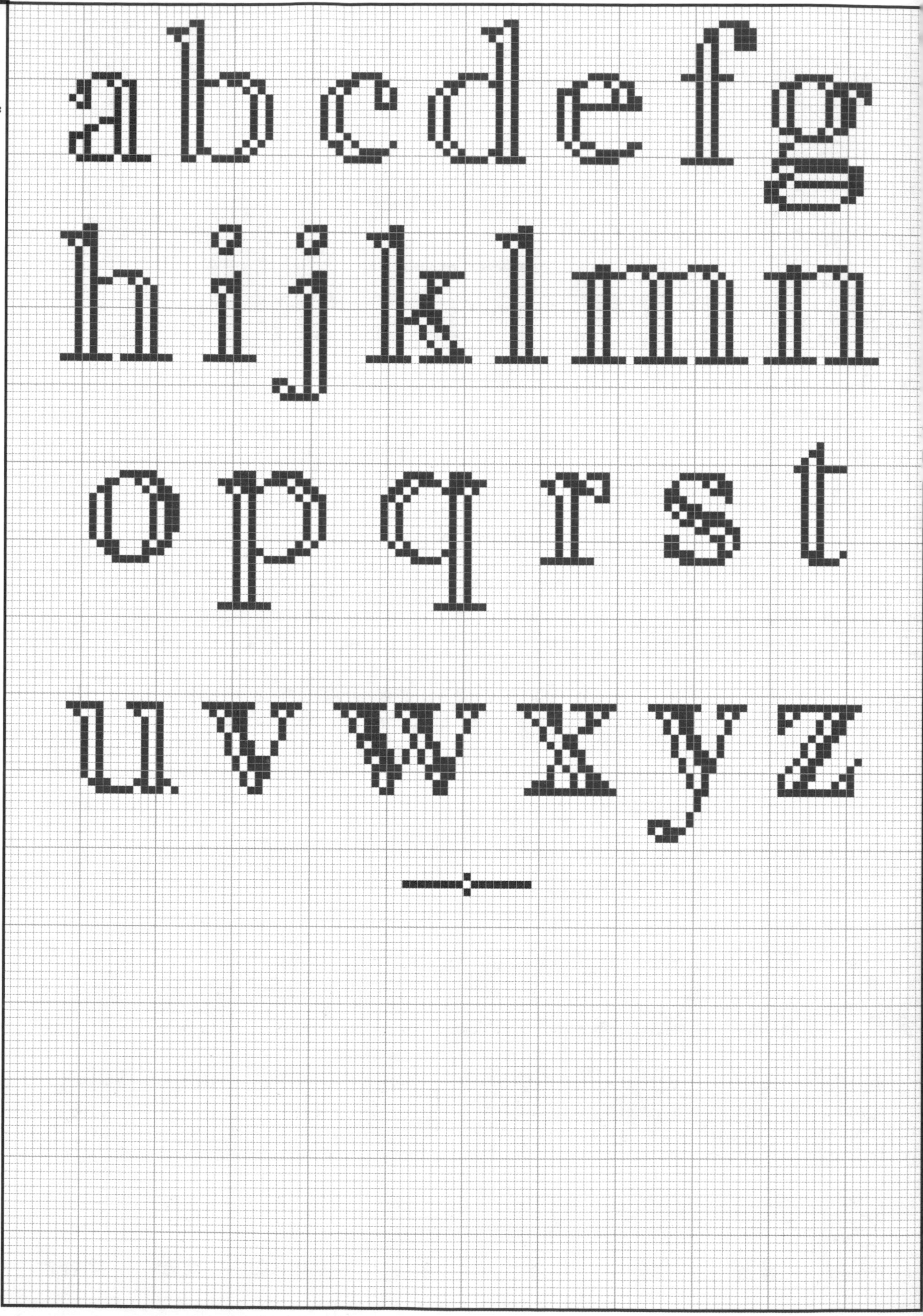
abcdefg
hijklmn
opqrst
uvwxyz

288

289

290

290

G H H I J K L M
N O P Q R S T
U V W X Y Z

—

291

A B C D E F
G H I J K L
M N O P
Q R S T U
V W X Y Z

—

292

A B C D E F G
H I J K L M

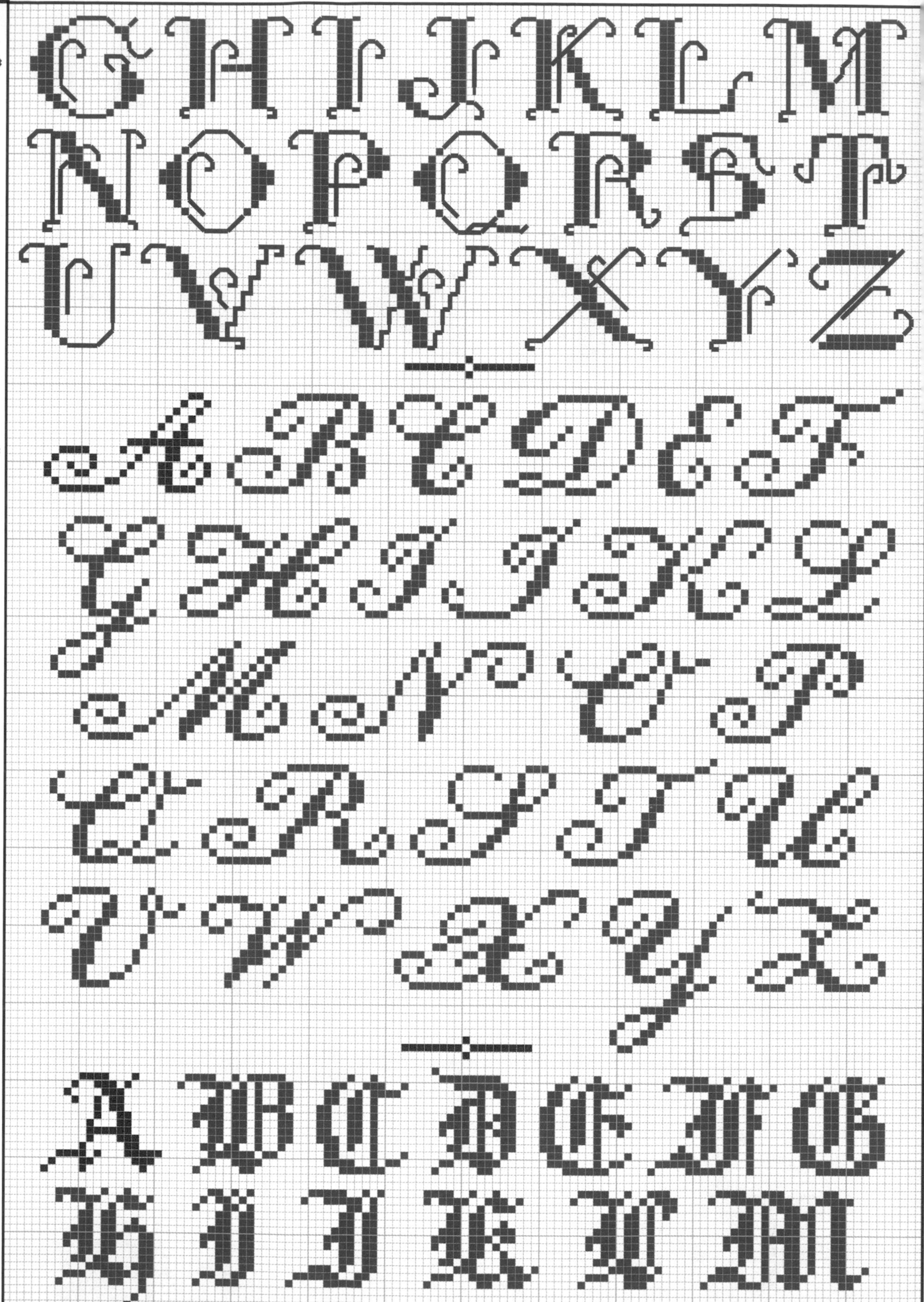

292
293
294
295

295

296

297

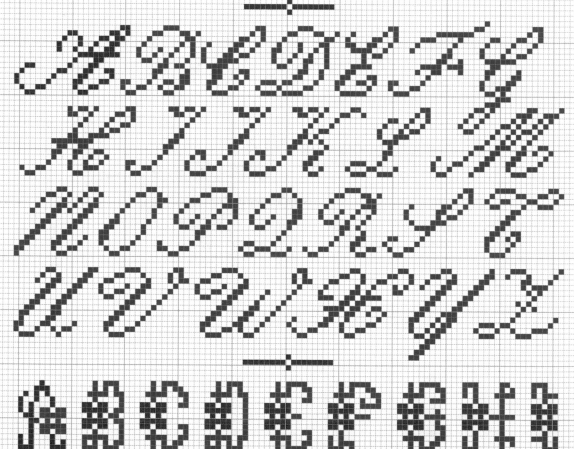

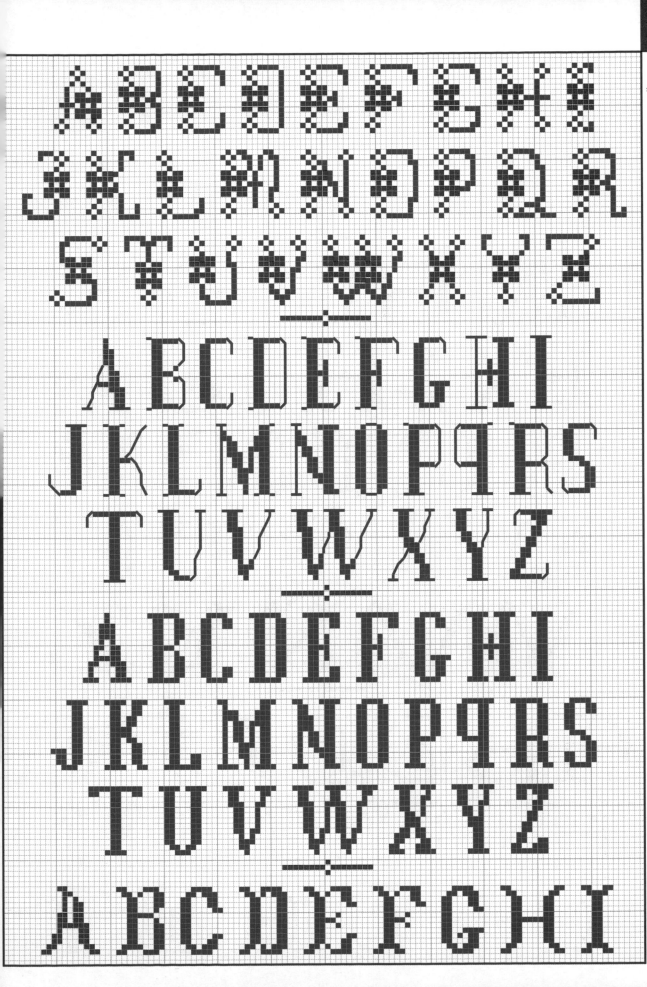

301 JKLMNOPQ
RSTUVWXYZ

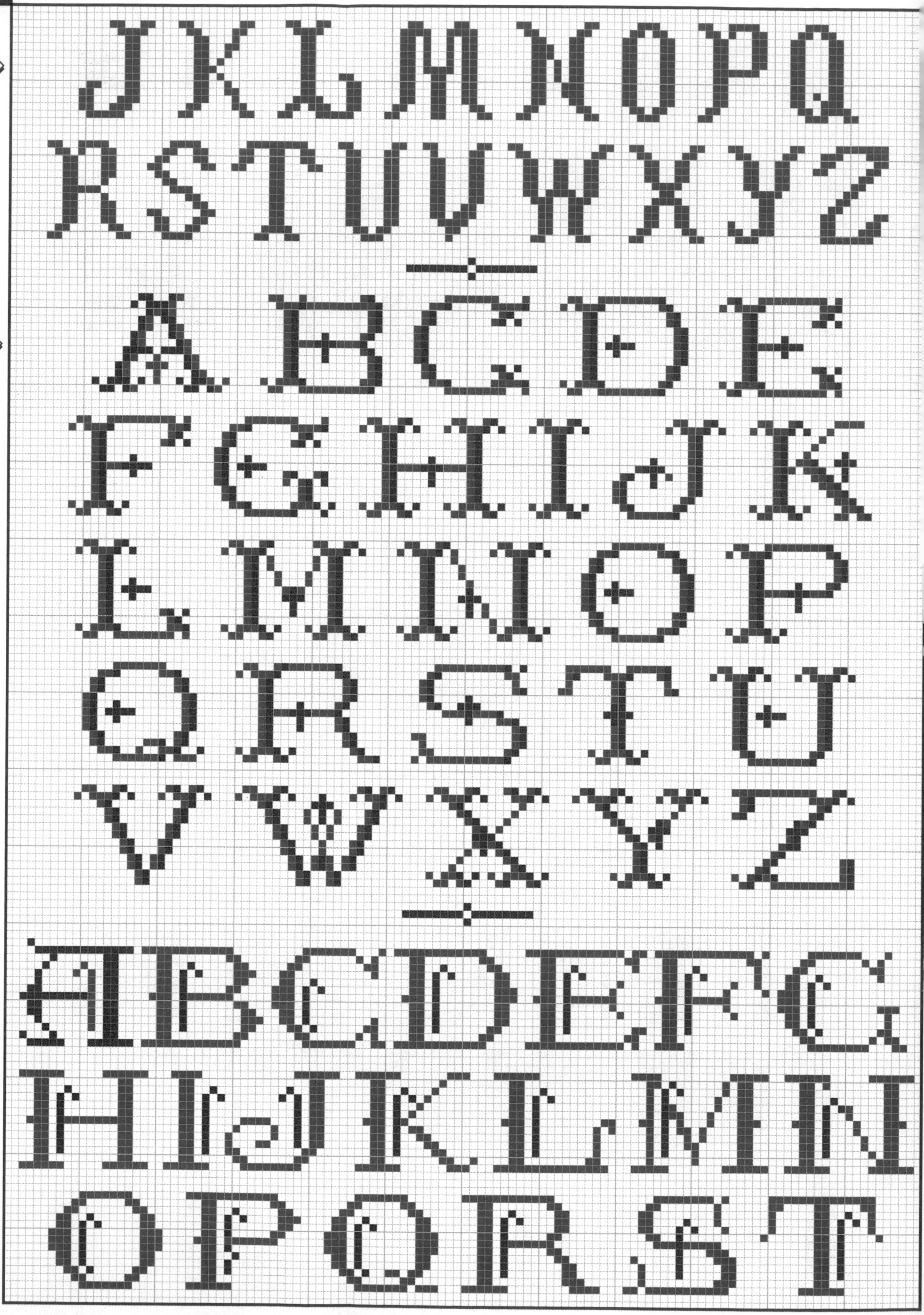

302 ABCDE
FGHIJK
LMNOP
QRSTU
VWXYZ

303 ABCDEFG
HIJKLMN
OPQRST

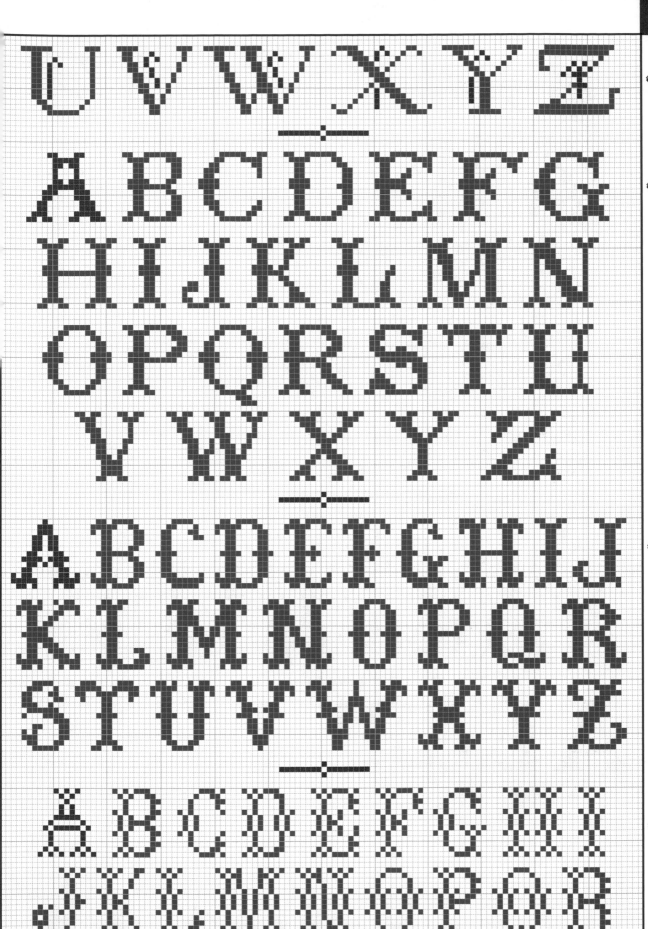

306 STUVWWXYZ

307 ABCDEFGHI
JKLMNOPQR
STUVWXYZ

308 ABCDEFGHIJ
KLMNOPQRS
TUVWXYZ

309 ABCDEFGHIJ
KLMNOPQR
STUVWXYZ

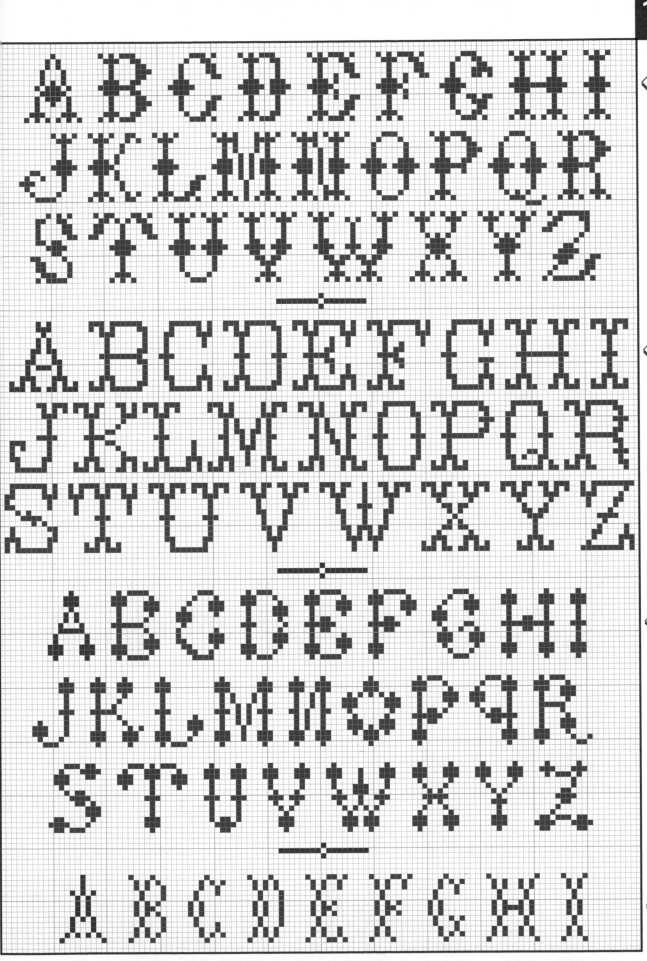

313 J K L M N O P Q R
     S T U V W X Y Z

314 A B C D E F G H I J K L M N
     O P Q R S T U V W X Y Z

315 A B C D E F G H I
     J K L M N O P Q R
     S T U V W X Y Z

316 A B C D E F G H I J
     K L M N O P Q R S
     T U V W X Y Z

321

322

323

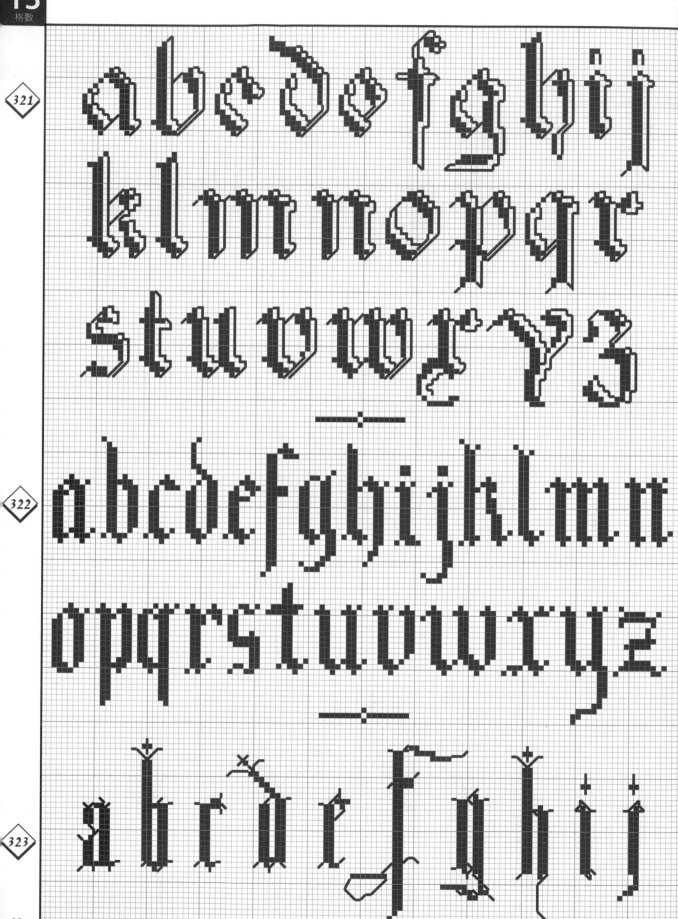

klmnopqrst
uwxyz

323

ABCDOEFGHIJ
KLMNOPQRS
TUVWXYZ

324

ABCDEFGHIJK
LMNOPQRSTU
VWXYZ

325

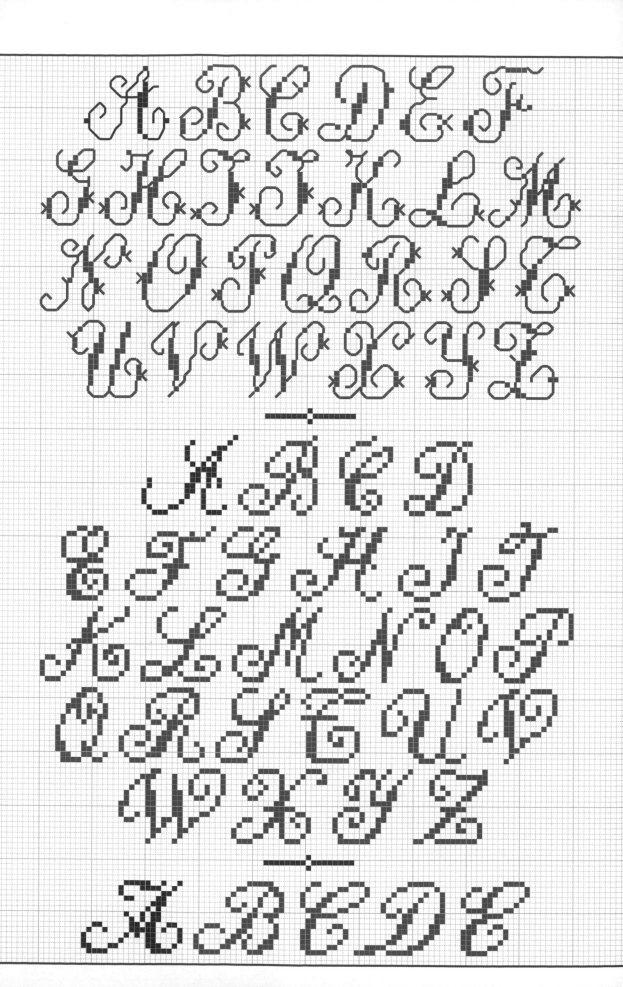

326
327
328

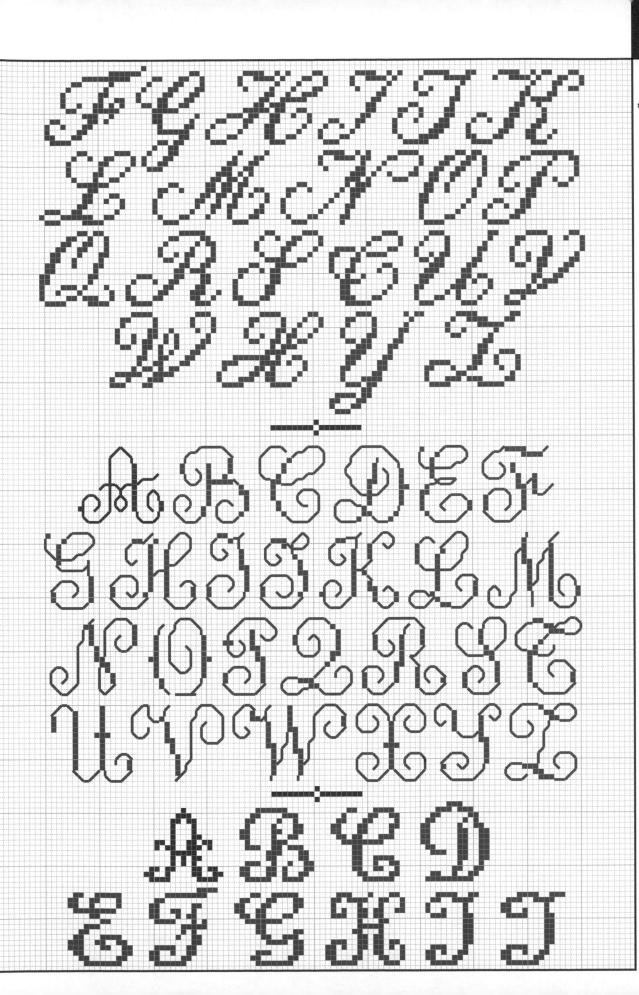

U V V V W X Y Z

A B C D E F G
H I J K L M N
O P Q R S T U
V W X Y Z

A B C D E F G

H I J K L M N
O P Q R S T U
V W X Y Z

335

ABCDEFGH
IJKLMNOP
ORSTUVW
XYZ

336

abcdefghij
klmnopqr
stuvwxyz

337

—·—

abcde
fghijklm
nopqrstu
VWXYZ

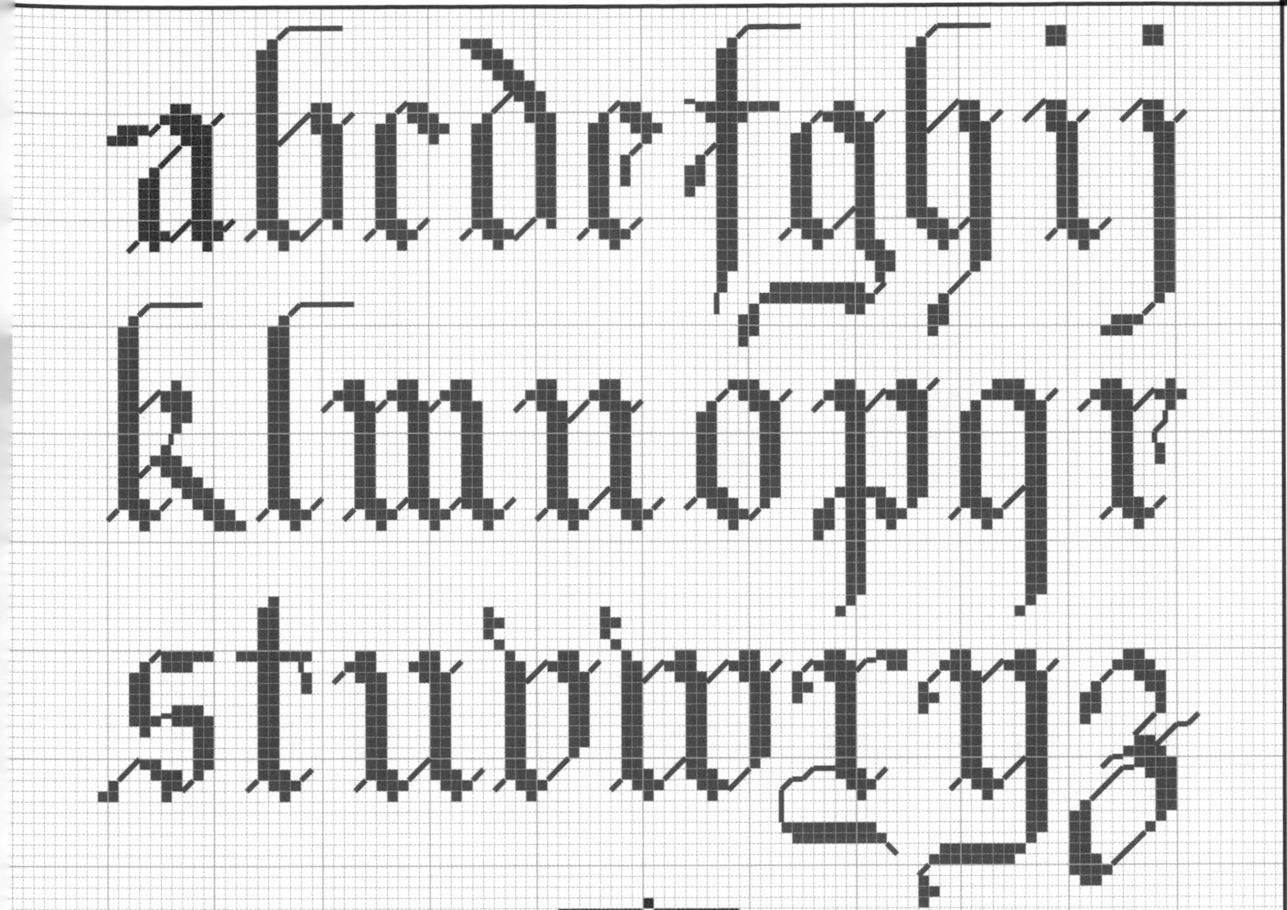

338

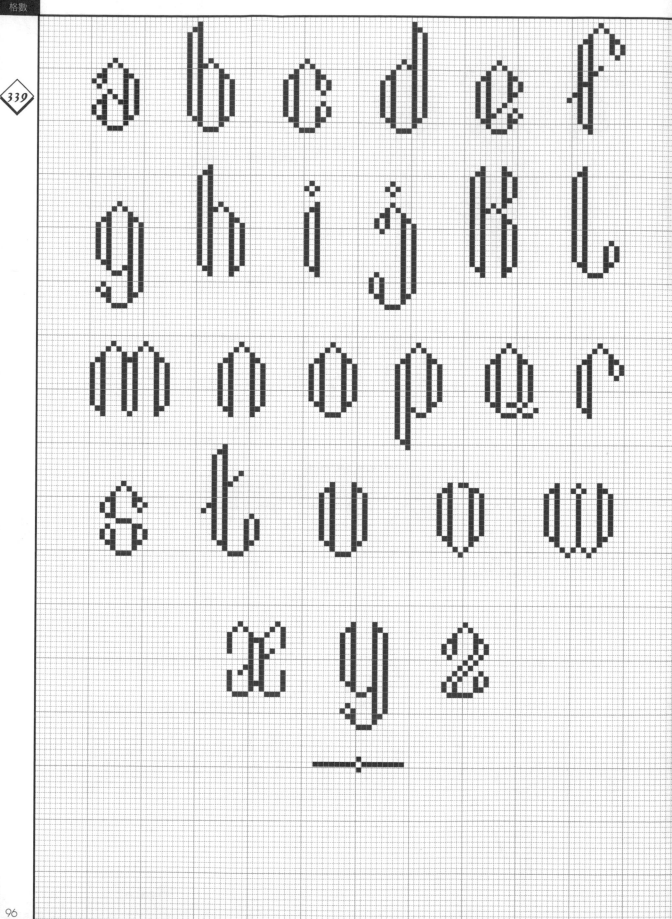

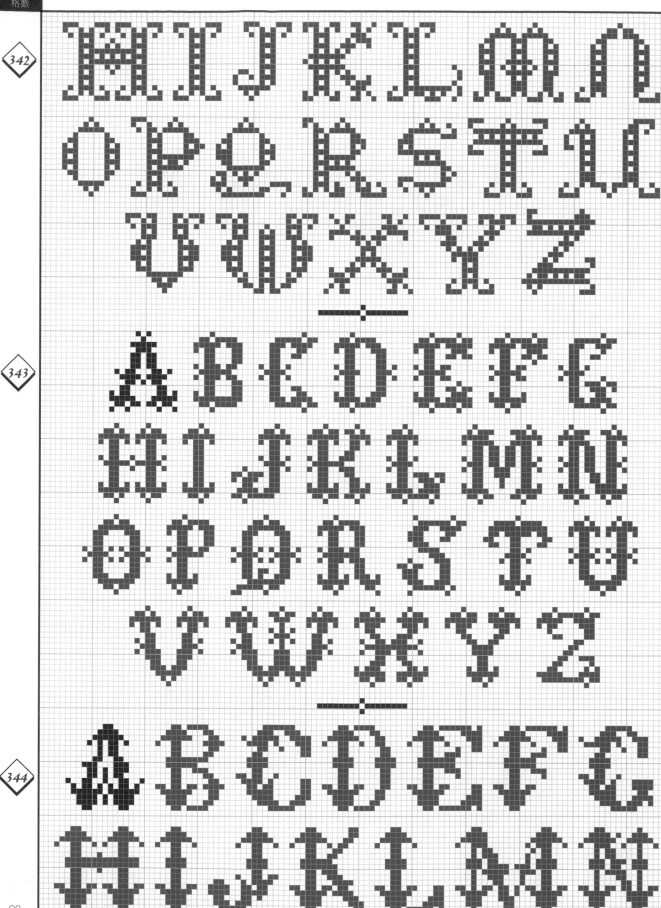

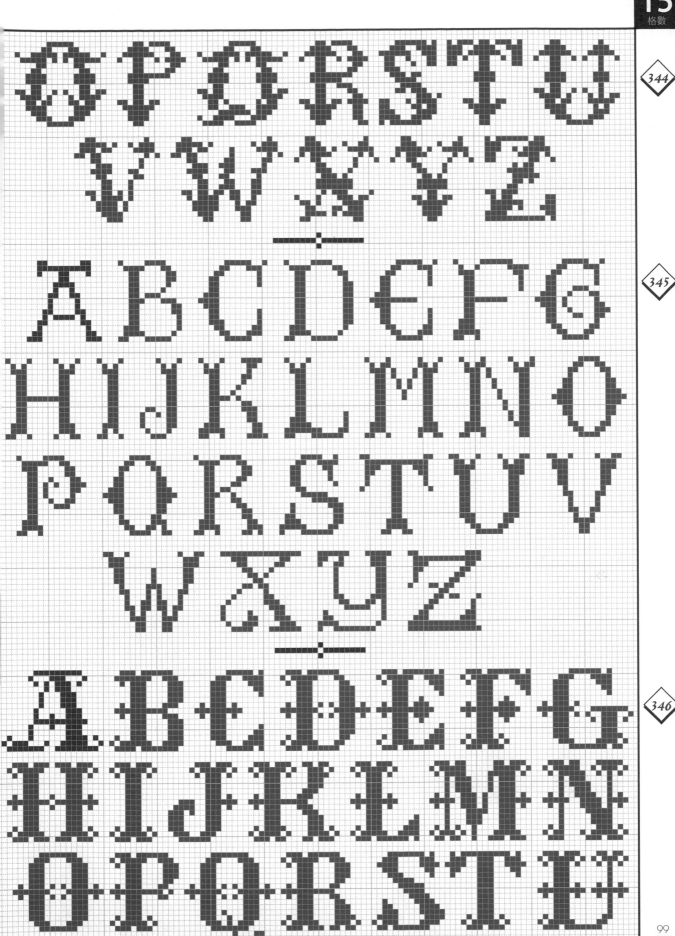

344
345
346

346

347

348

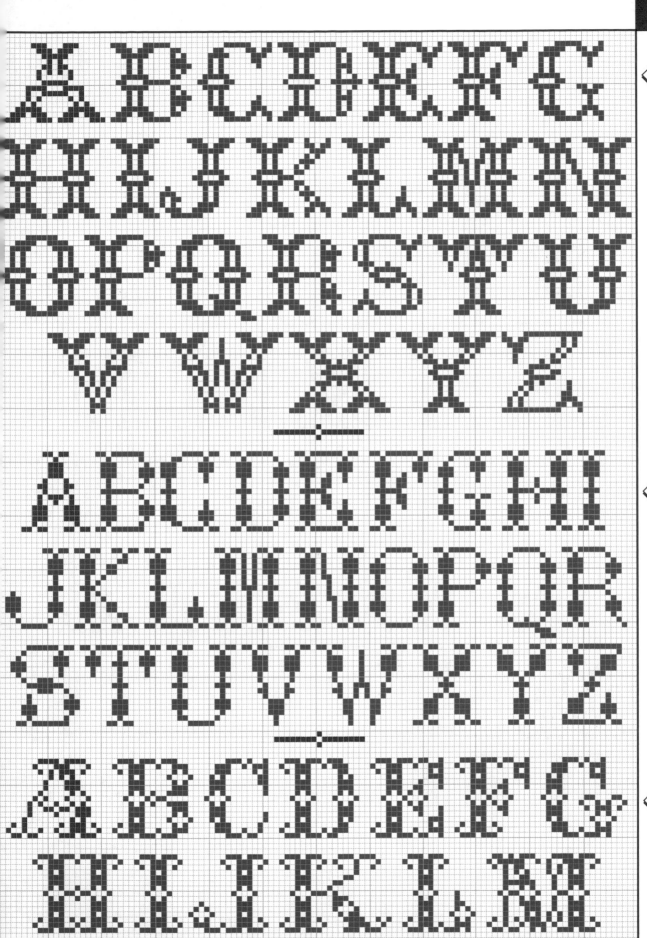

349
350
351

351

N O P Q R S T
U V W X Y Z

352

A B C D E F G
H I J K L M N
O P Q R S T U
V W X Y Z

353

A B C D E F G
H I J K L M N
O P Q R S T U

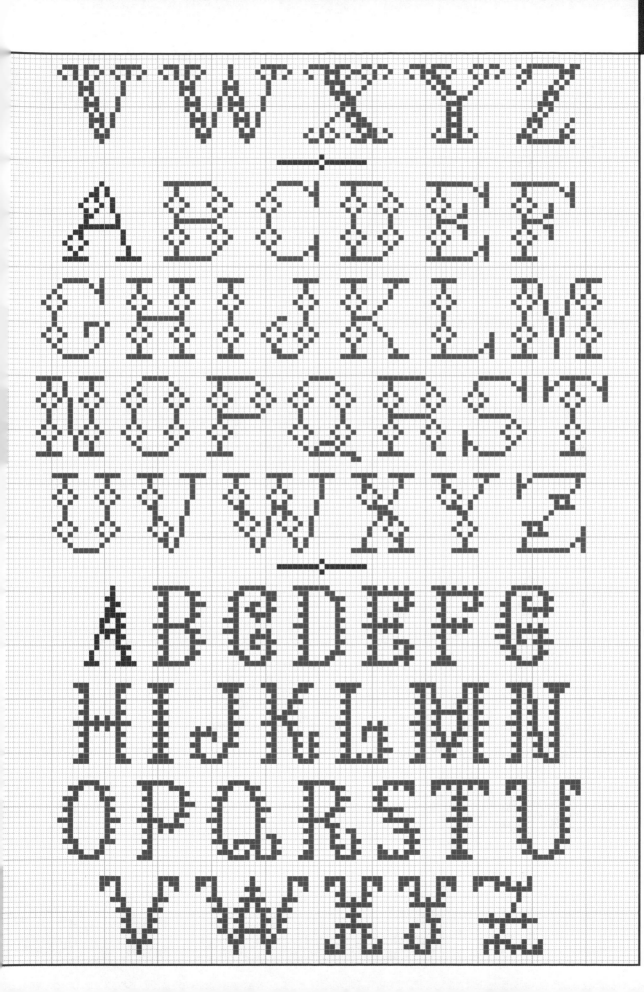

356

357

358

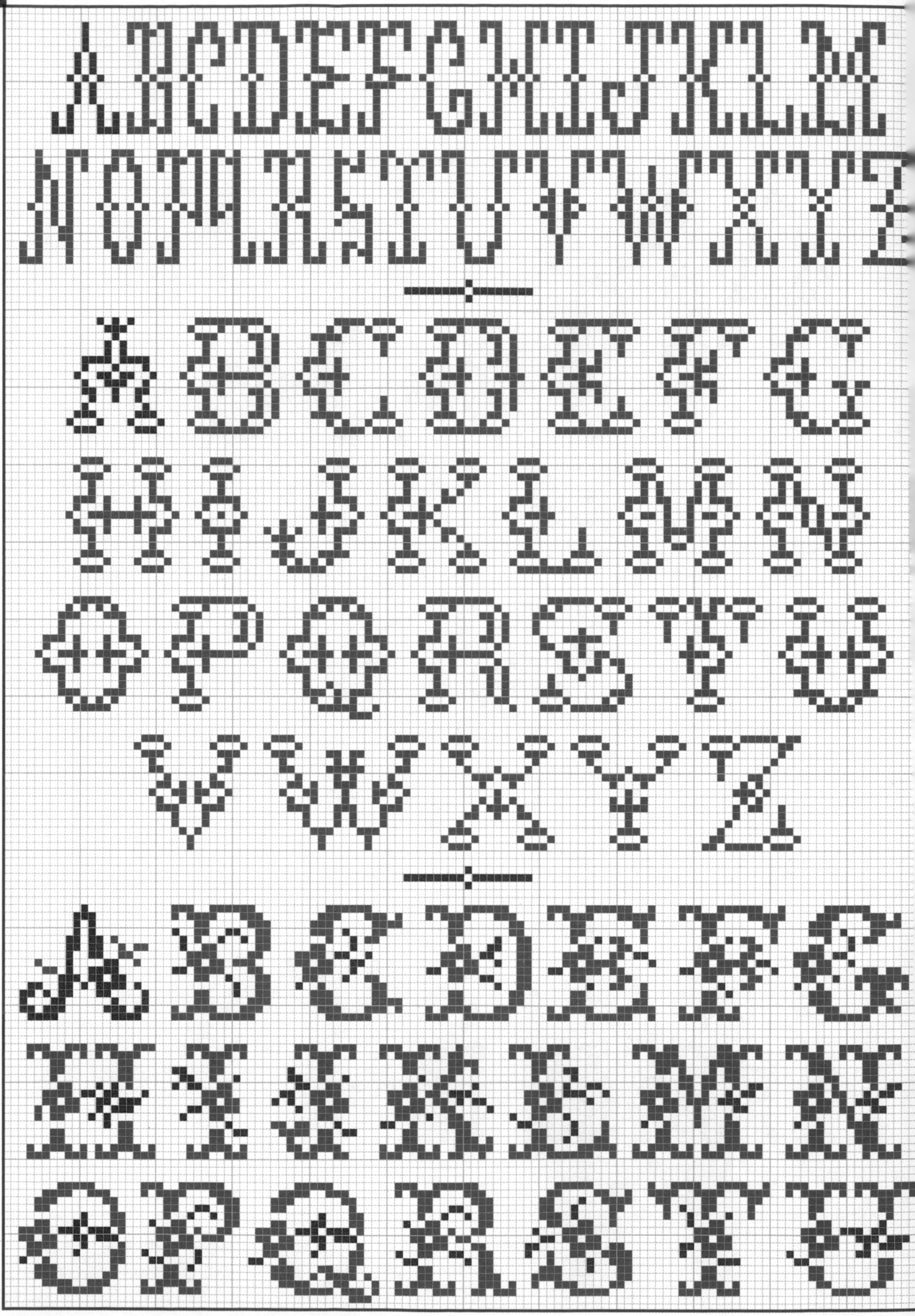

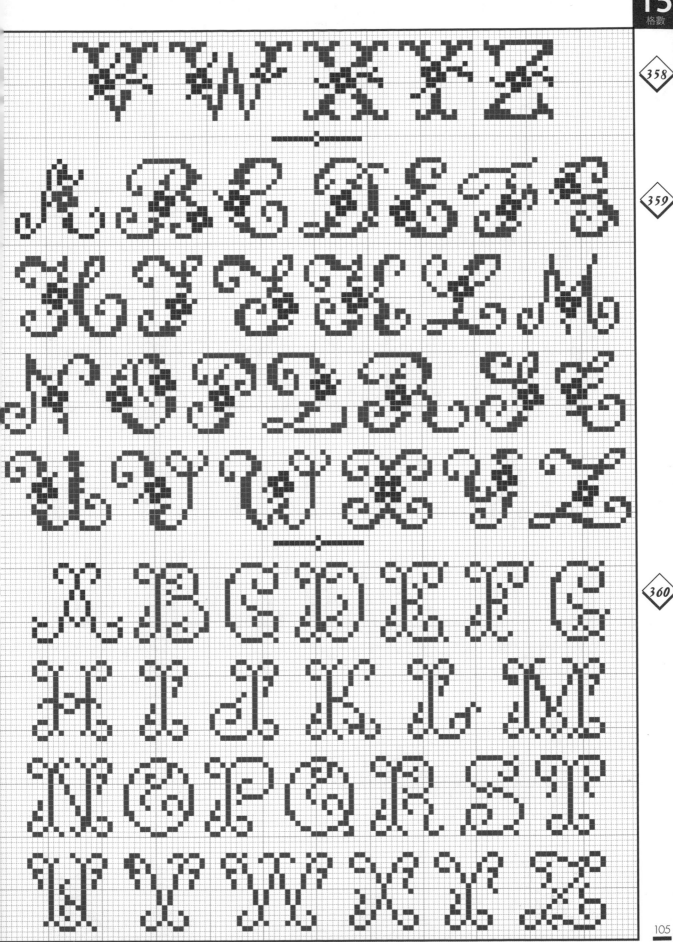

358

359

360

361

362

363

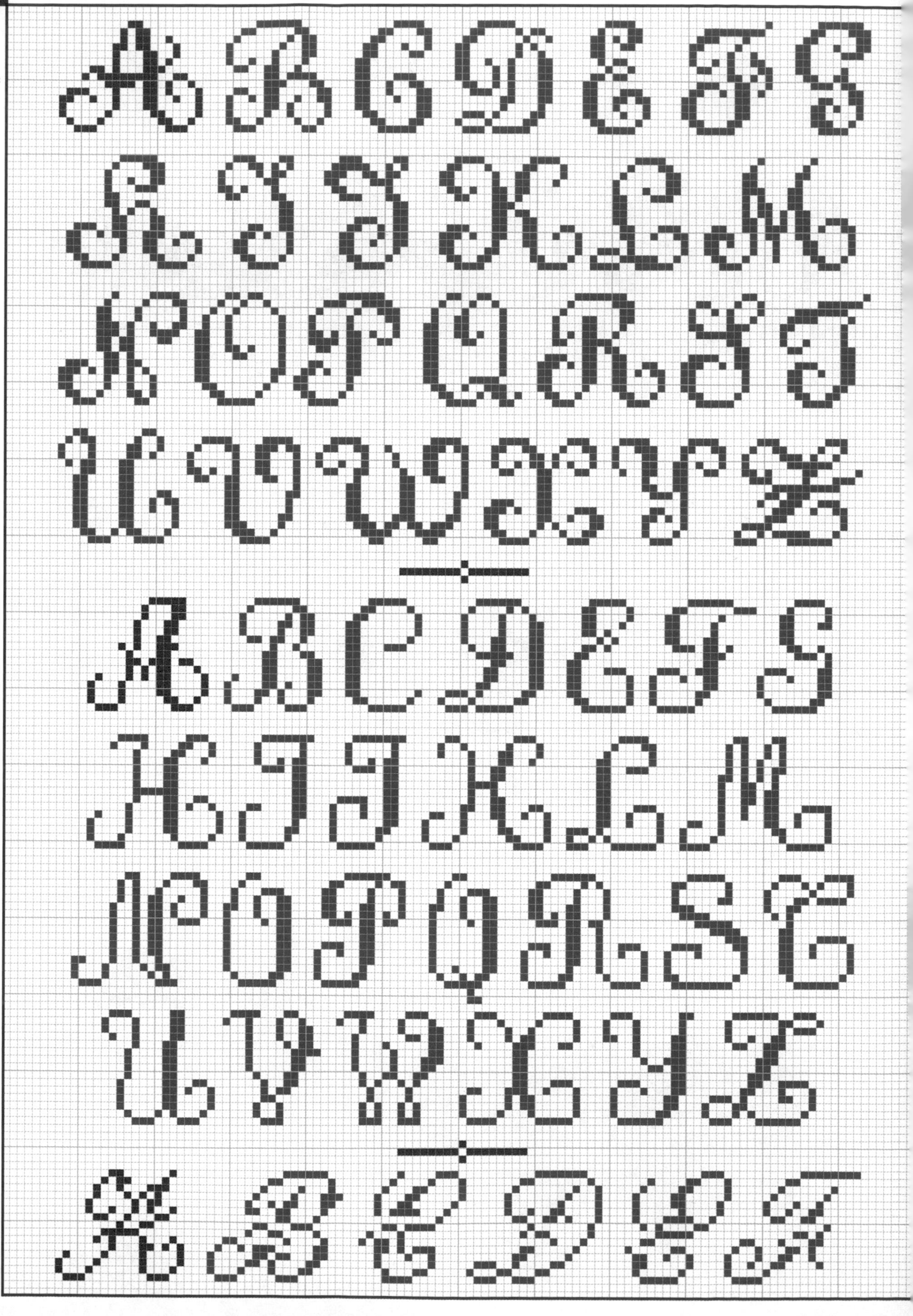

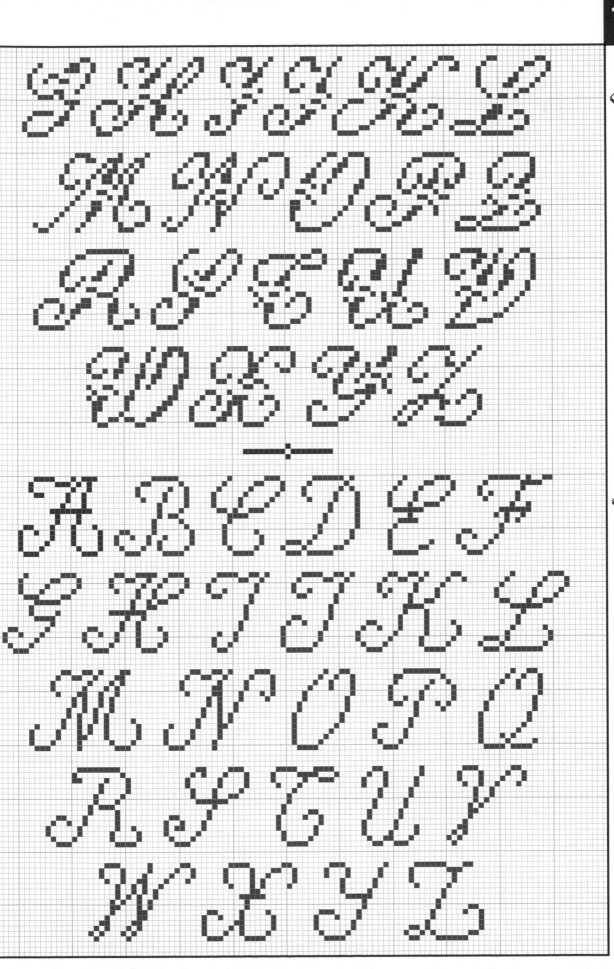

ABCDEFGHI
JKLMNOPQR
STUVWXYZ

ABCDEFGHIJ
KLMNOPQRS
TUVWXYZ

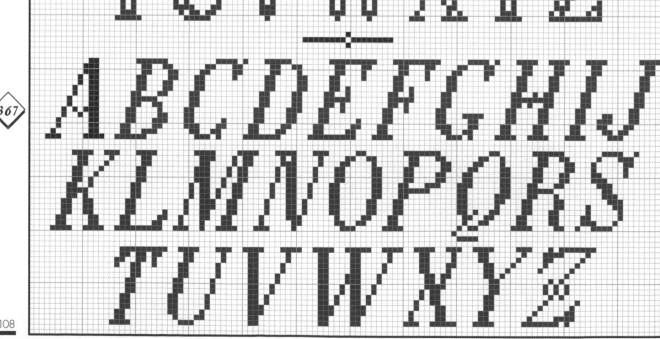

ABCDEFGHIJ
KLMNOPQRS
TUVWXYZ

368

369

370

371

372

ABCDEFG
HIJKLMN
OPQRSTU
VWXYZ

373

ABCDEFG
HIJKLMN
OPQRSTU
VWXYZ

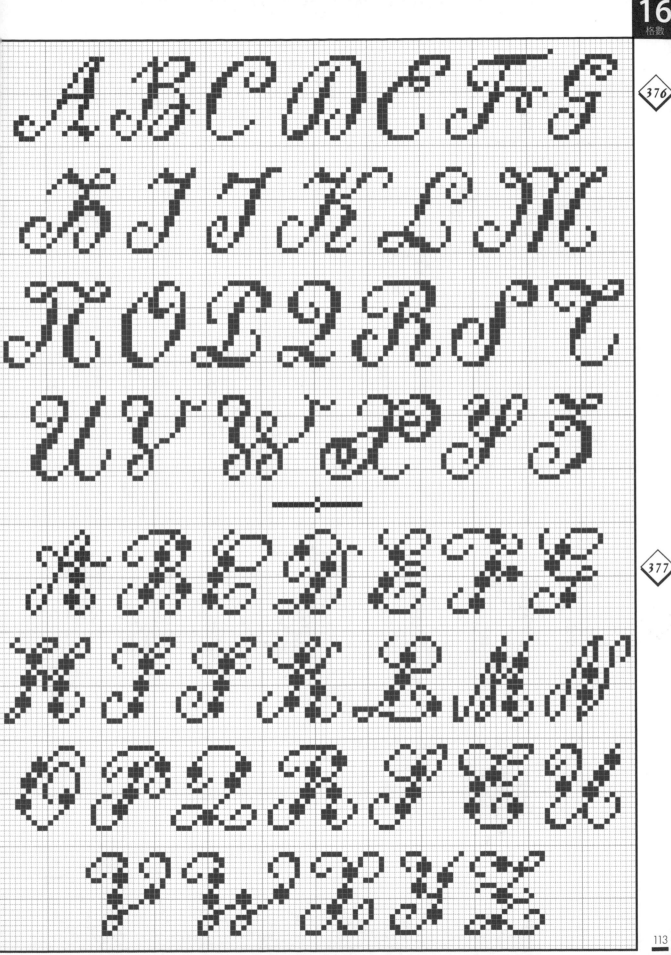

376

377

378

ABCDEF
GHIJKL
MNOPQ
RSTUV
WXYZ

379

ABCDEF
GHIJKL
MNOPQ
RSTUVW

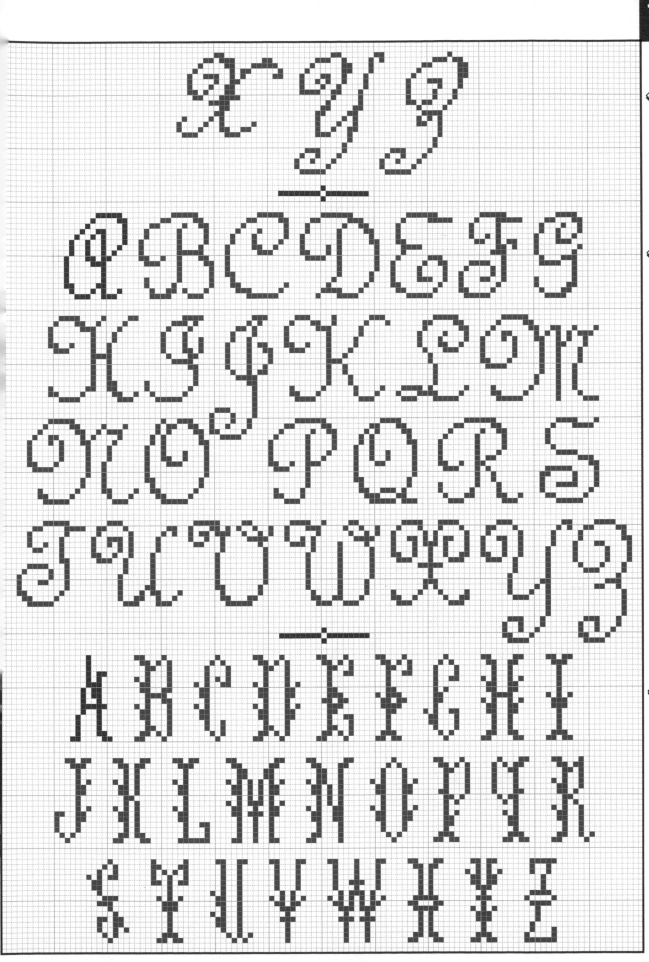

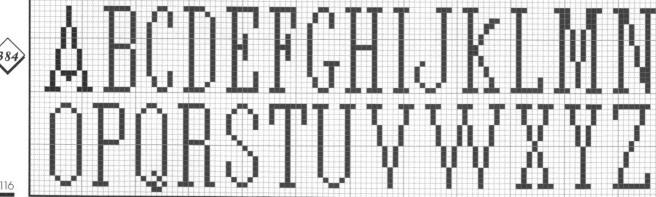

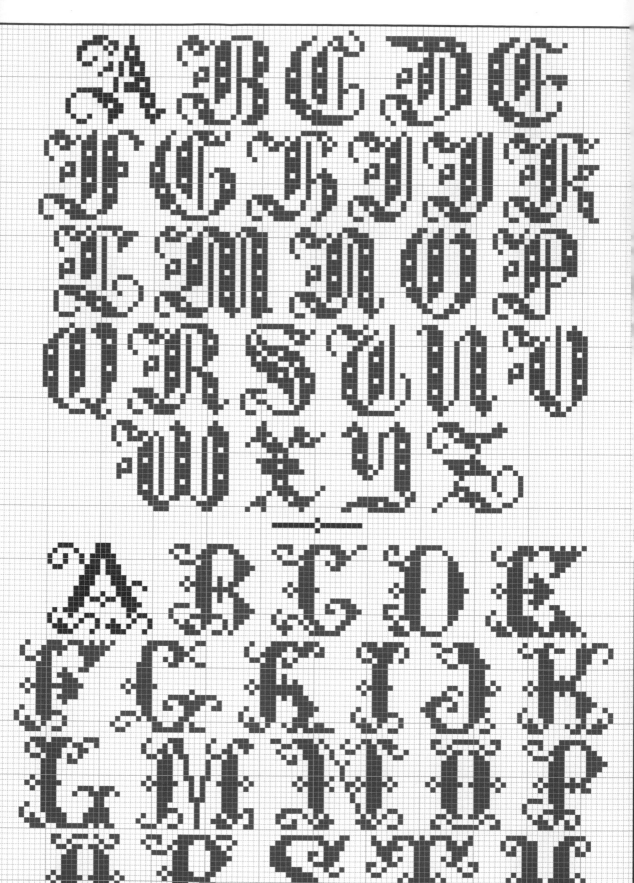

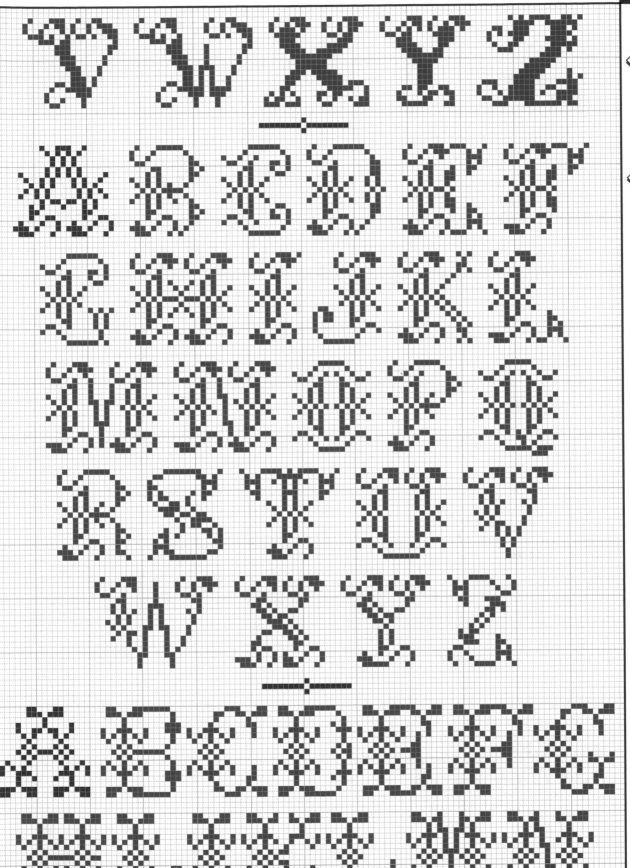

388

389

390

390

O P Q R S T U

V W X Y Z

391

A B C D E F G

H I J K L M

N O P Q R S T

U V W X Y Z

392

A B C D E F G

H I J K L M

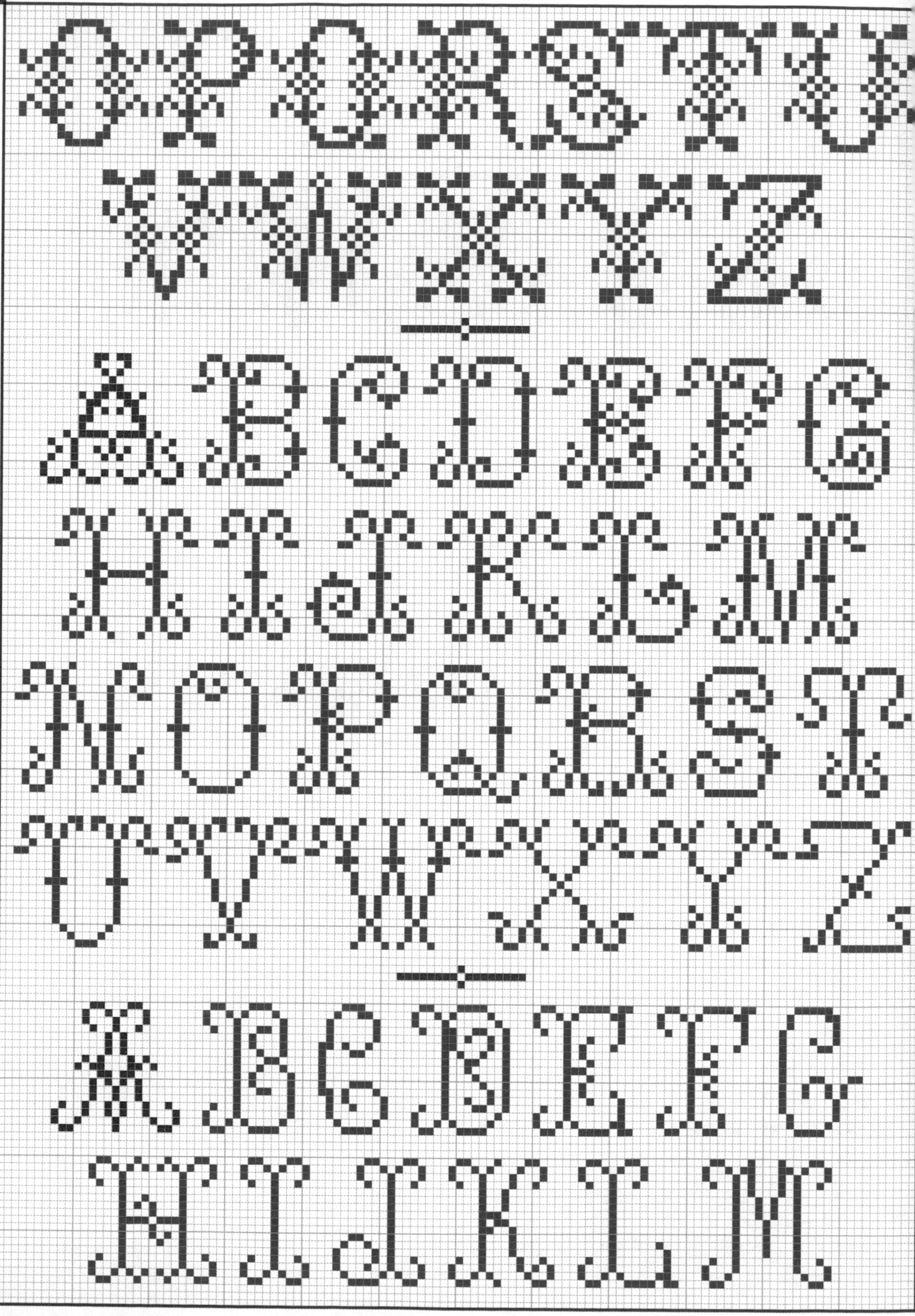

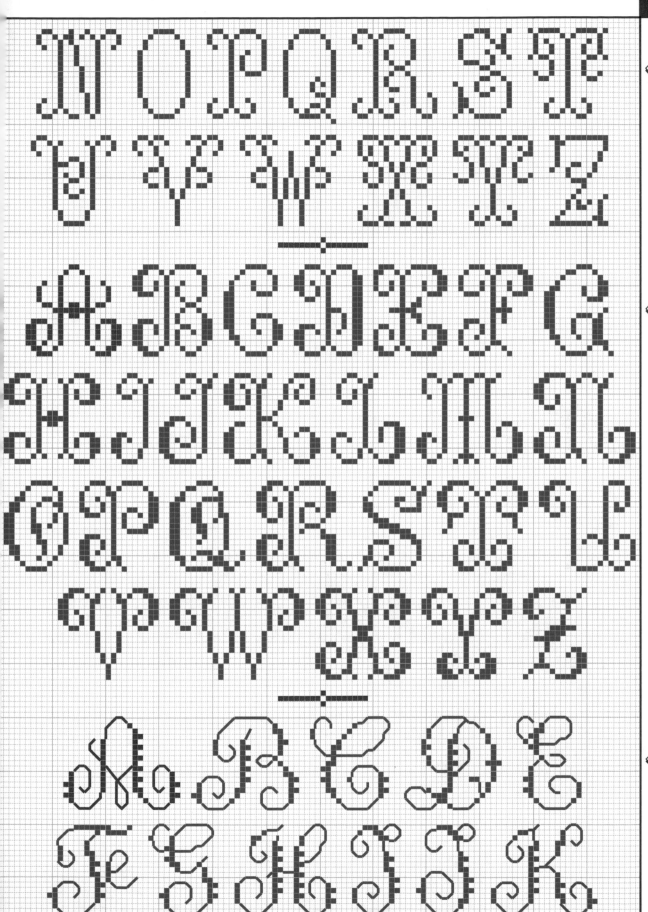

394

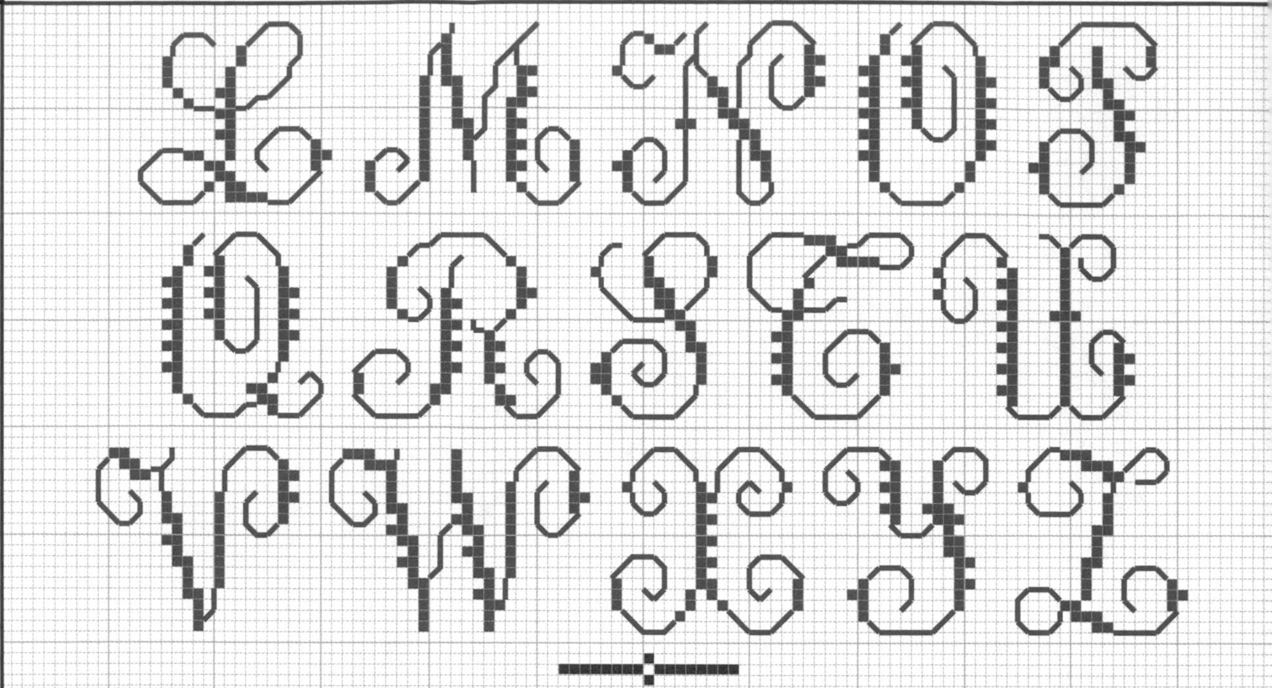

L M N O S
Q R S T U
V W X Y Z

395

A B C D E F
G H I J K L
M N O P 2
R S T U V
W X Y Z

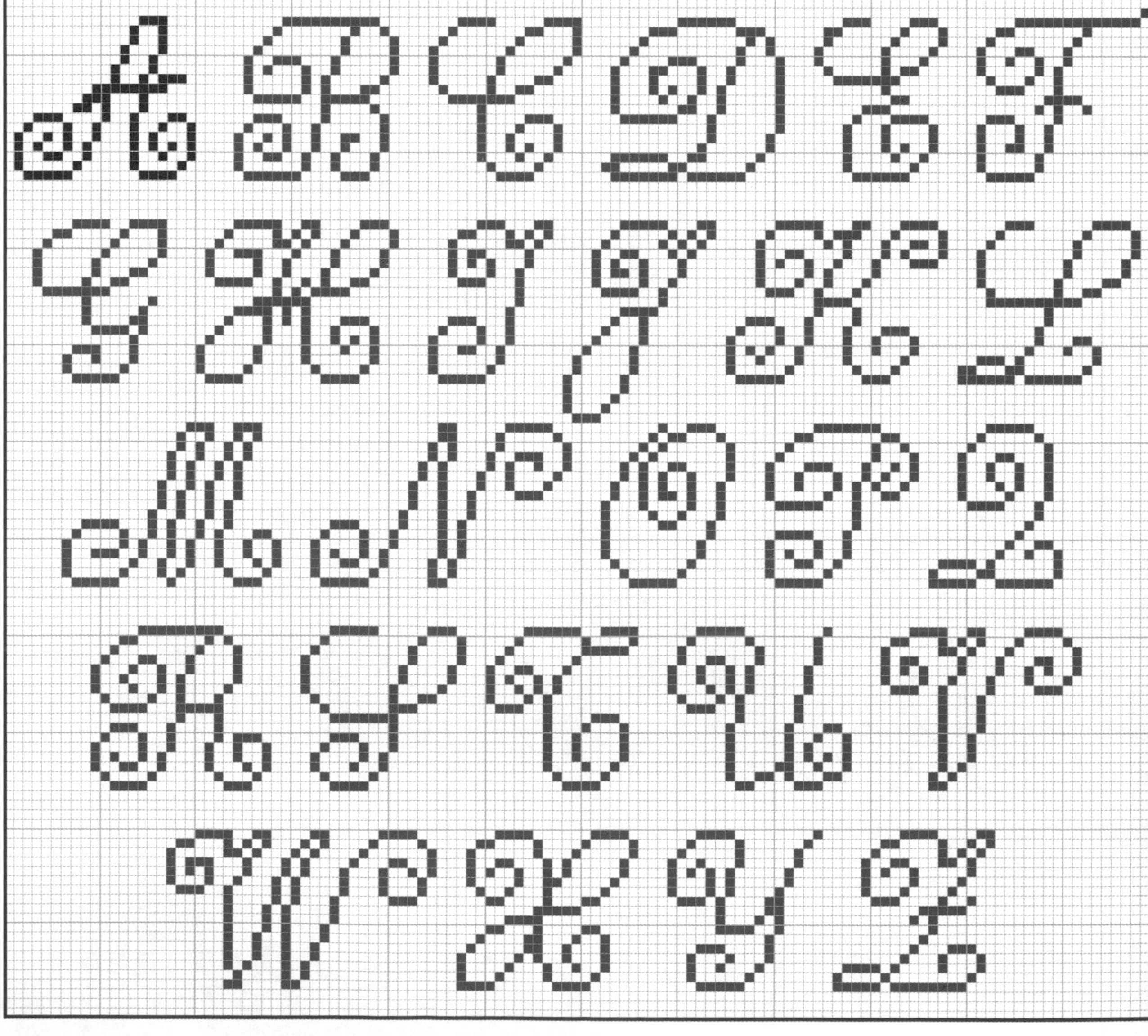

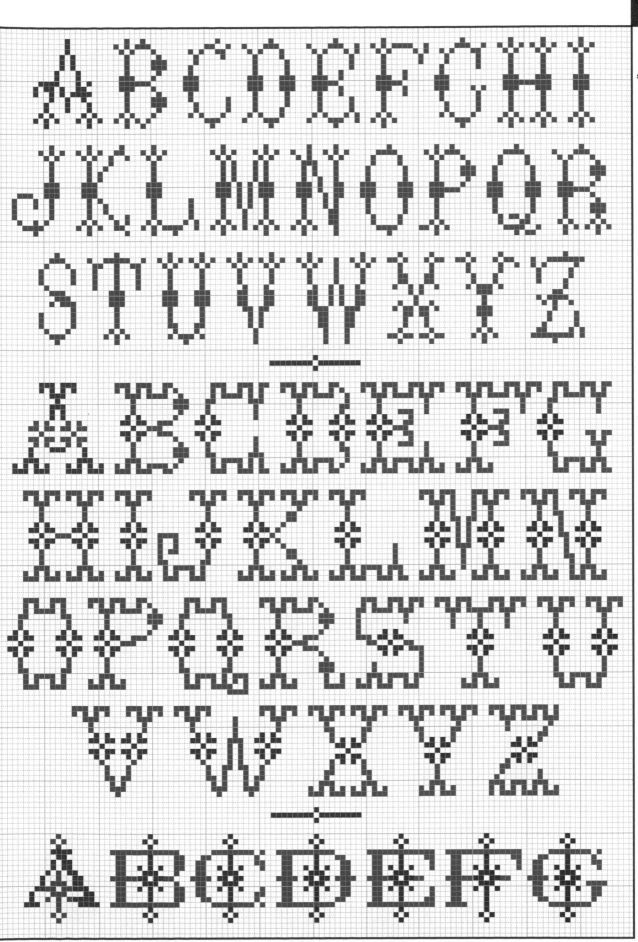

396
397
398

398

399

400

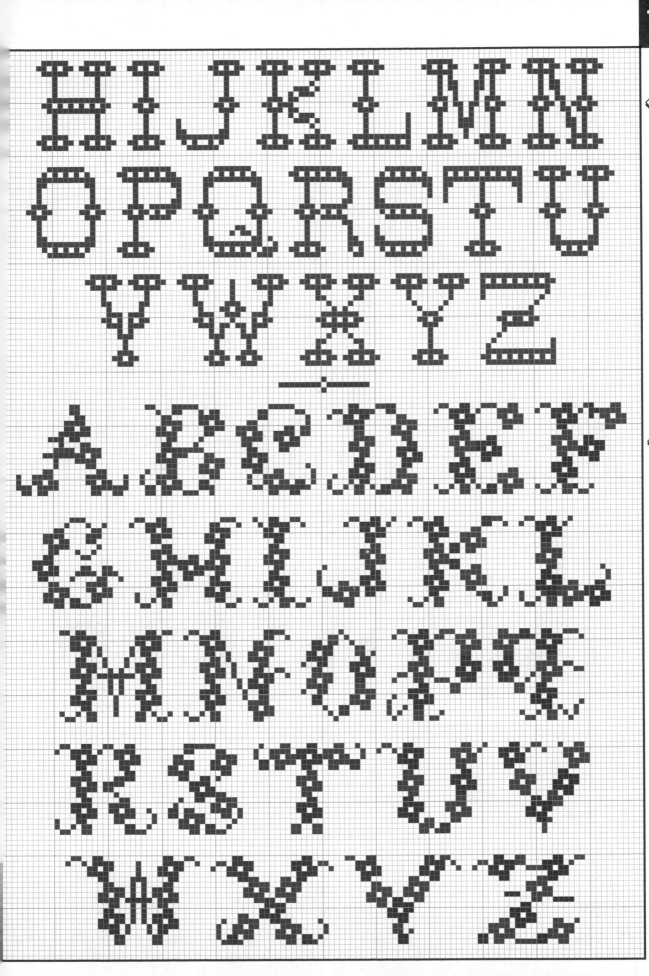

402 ABCDEFGHI JKLMNOPQR STUVWXYZ

403 ABCDEFG HIJKLMN OPQRST UVWXYZ

404 ABCDEFGHI

407

ABCDEFGHI
JKLMNOPQR
STUVWXYZ

408

ABCDEFG
HIJKLMN
OPQRSTU
VWXYZ

409

ABCDEF

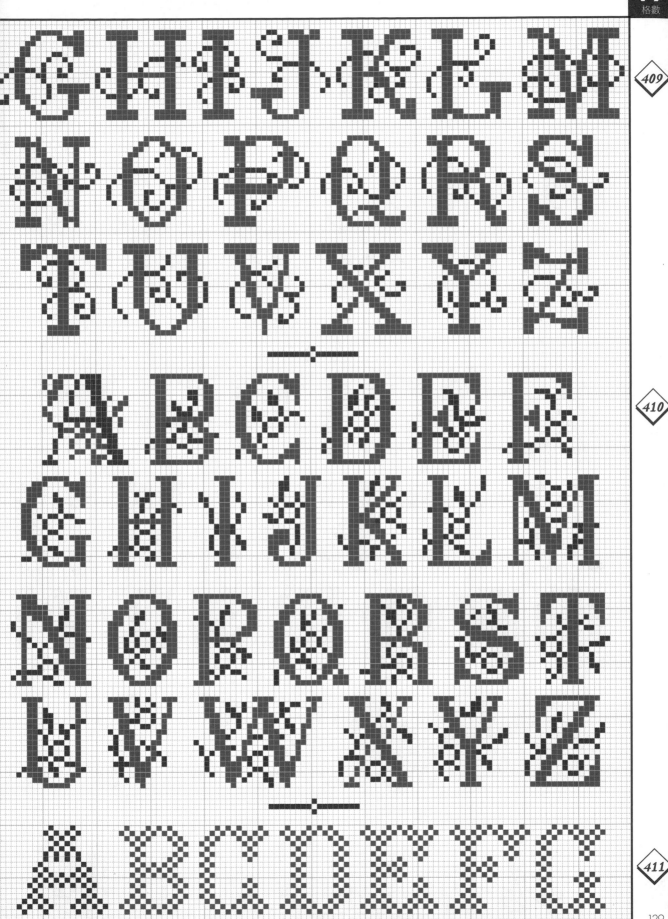

411

HIJKLMN
OPQRSTU
VWXYZ

412

ABCDEFG
HIJKLMN
OPQRSTU
VWXYZ

413

ABCDEFG

413

414

415

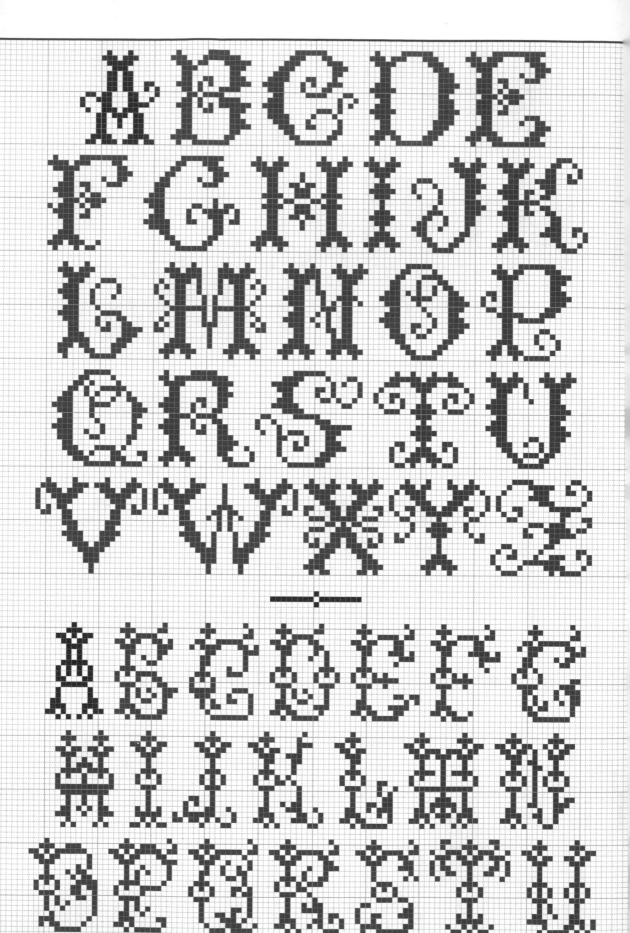

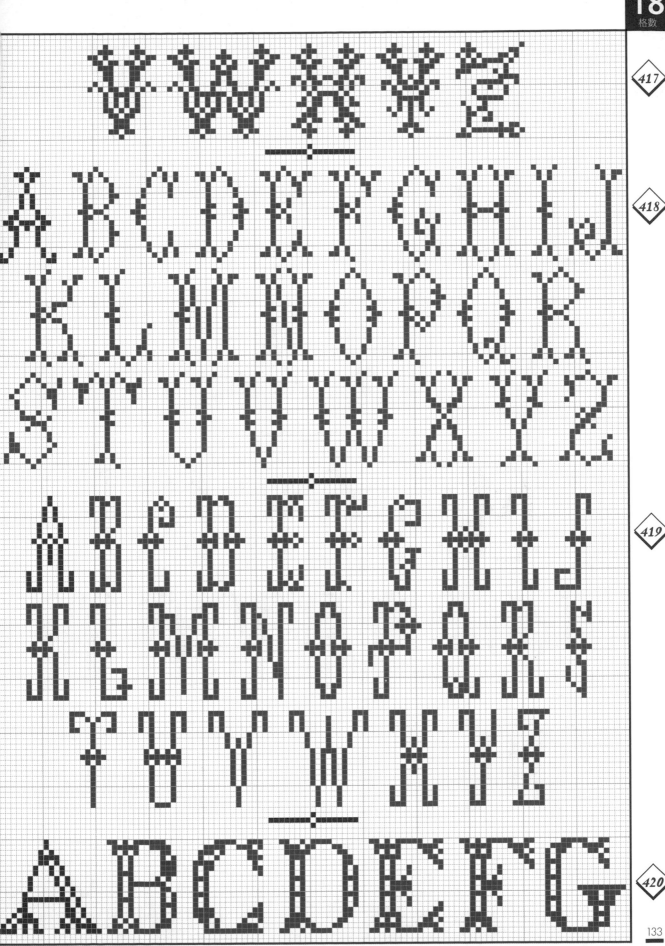

417
418
419
420

420

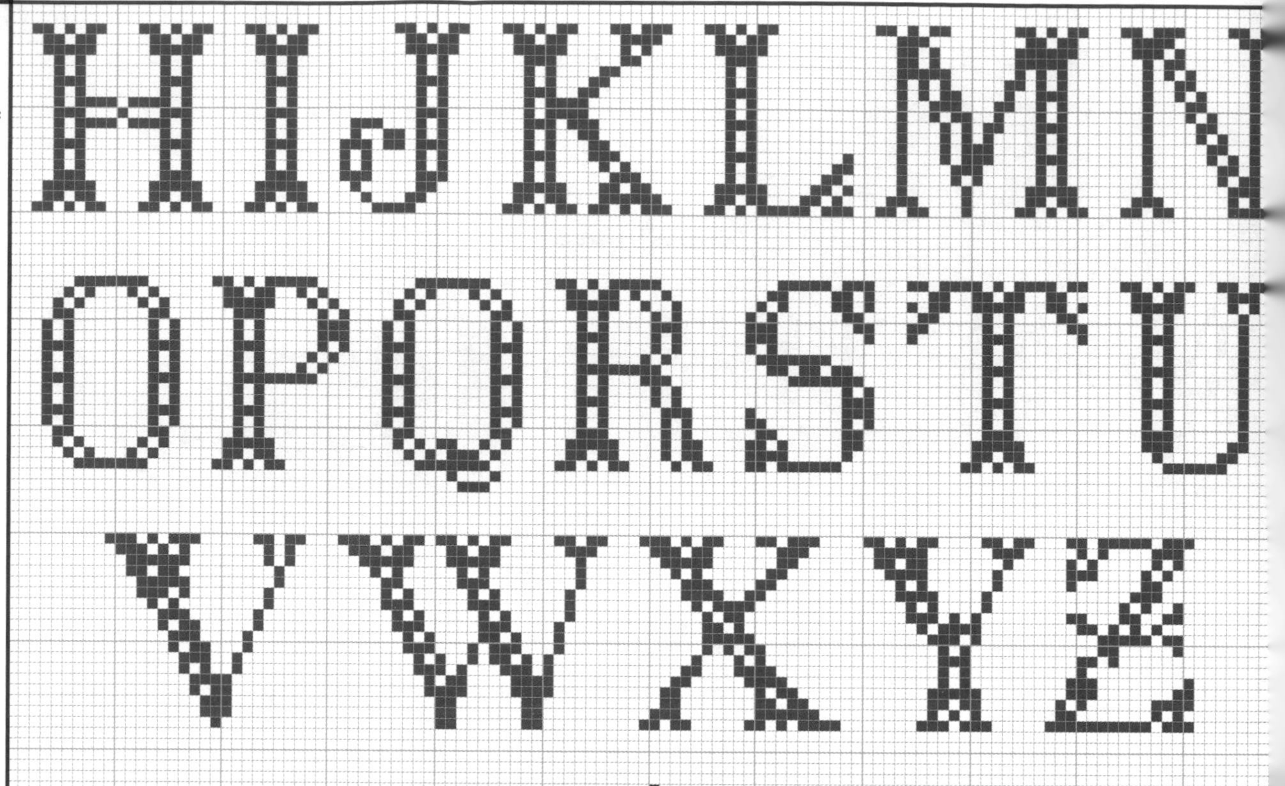

H I J K L M N
O P Q R S T U
V W X Y Z
—

421

A B C D E F
G H I J K L M
N O P Q R S T
U V W X Y Z

423

424

424

425

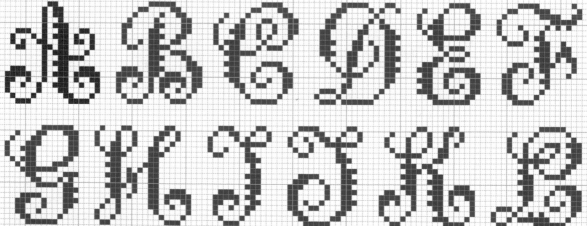

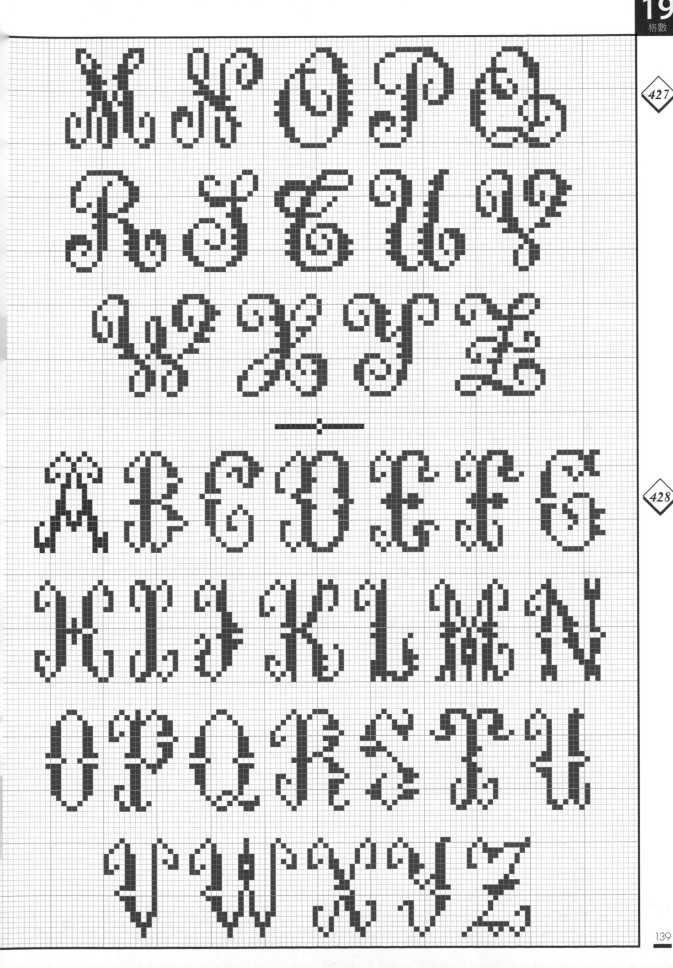

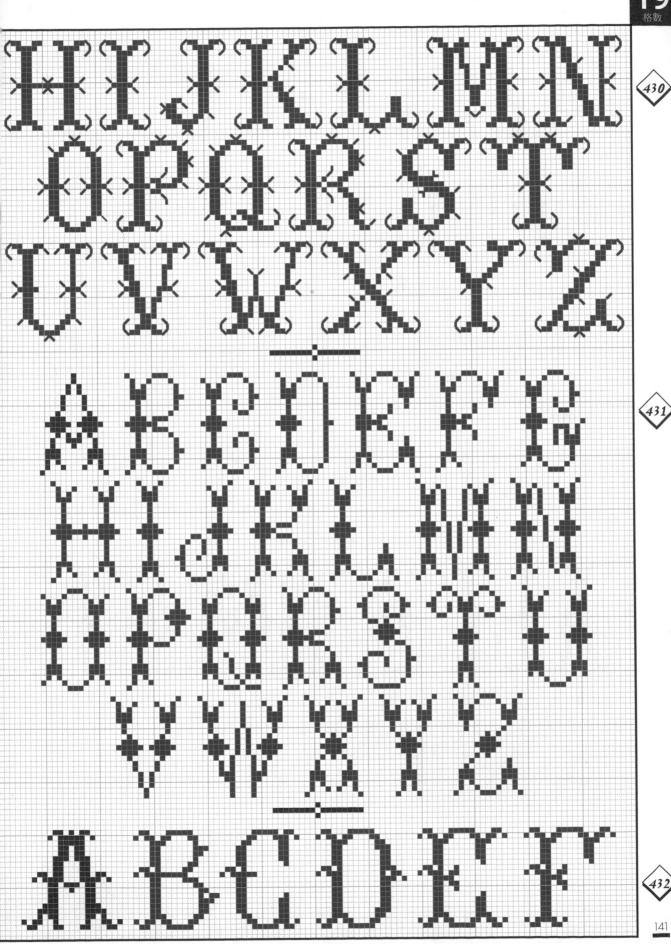

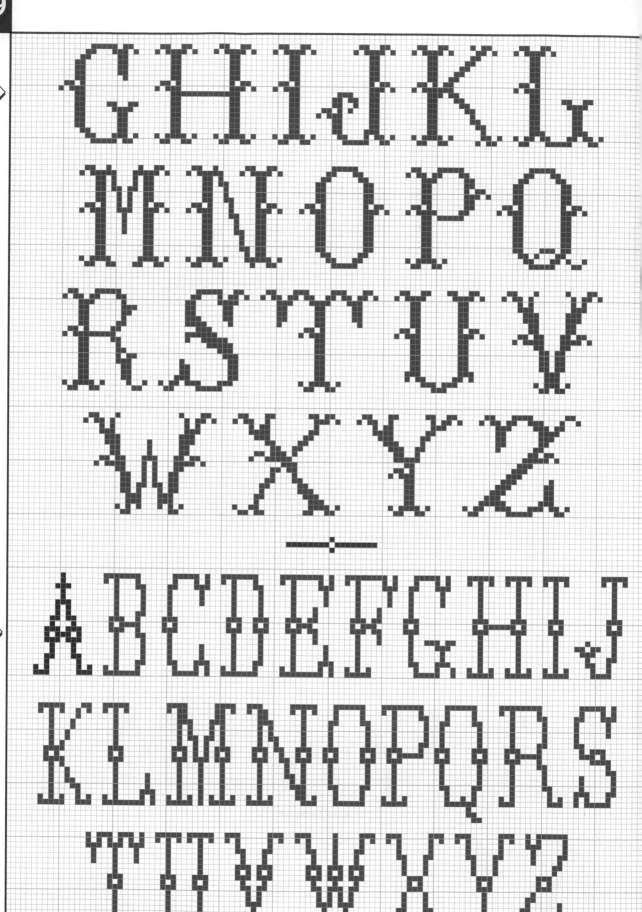

ABCDEFG
HIJKLMN
OPQRSTU
VWXYZ

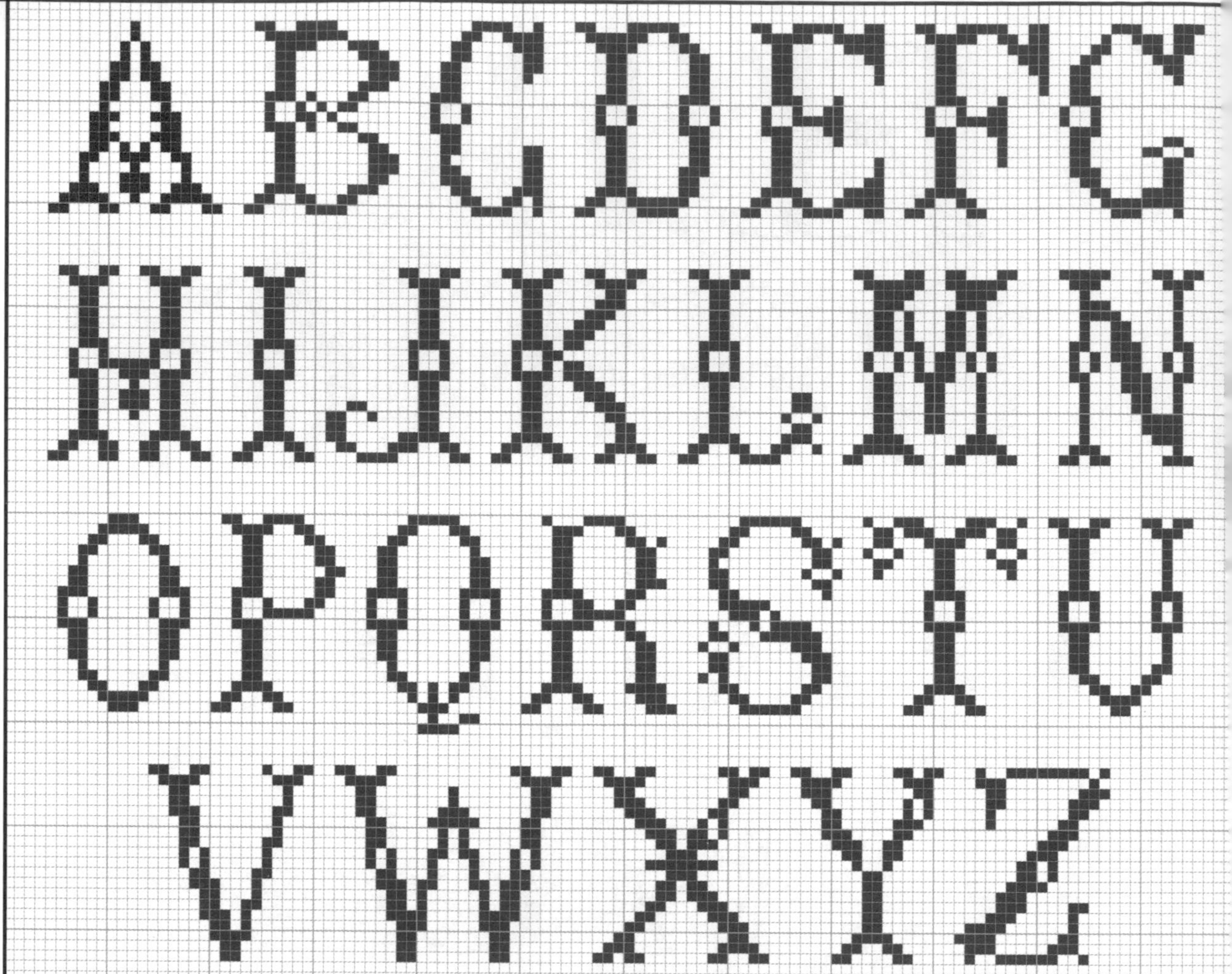

ABCDEFGHI
JKLMNOPQR
STUVWXYZ

ABCDEFG
HIJKLMN
OPQRSTU
VWXYZ

ABCDEFG
HIJKLMN
OPQRSTU
VWXYZ

439

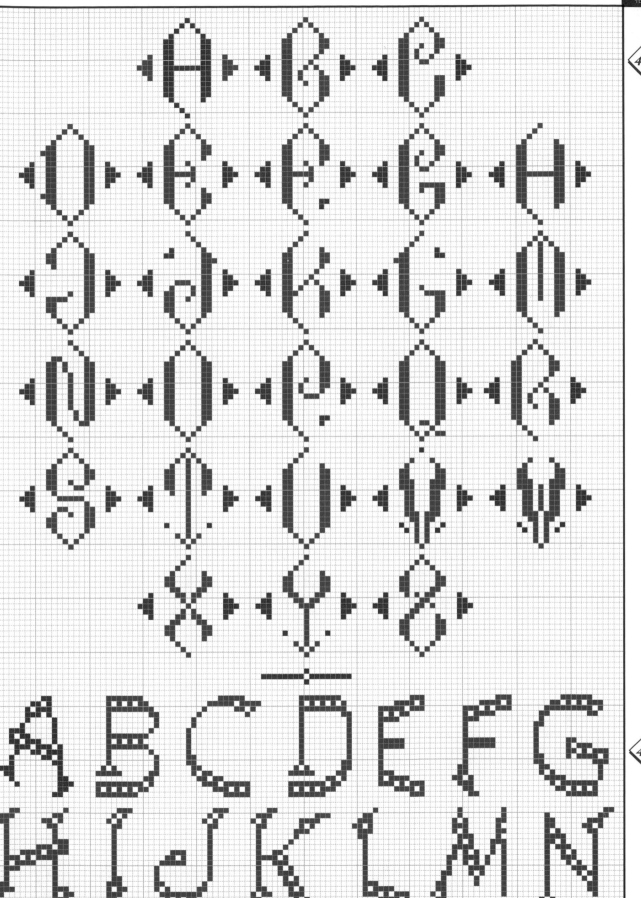

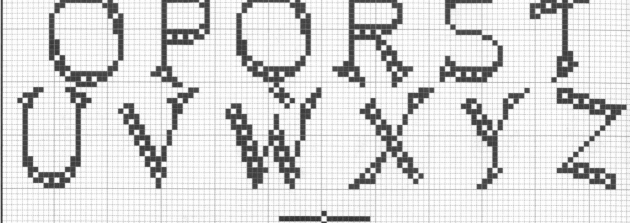

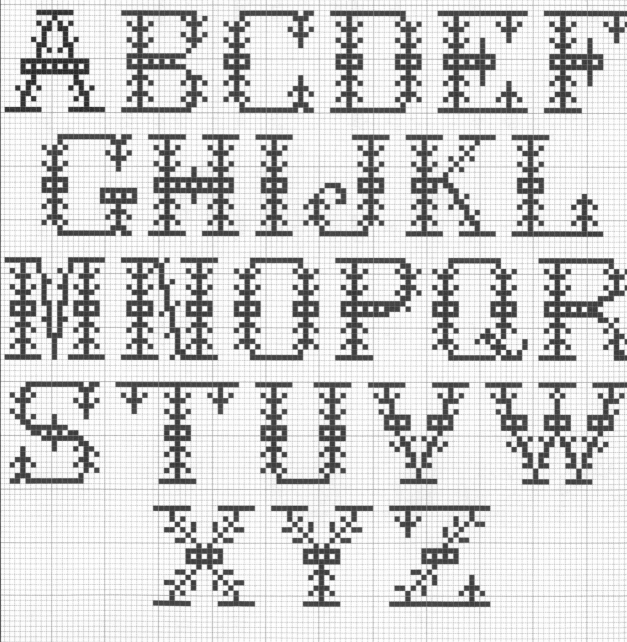

443

ABCDE
FGHIJK
LMNOP
QRSTU
VWXYZ

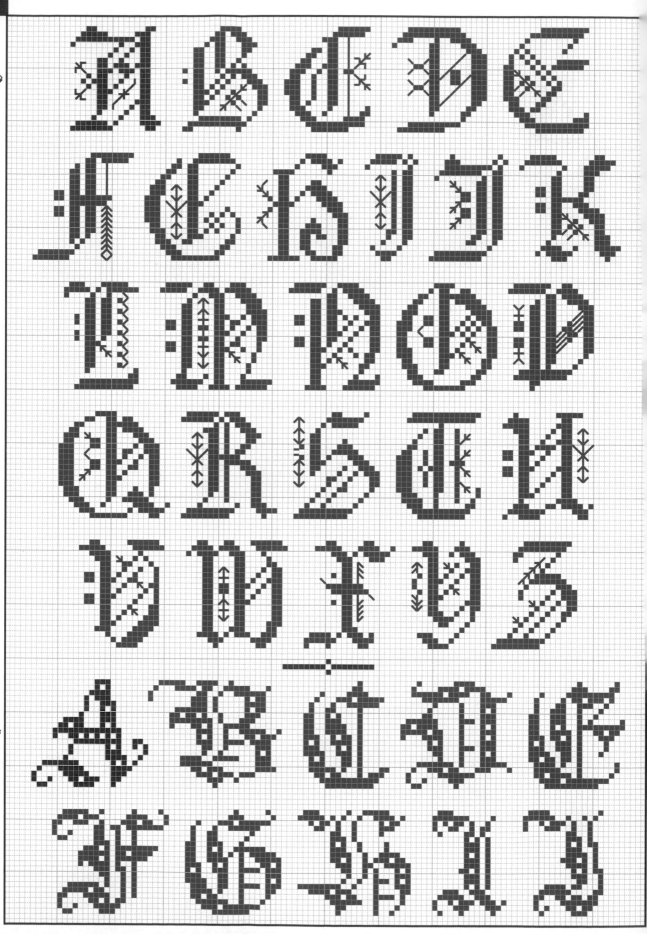

449

450

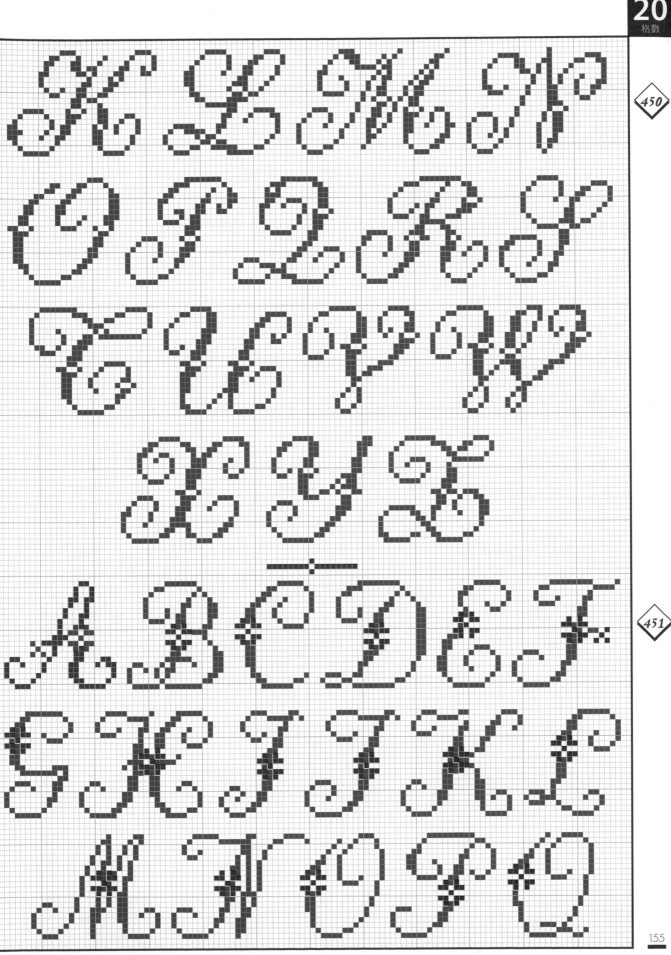

450
451

451

452

454

455

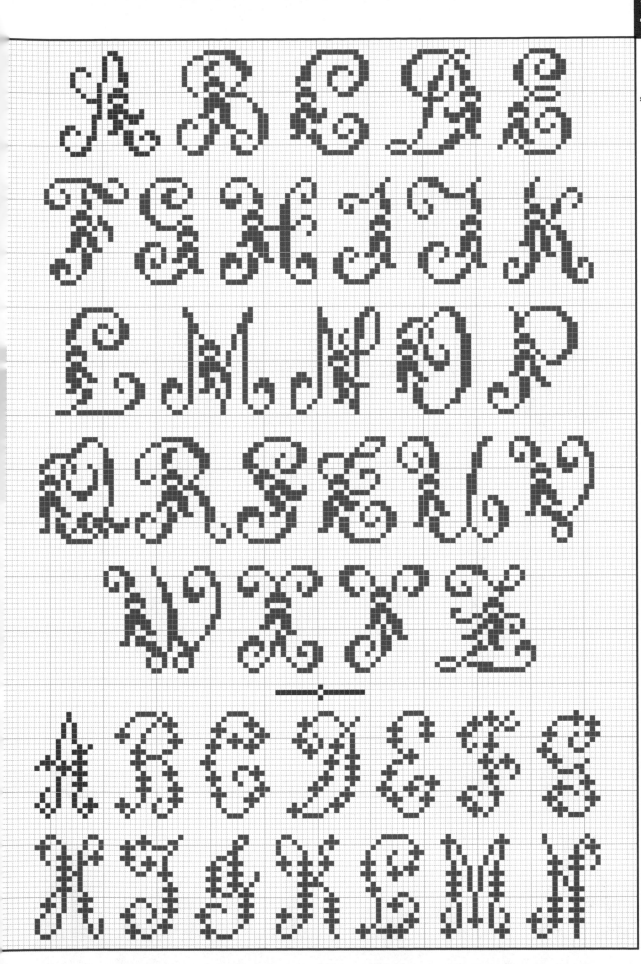

456
457

GHIJKL
MNOPQ
RSTUV
WXYZ

ABCDE
FGHIJK
LMNOPQ

460 ▷

461 ▷

Q R S T U
V W X Y Z
—

a b c d e f g
h i j k l m n
o p q r s t u
v w x y z

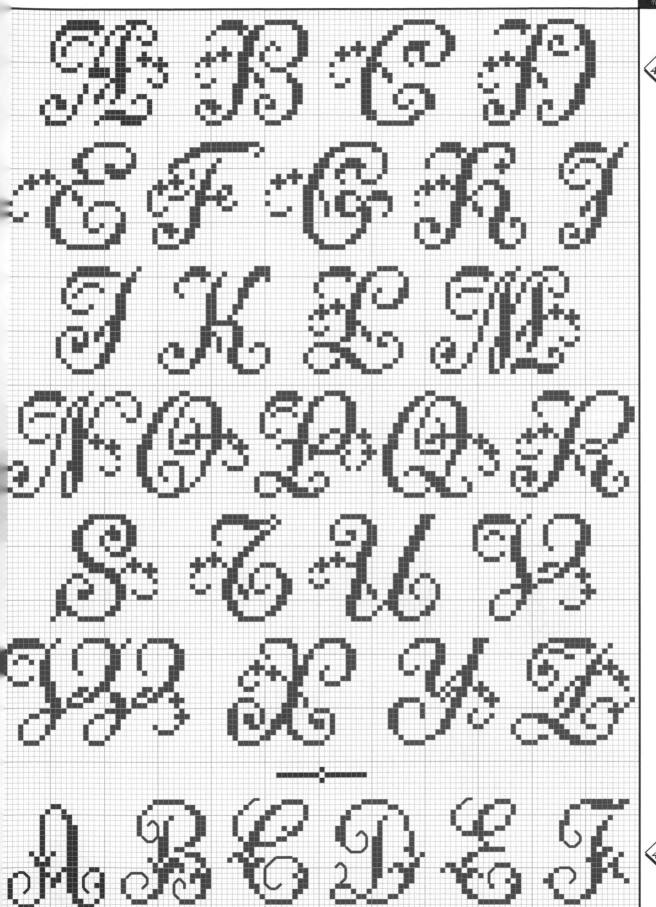

462

463

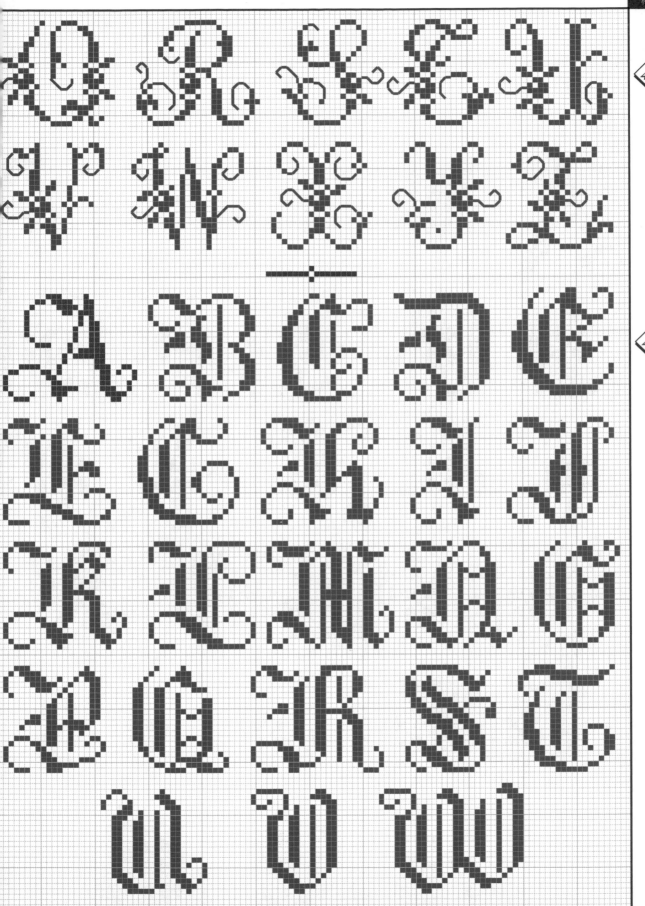

465

466

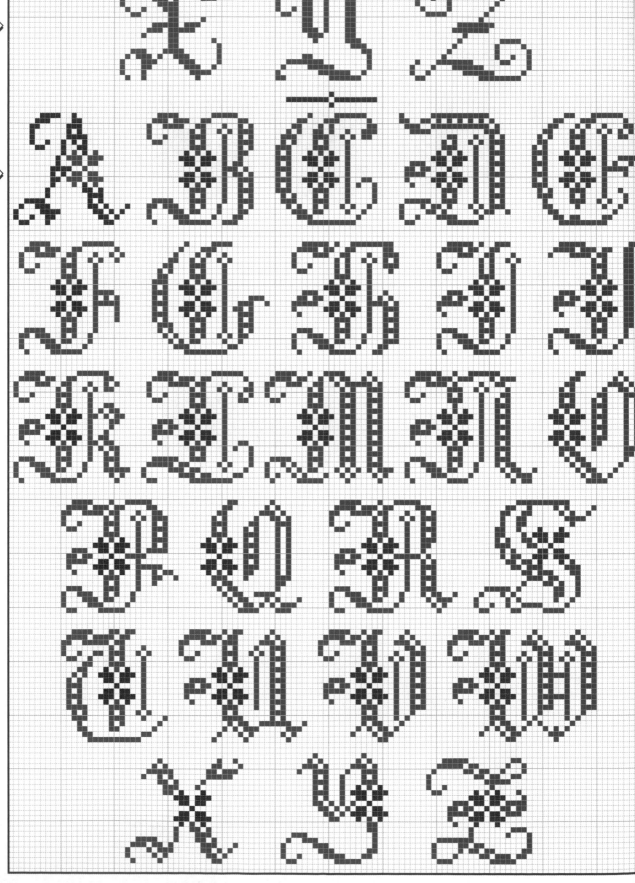

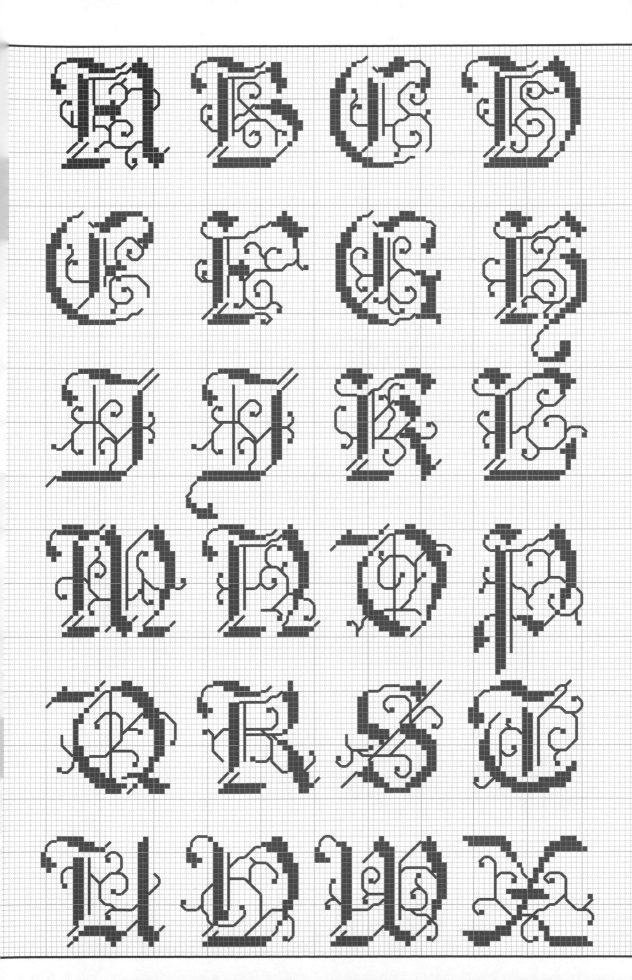

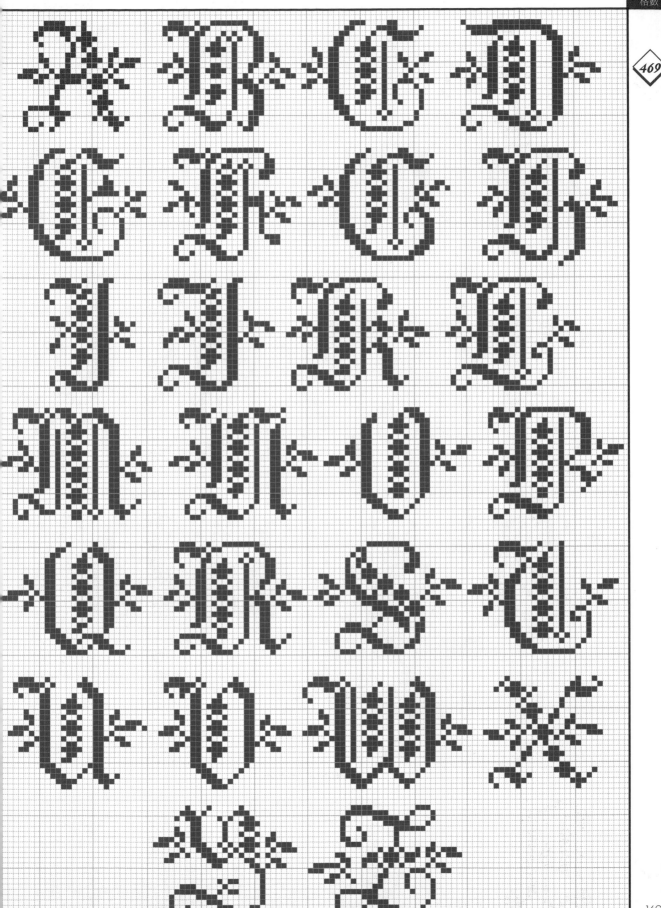

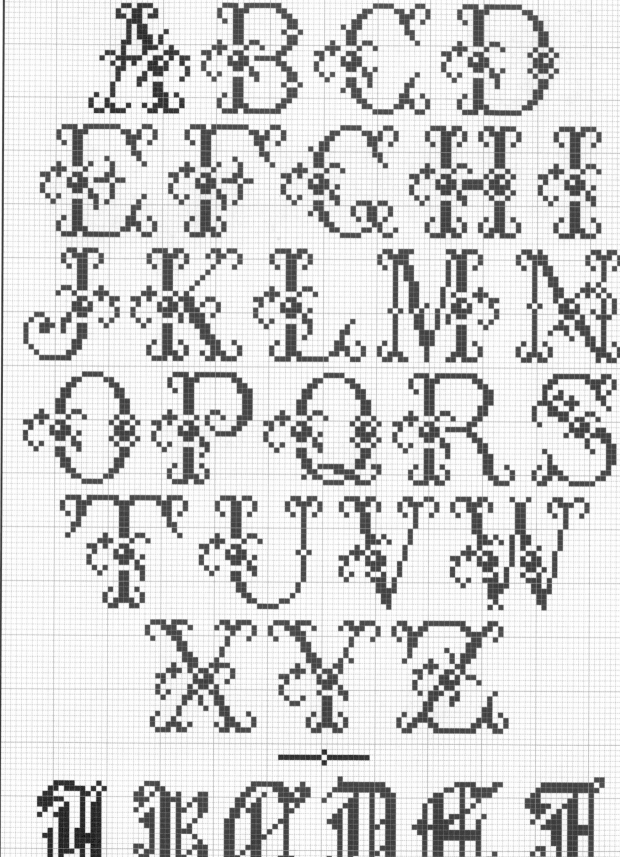

471

472

475

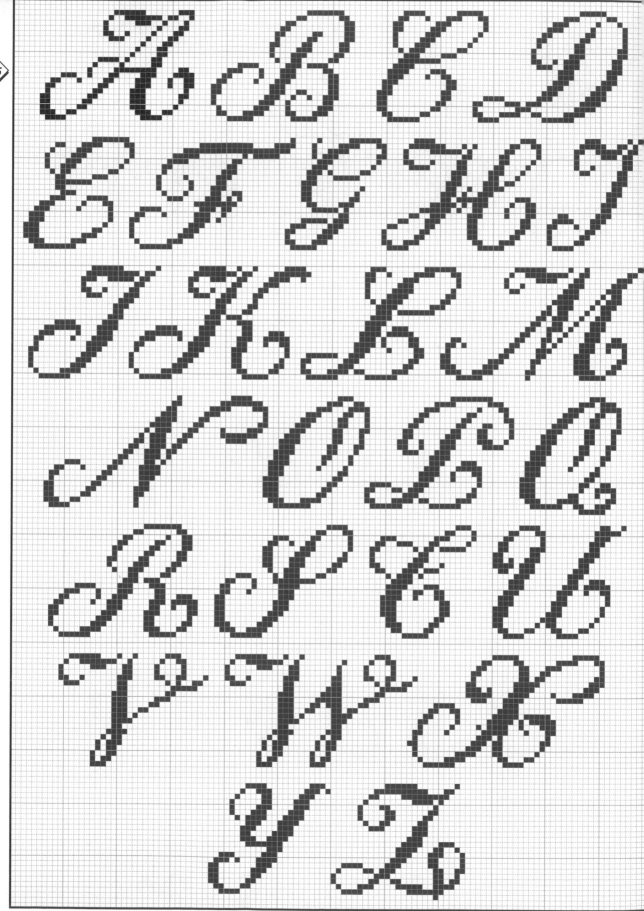

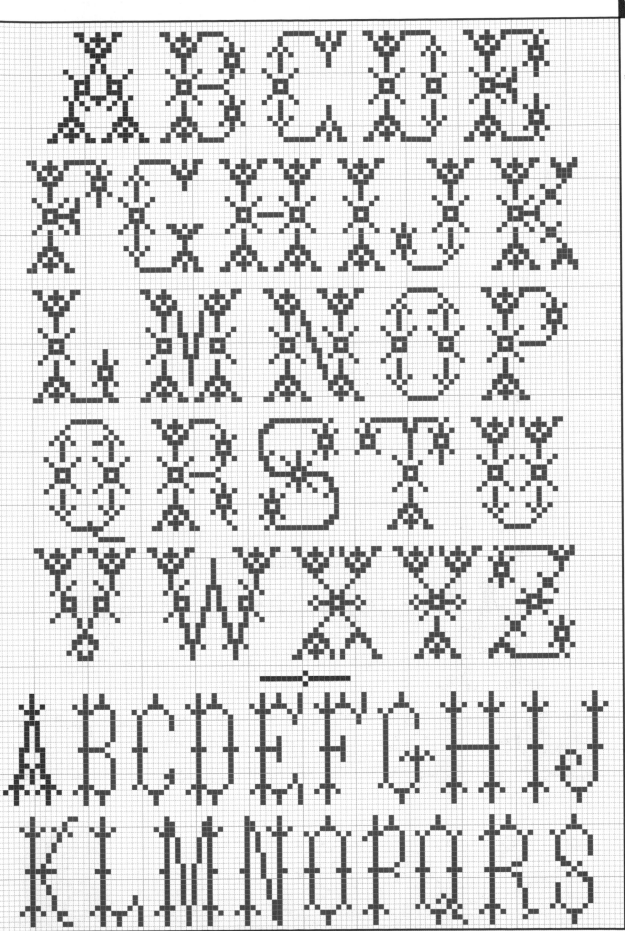

476

477

477

TTUVWXYZ

478

ABCDEFGHI
JKLMNOPQR
STUVWXYZ

479

ABCD
EFGH
JKLMN

480

481

482

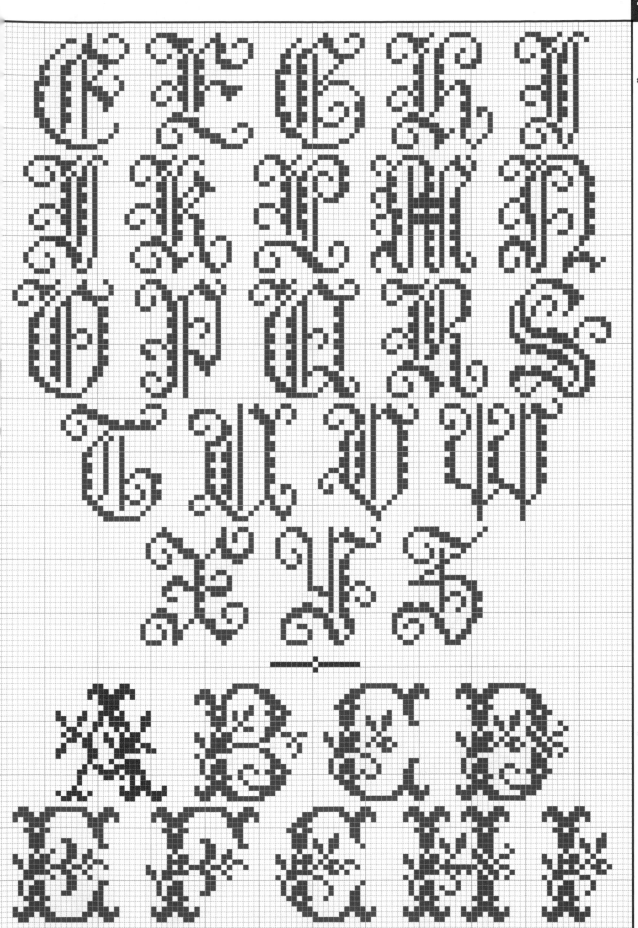

482

483

483

484

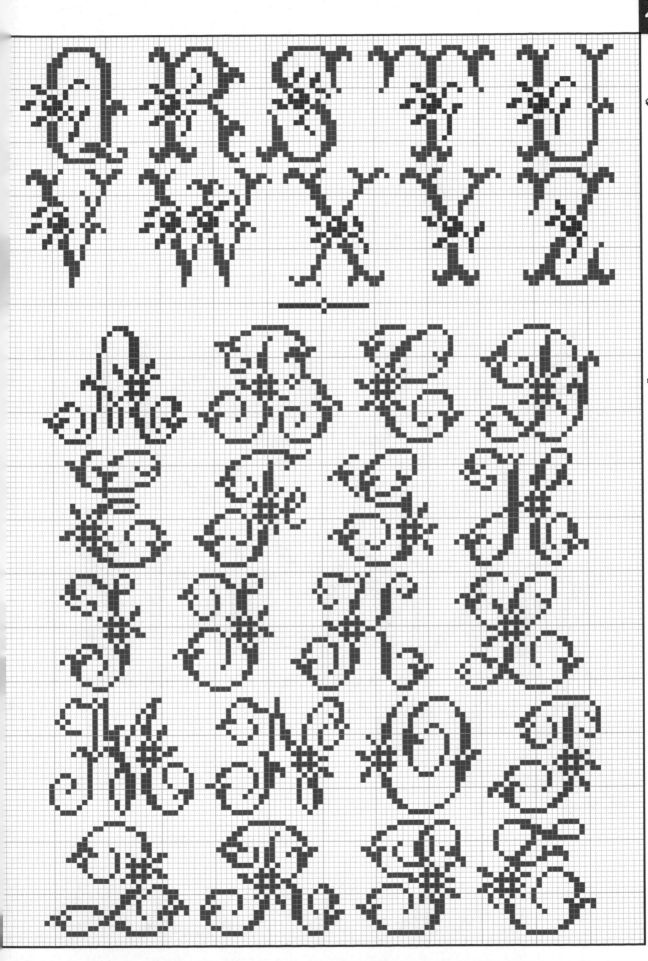

484

485

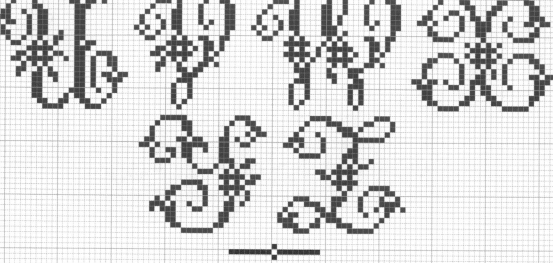

485

486

487

487

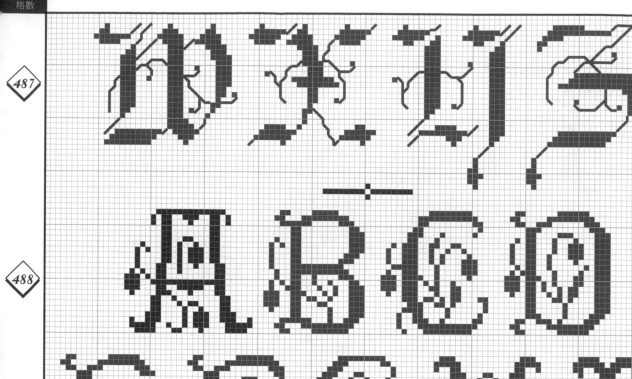

488

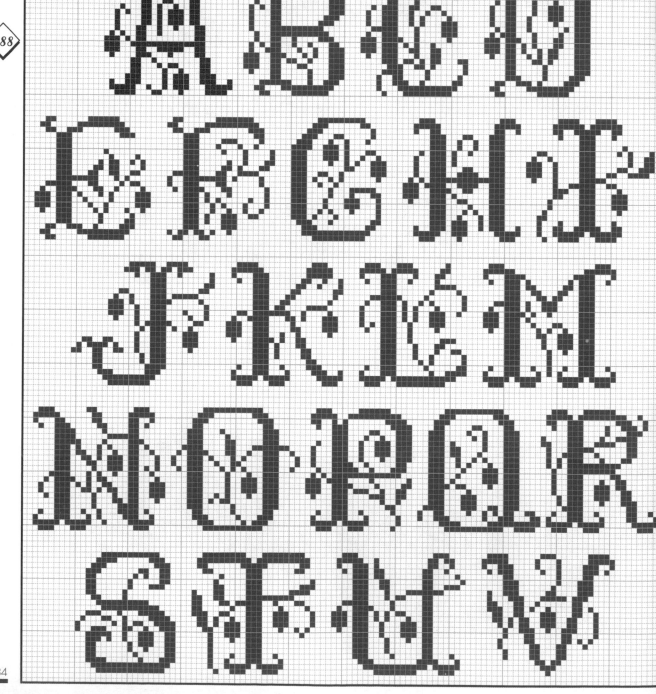

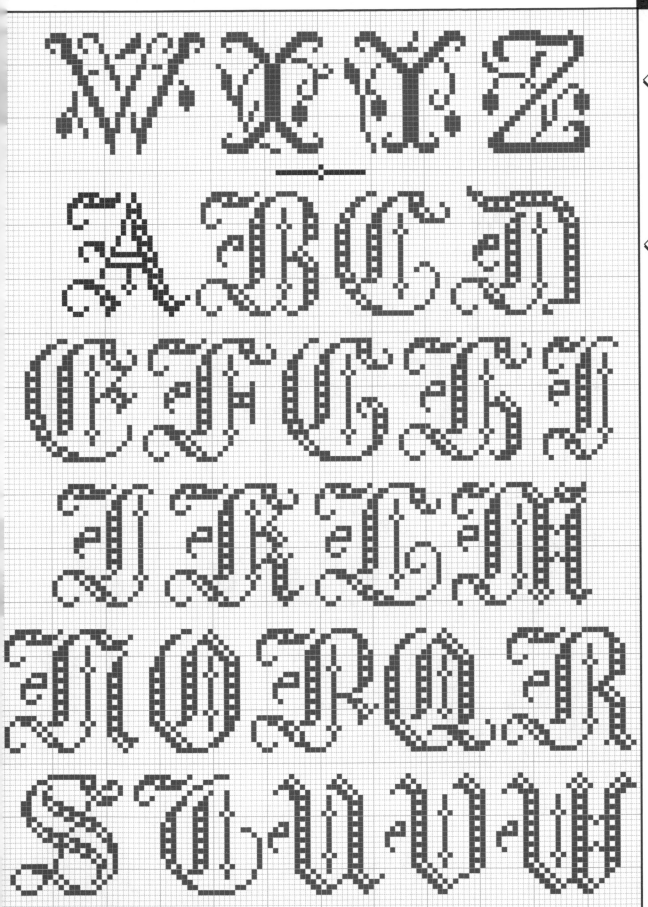

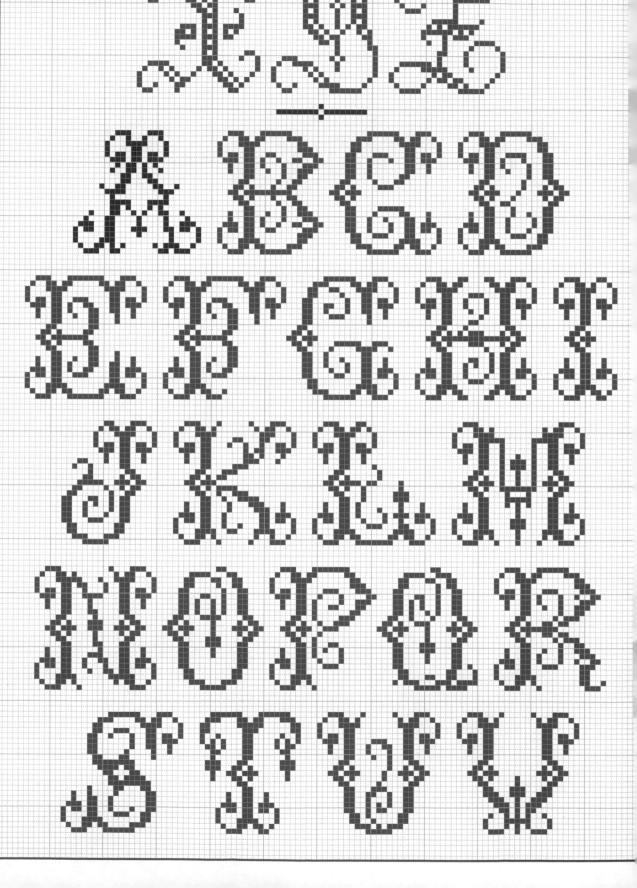

490

491

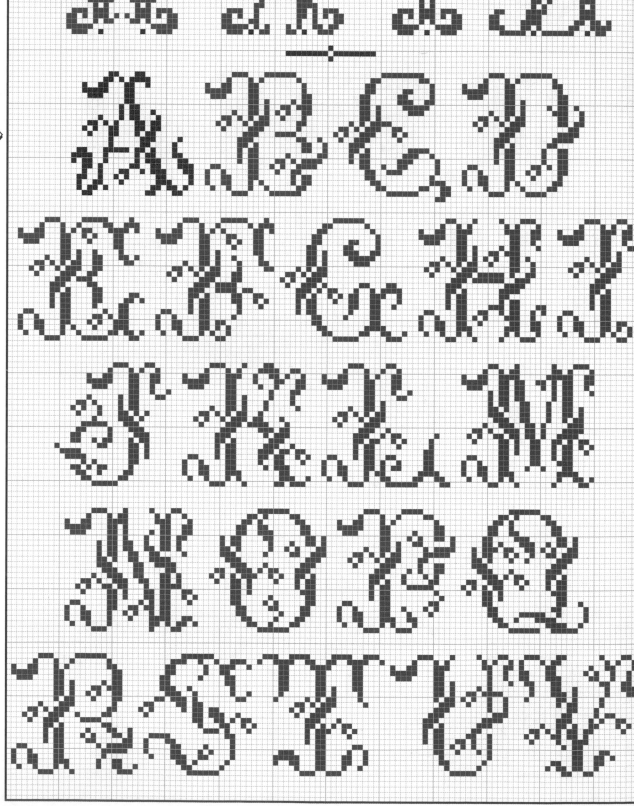

493

494

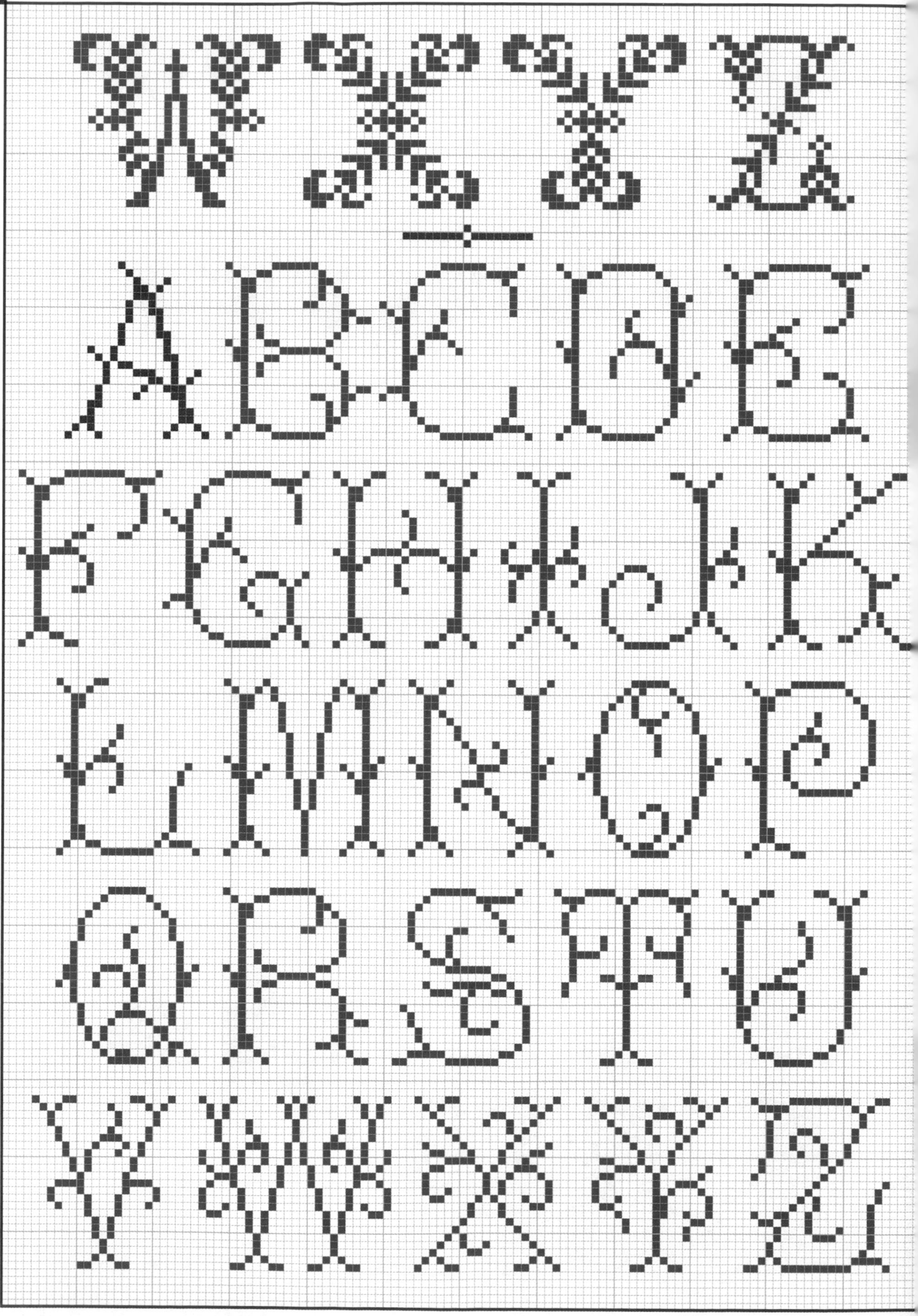

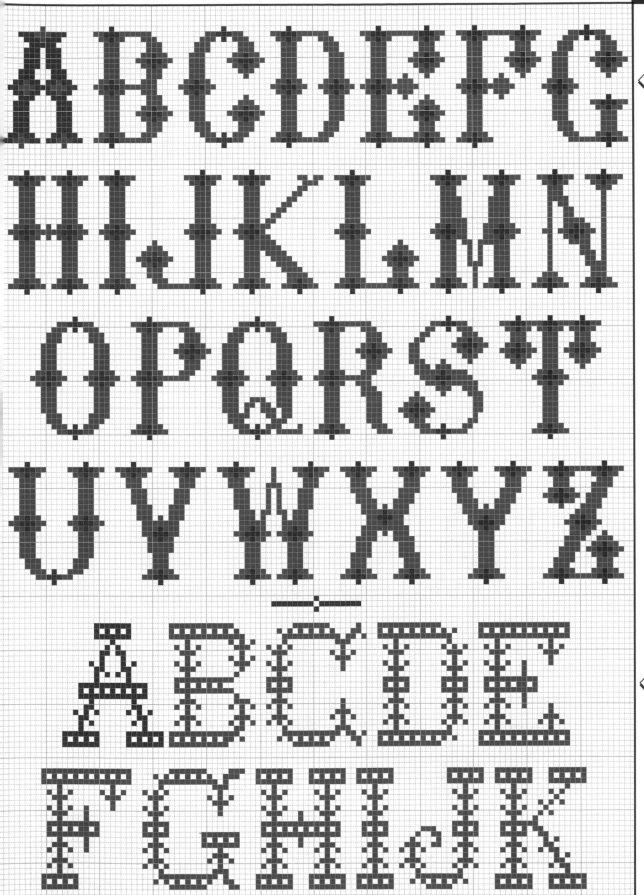

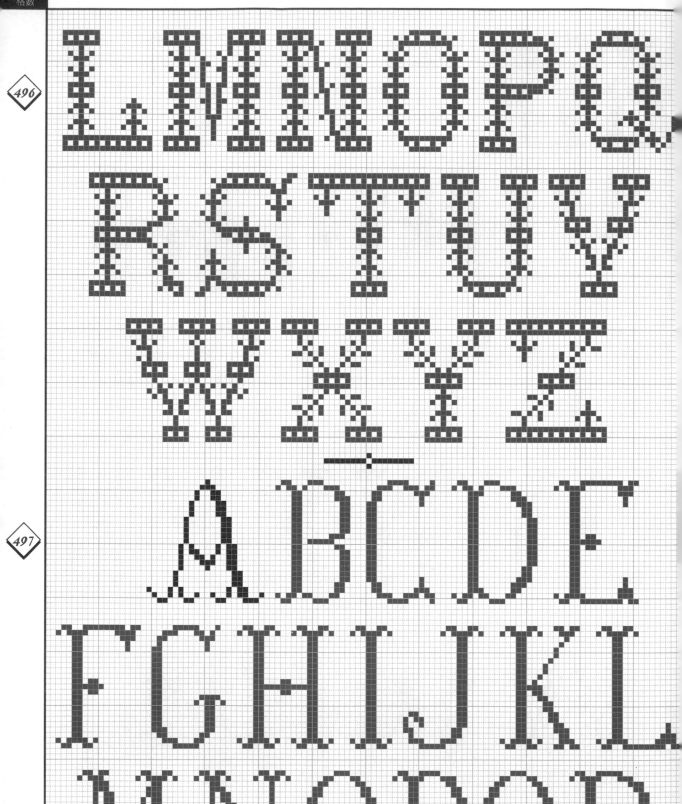

STUVW

XYZ

ABCDEFGH

IJKLMNOP

ORSTUVW

XYZ

499

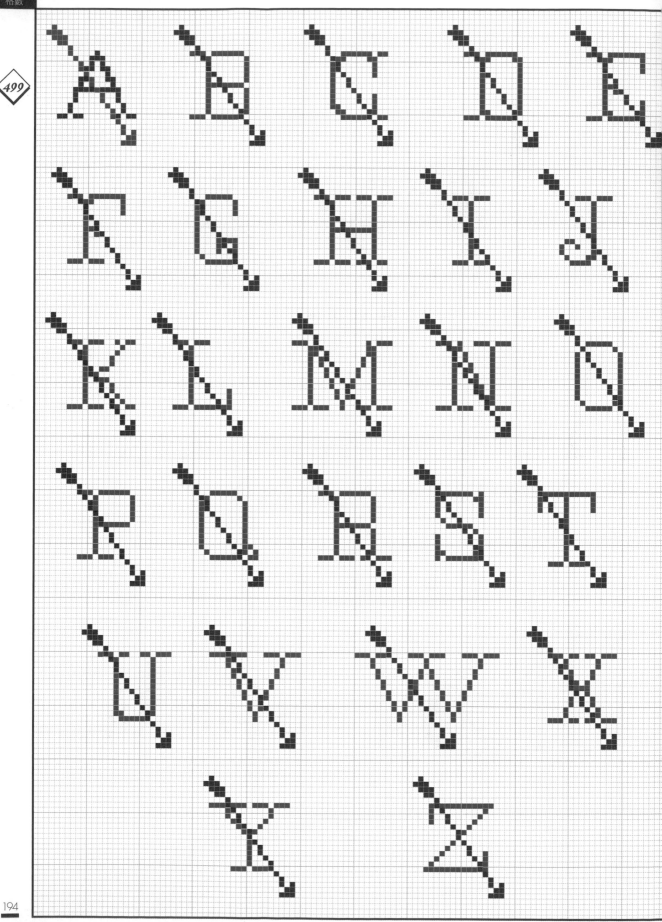

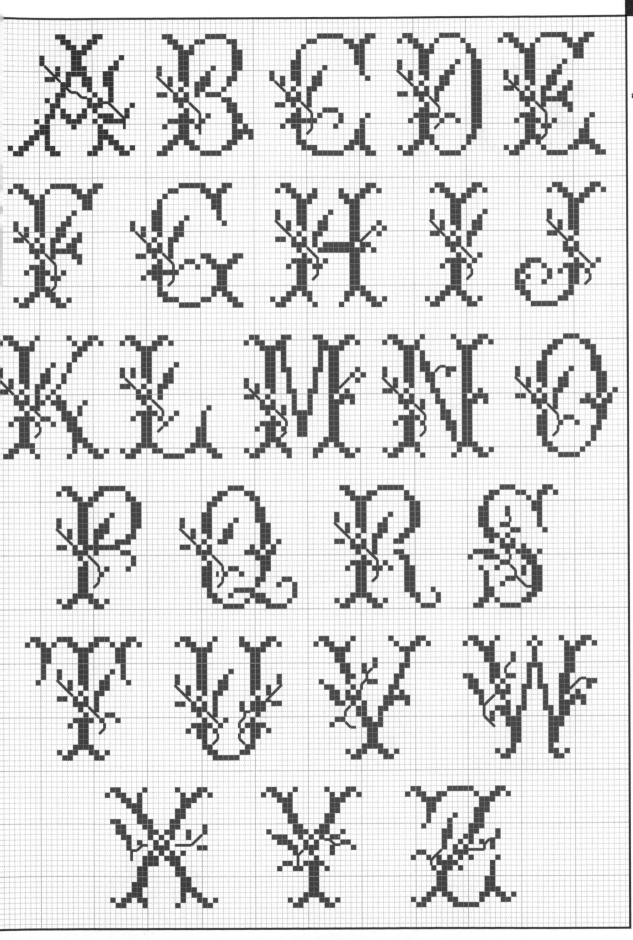

ABCD
EFGH
IJKL
MNOO
QRST
UVW

502

503

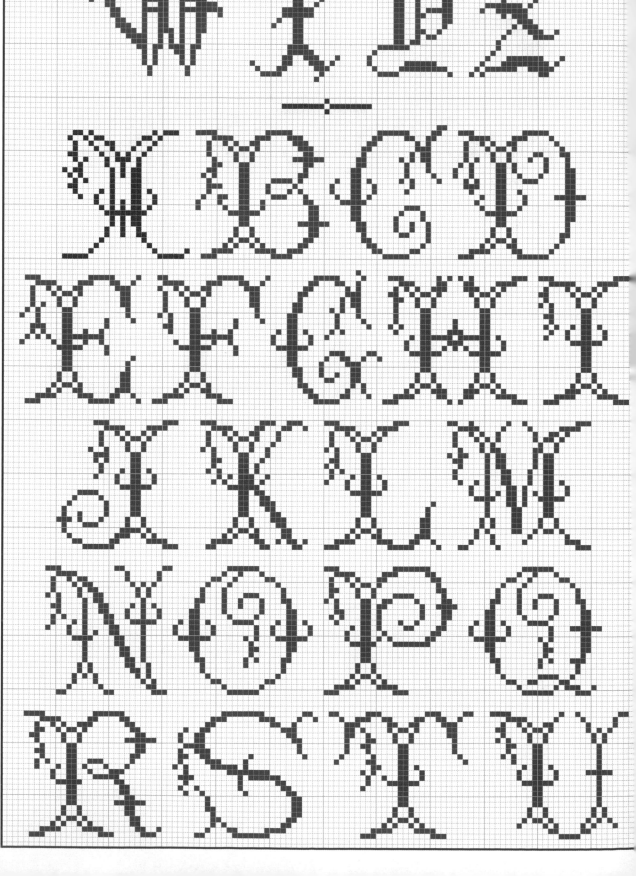

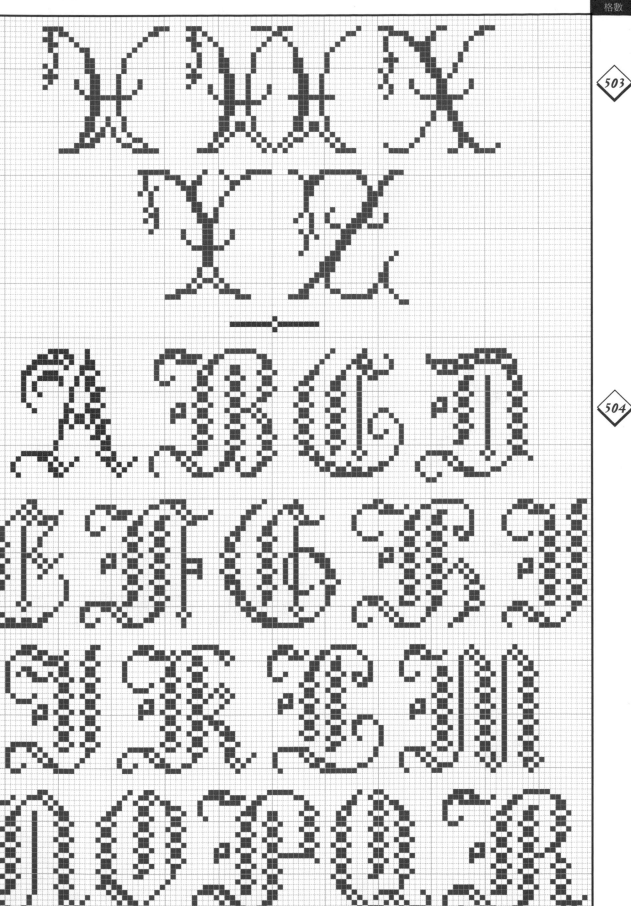

506

507

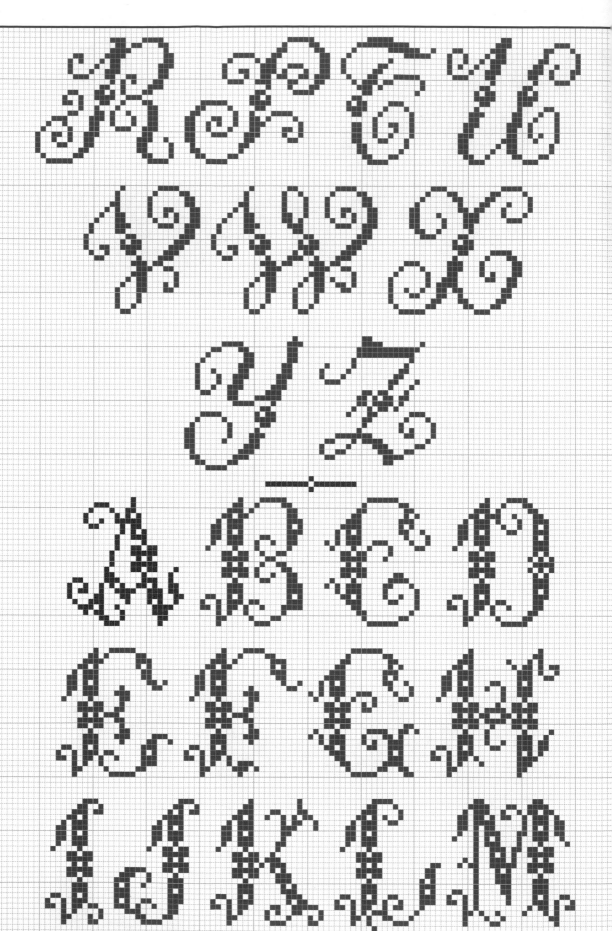

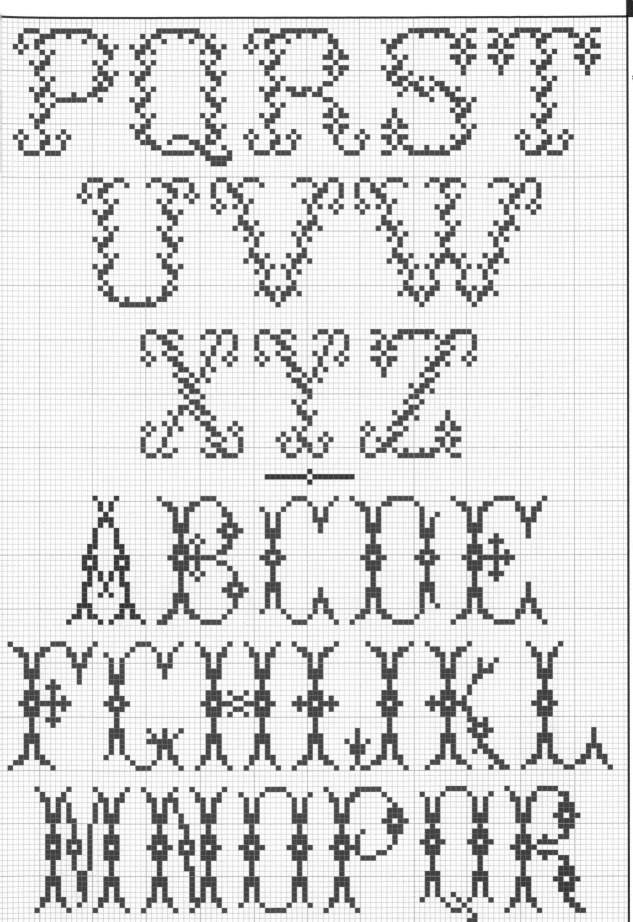

511

512

513

514

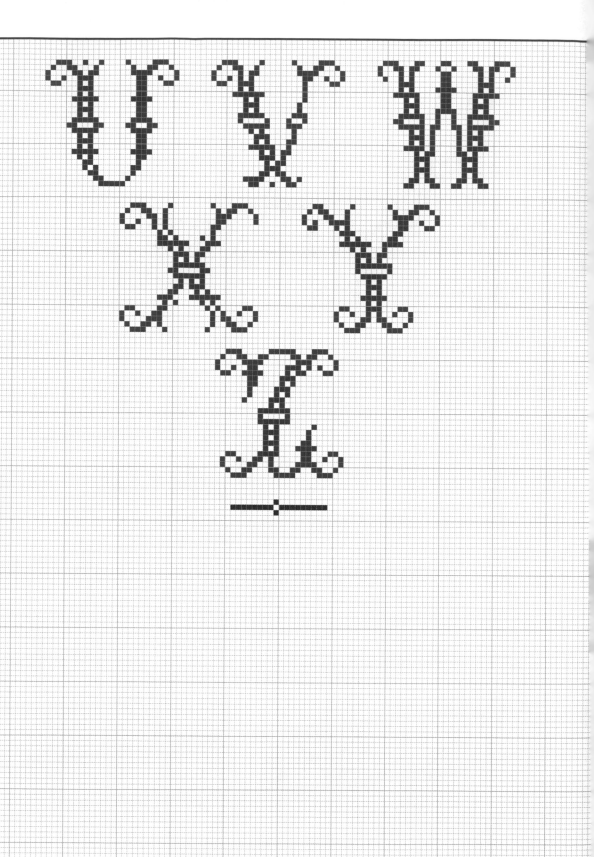

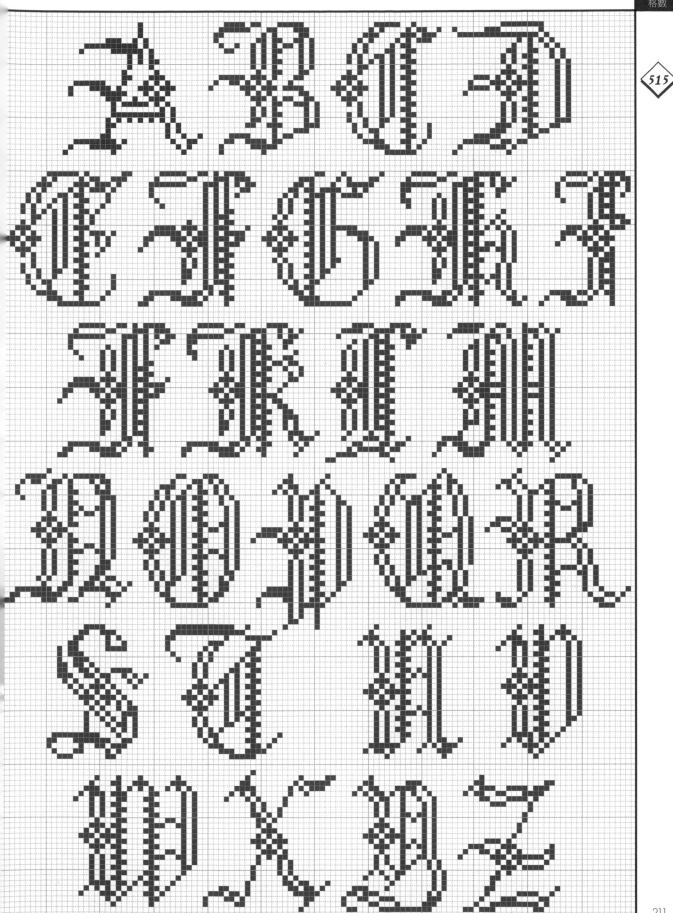

516

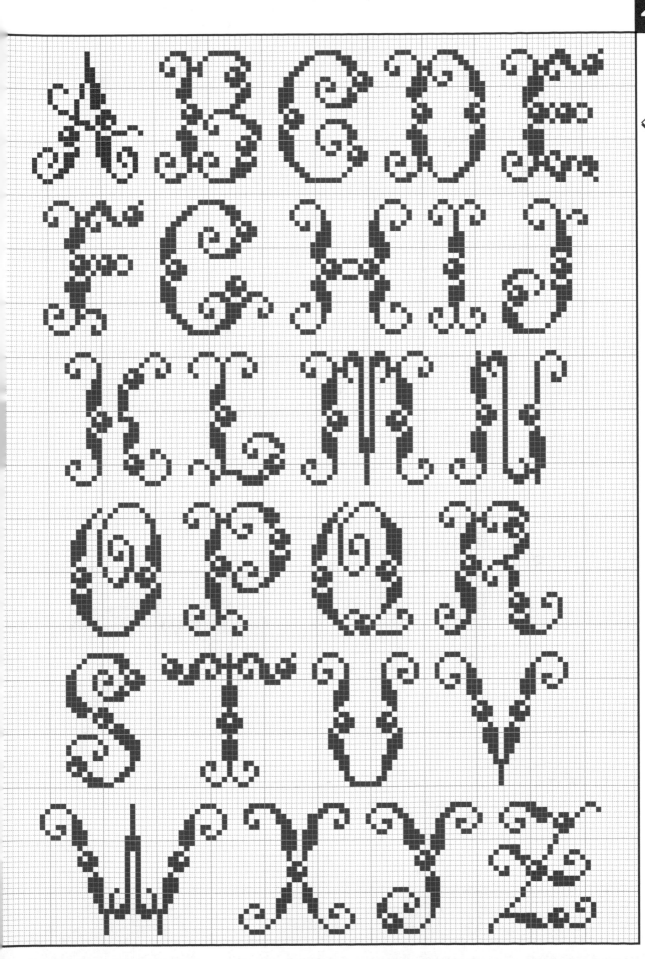

520

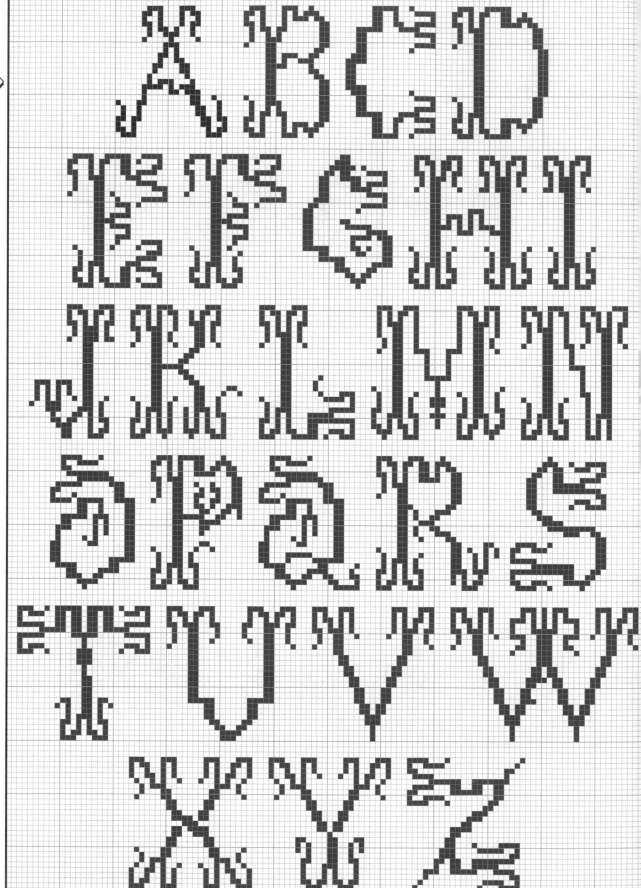

521

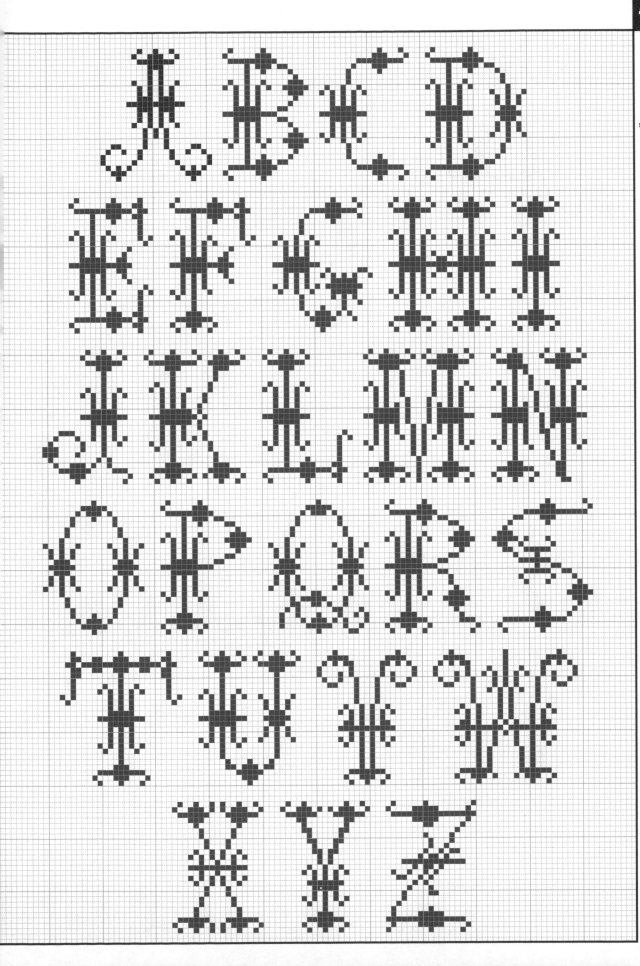

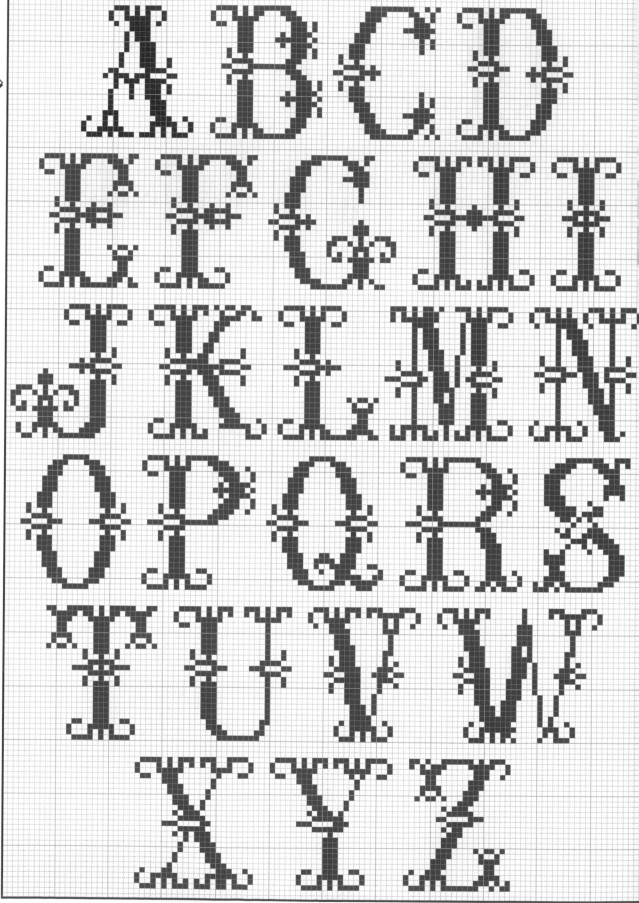

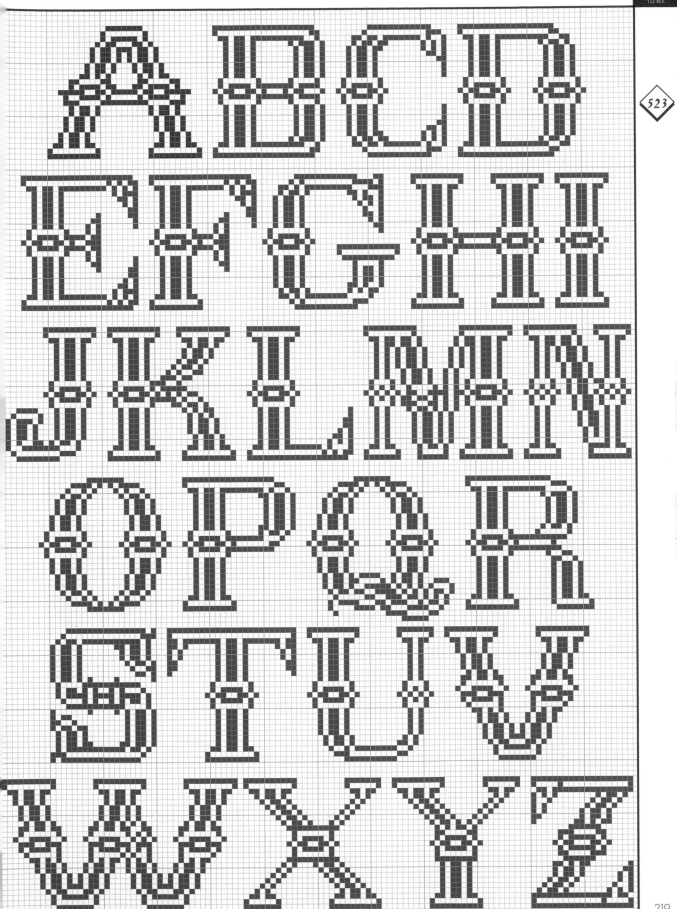

523

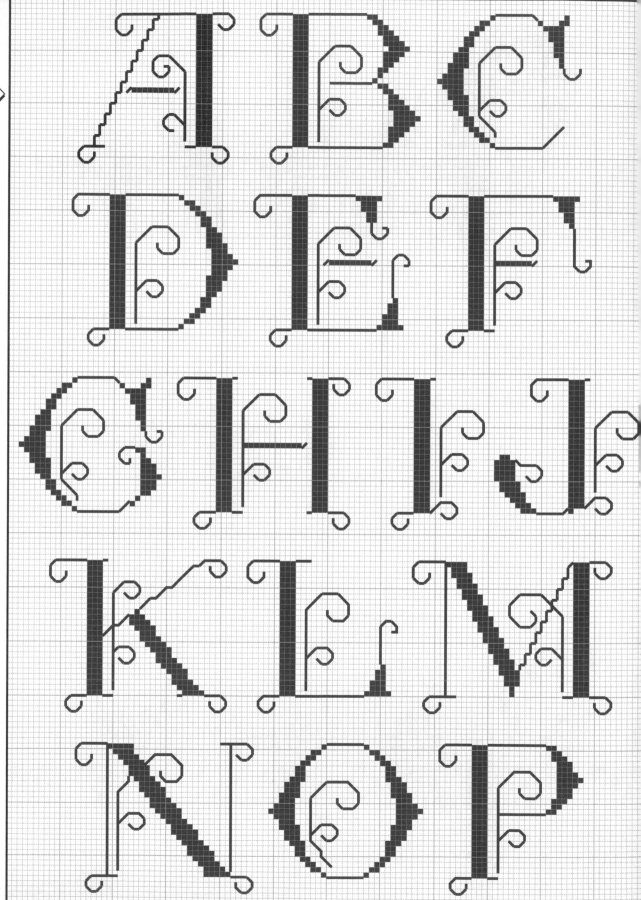

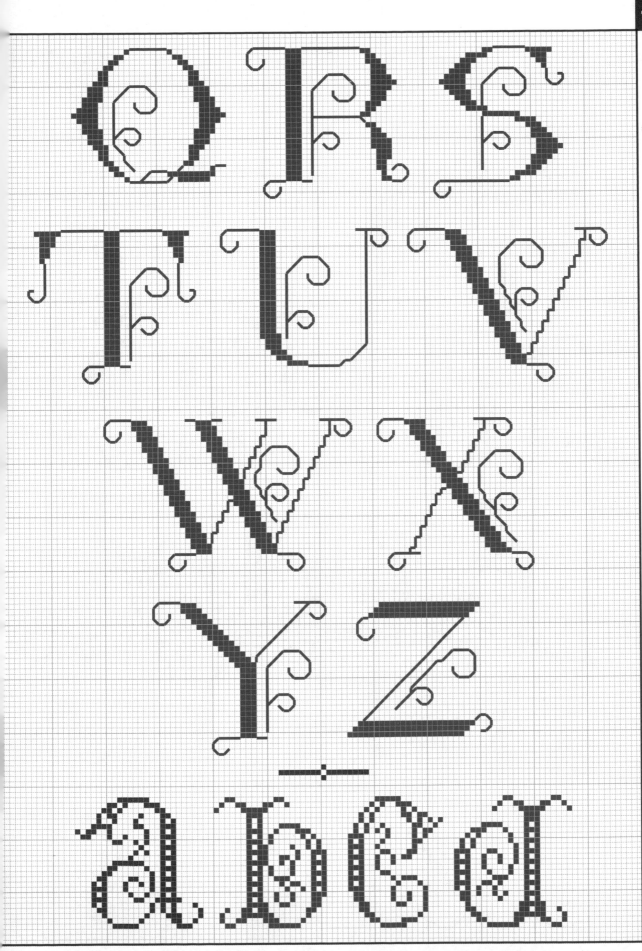

524

525

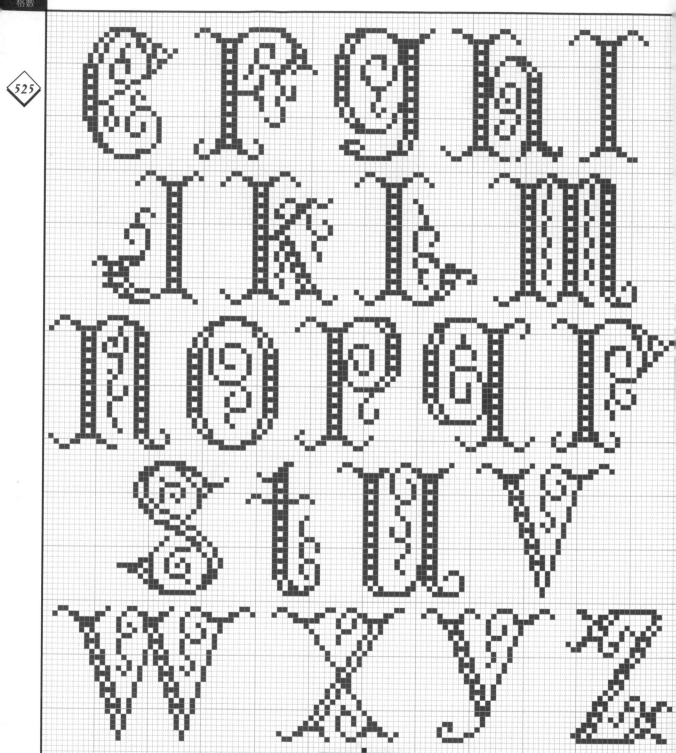

526

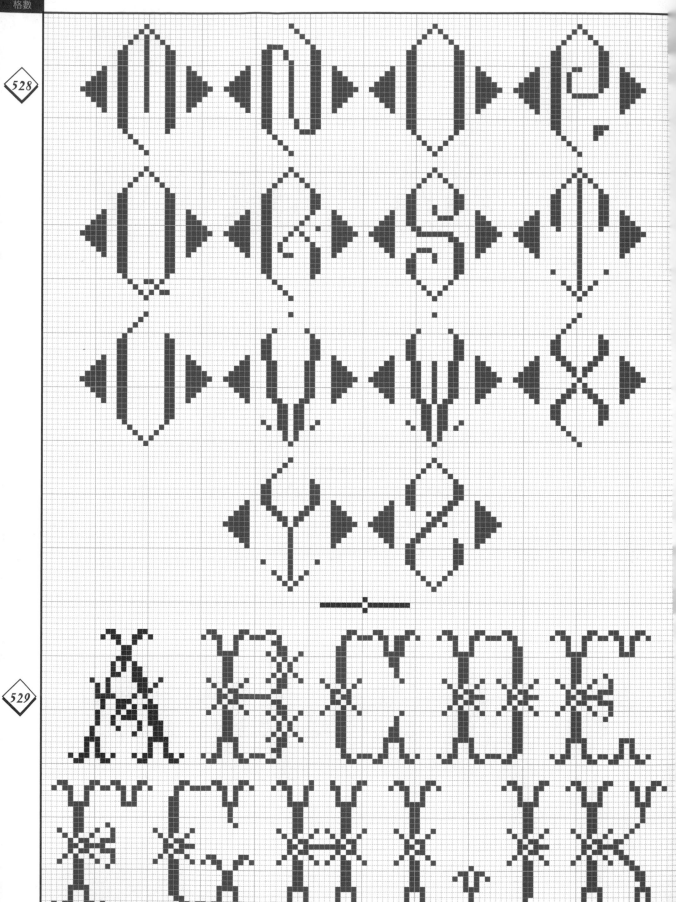

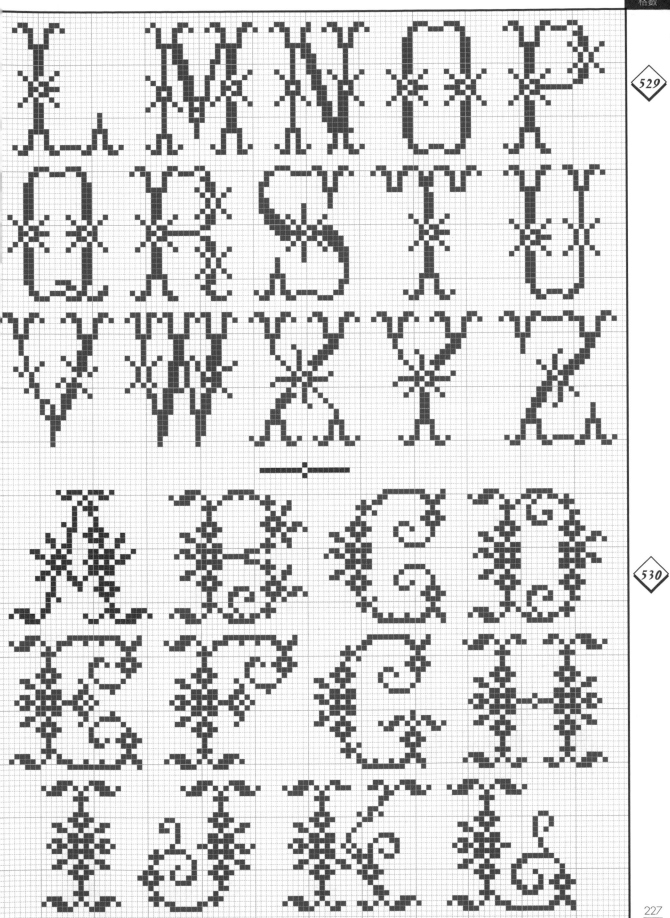

529
530

530

531

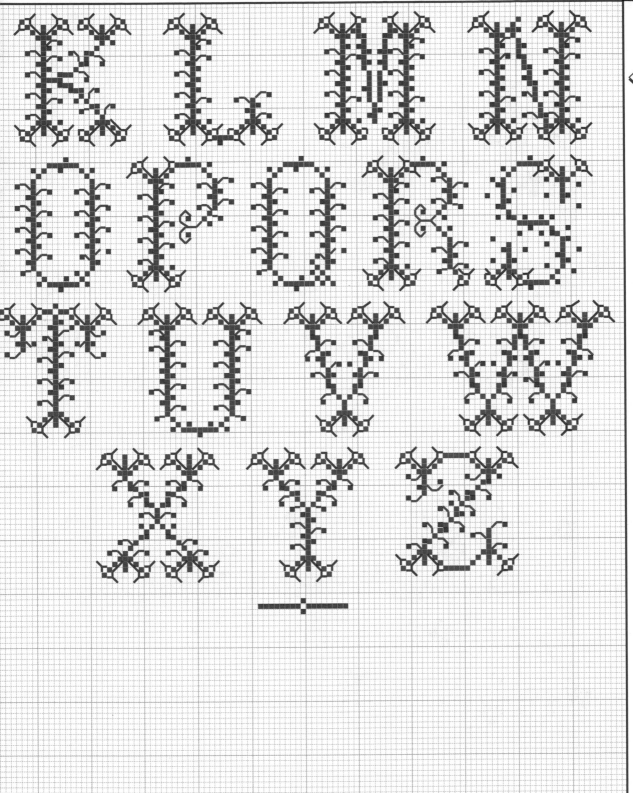

532

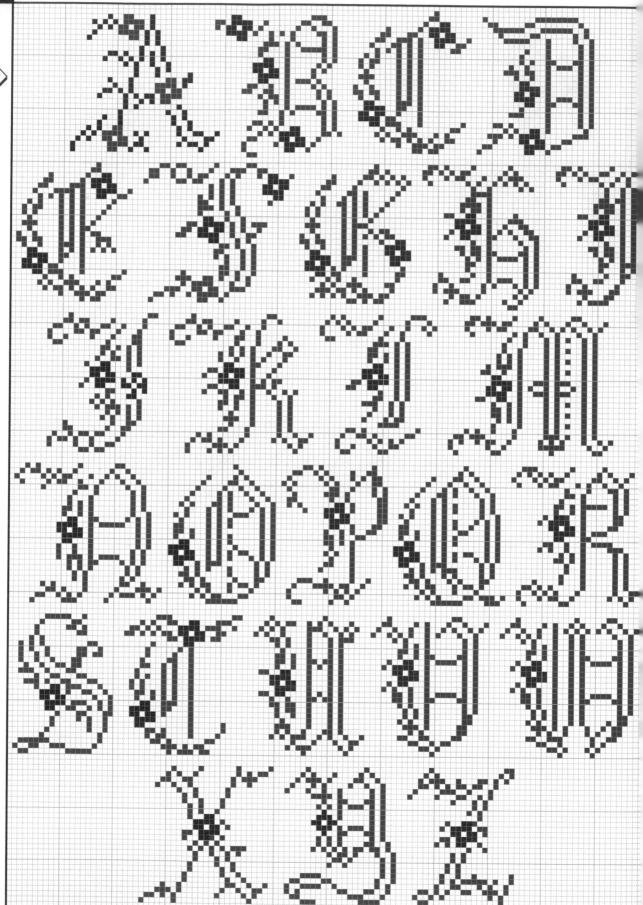

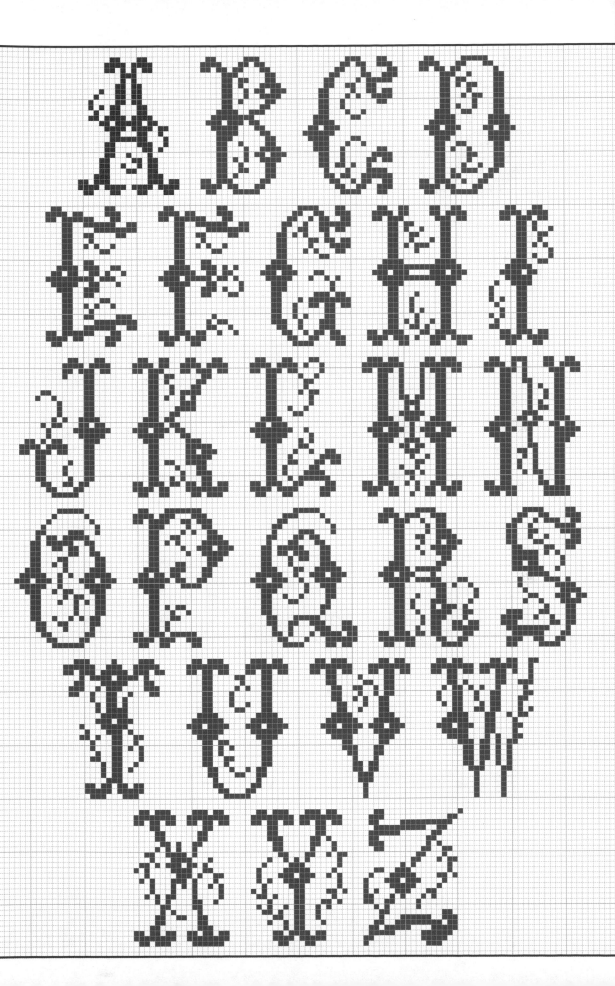

534

535

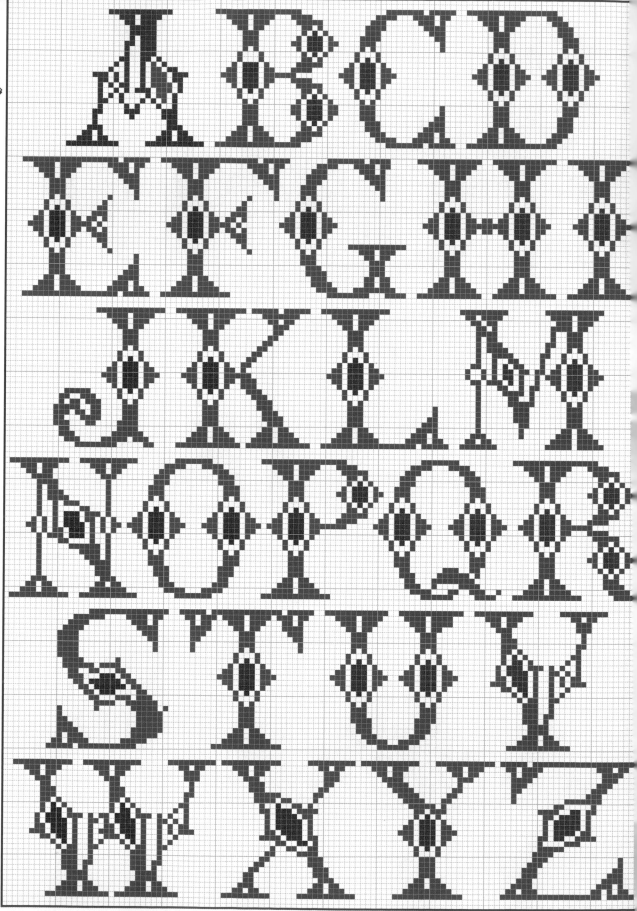

537

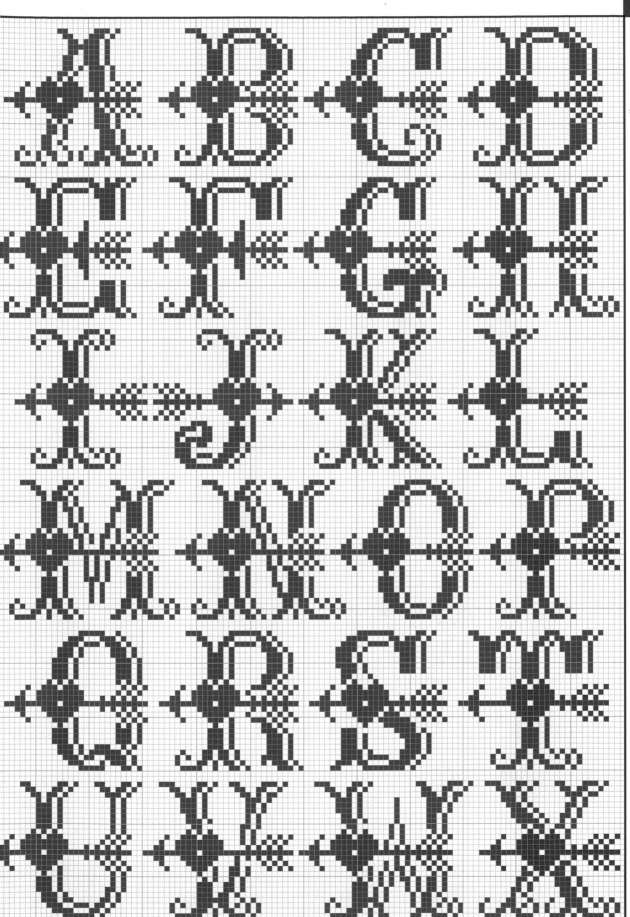

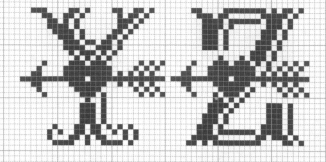

538

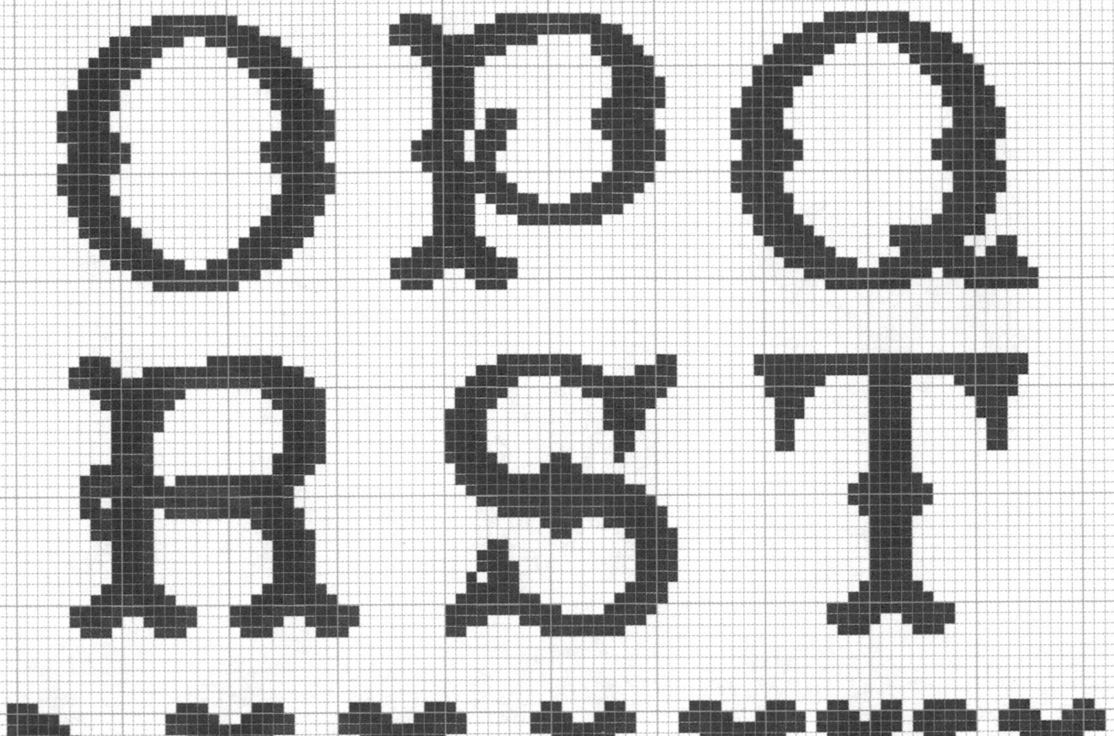

539

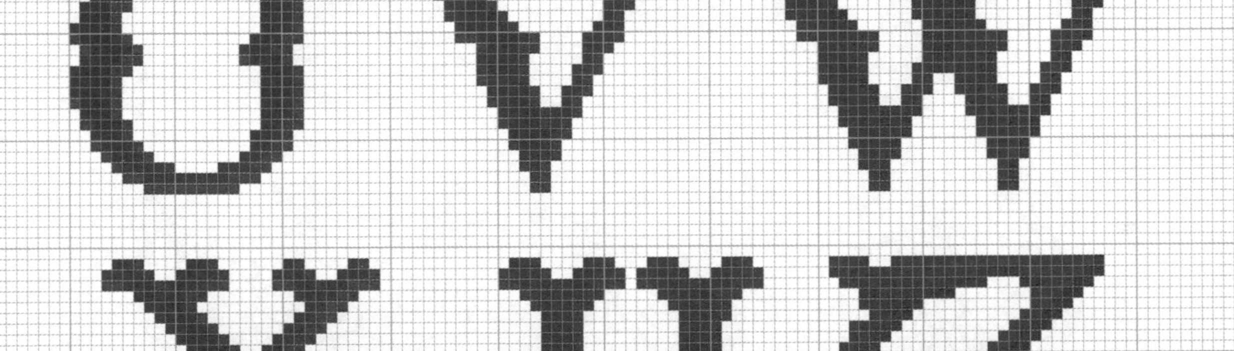

539

540

541

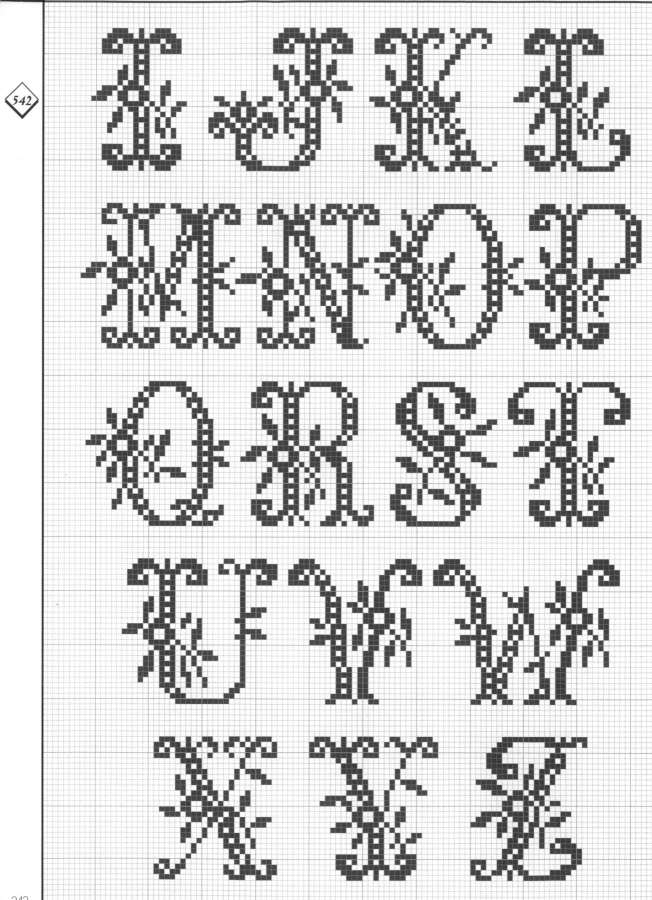

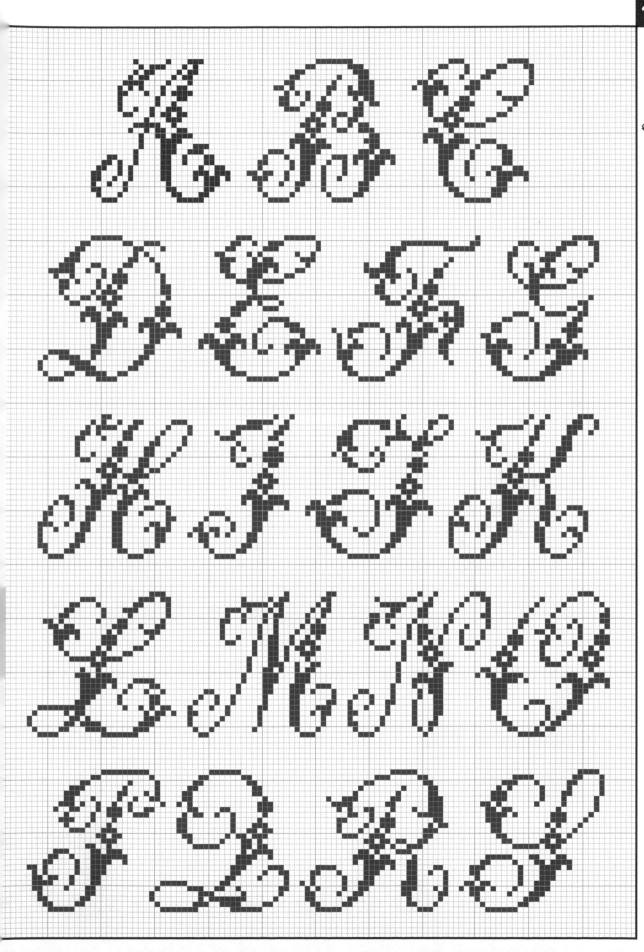

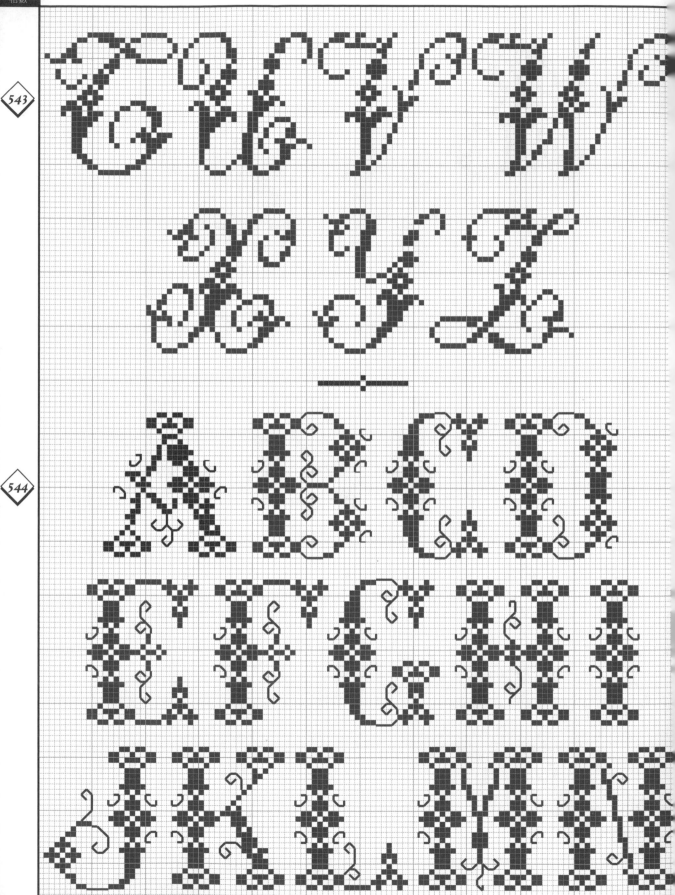

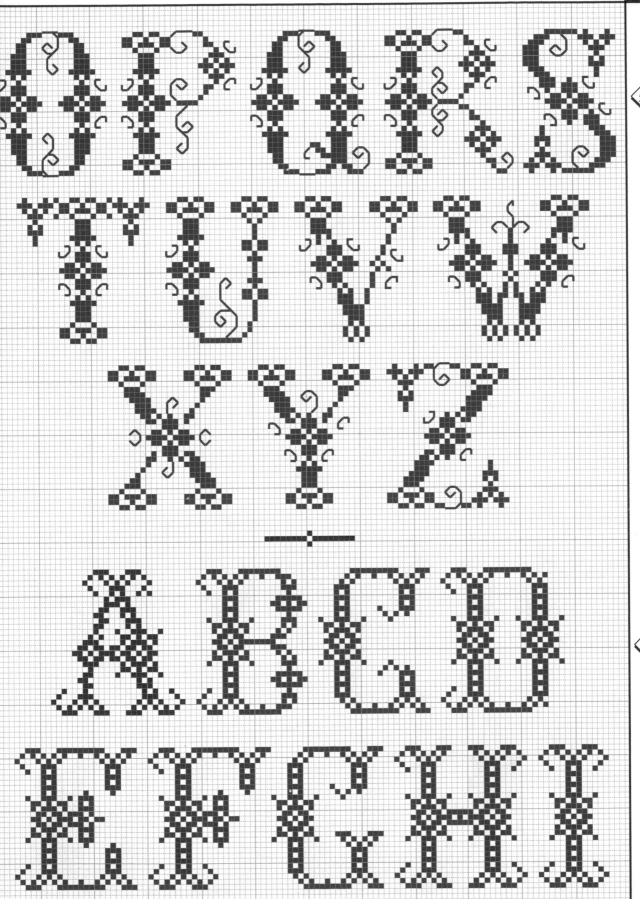

545

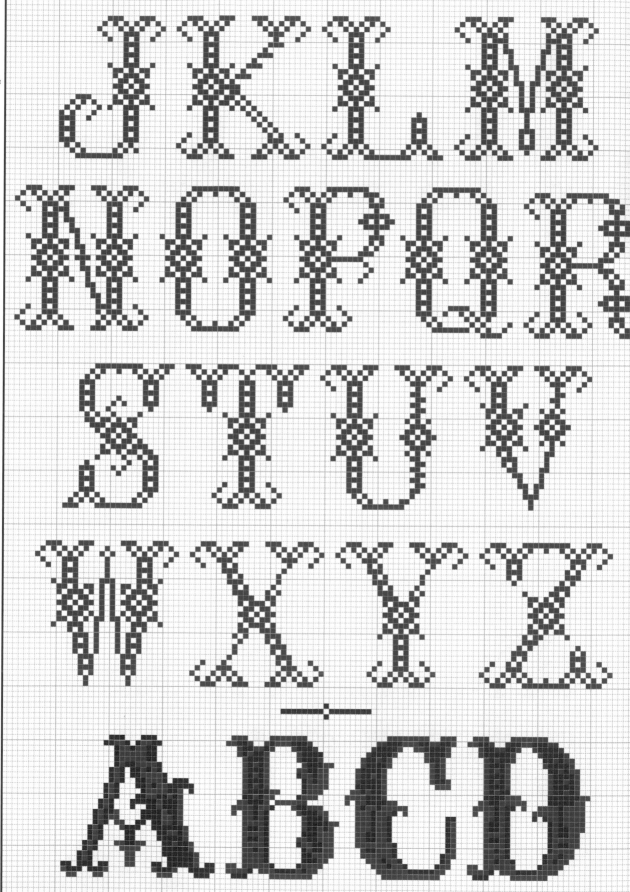

546

546

ABC EFGHI

JKLM

NOPQ

RSTU

VWX

546

547

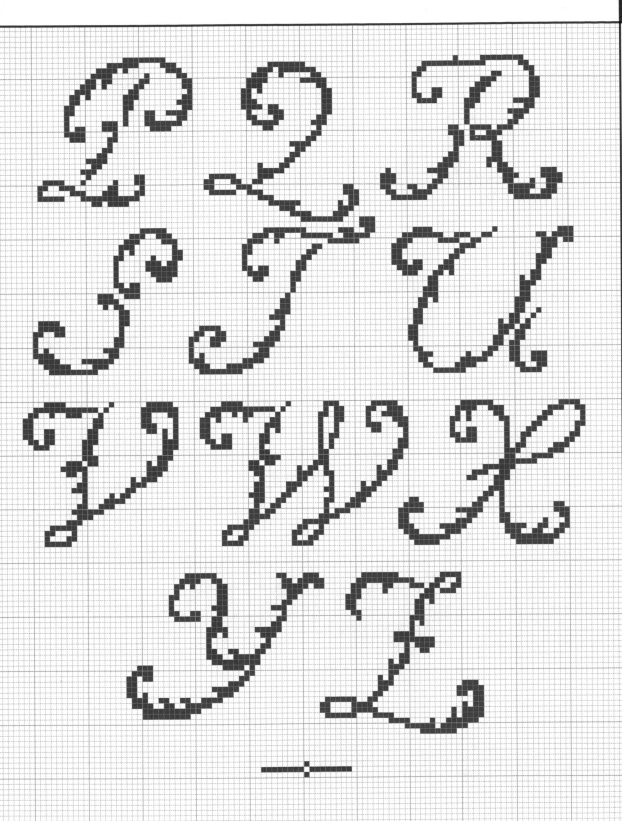

547

548

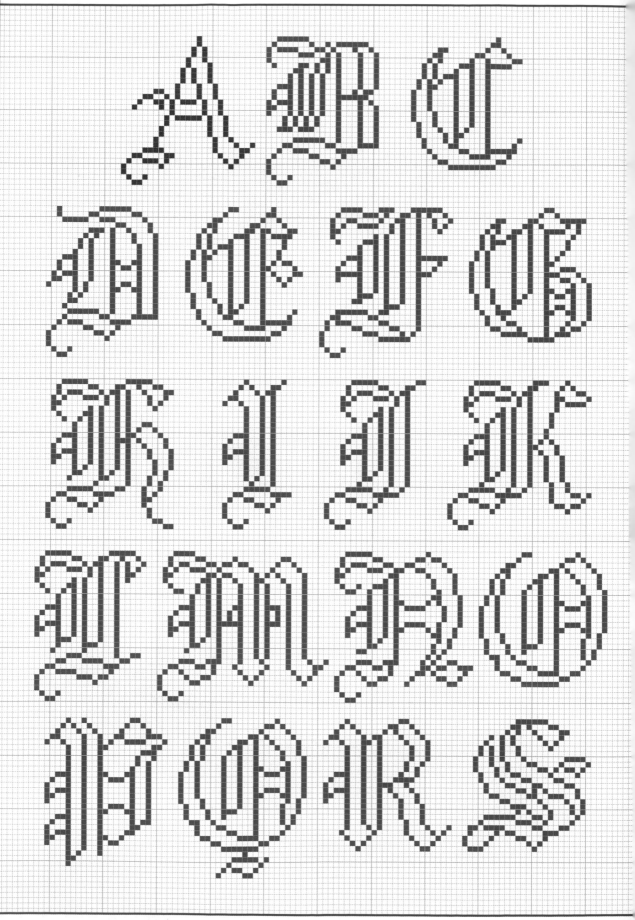

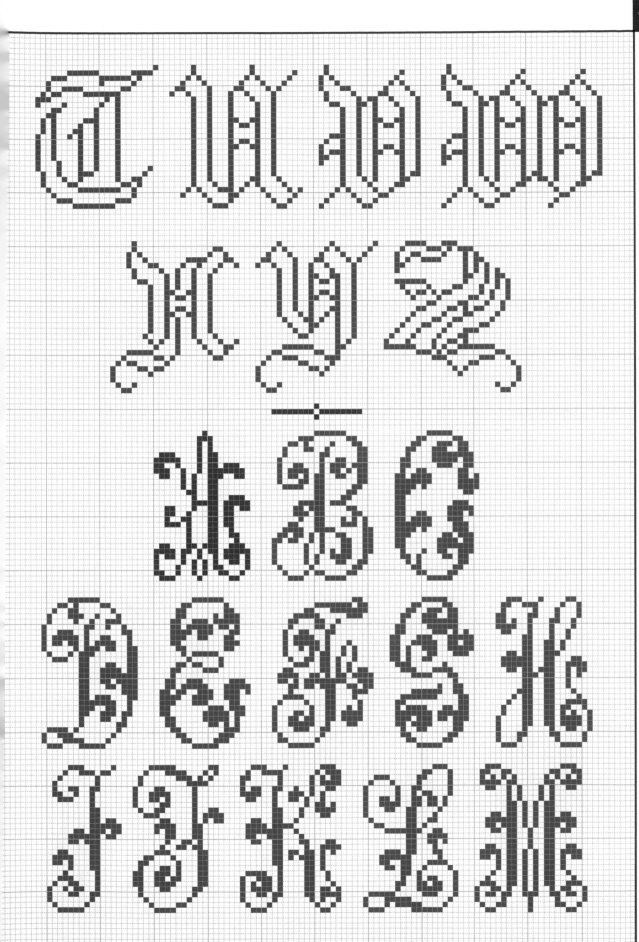

549

550

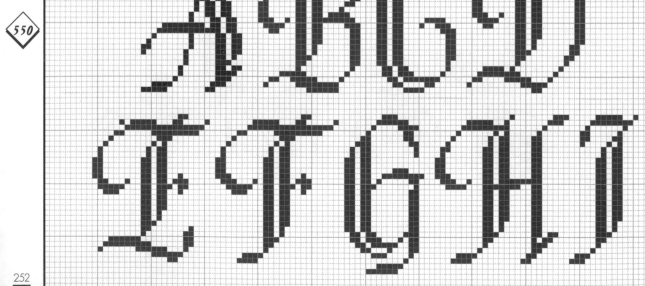

550

551

551

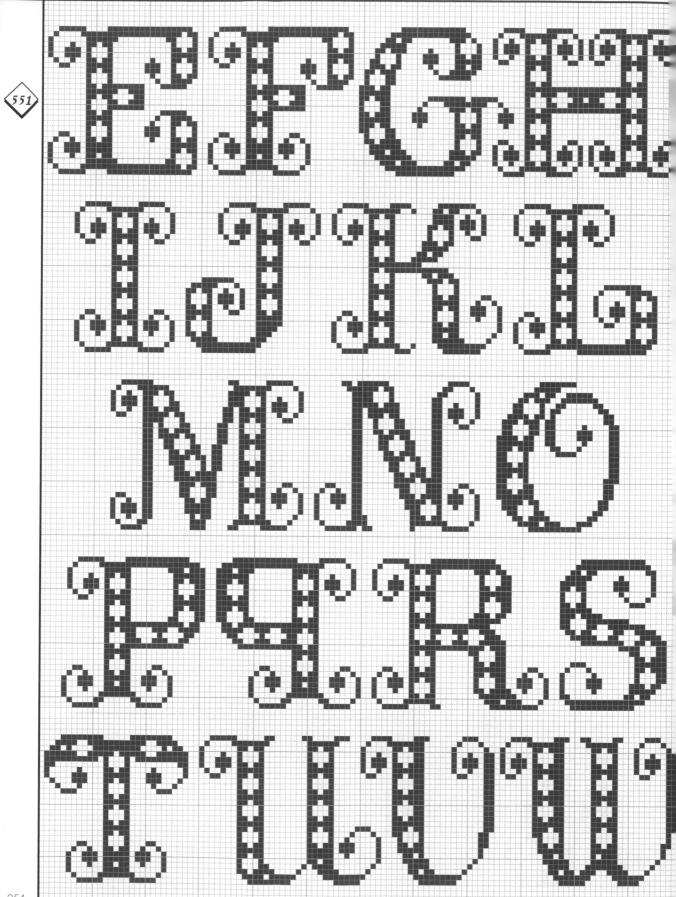

551

552

553

554

28

554

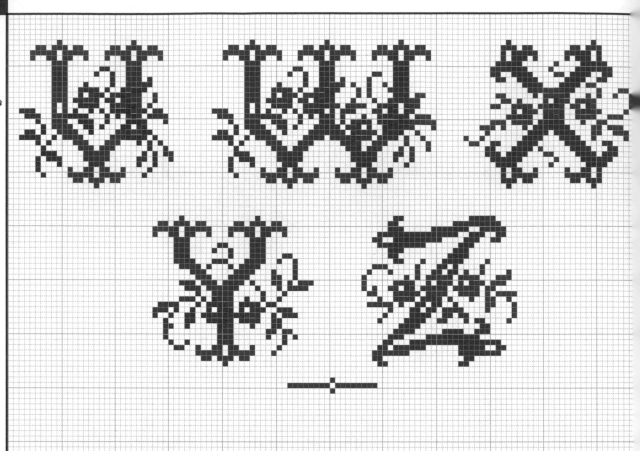

555

格數

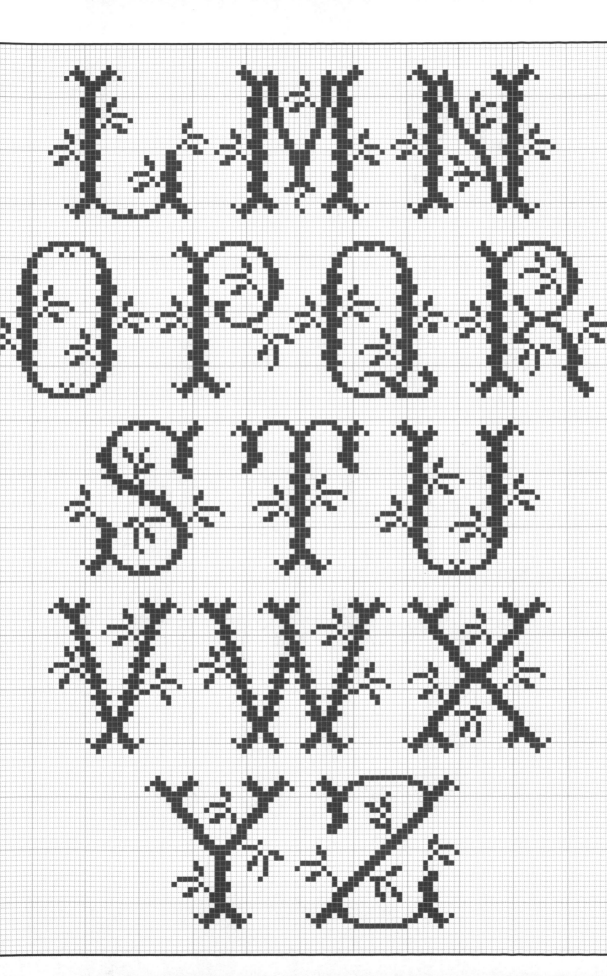

557

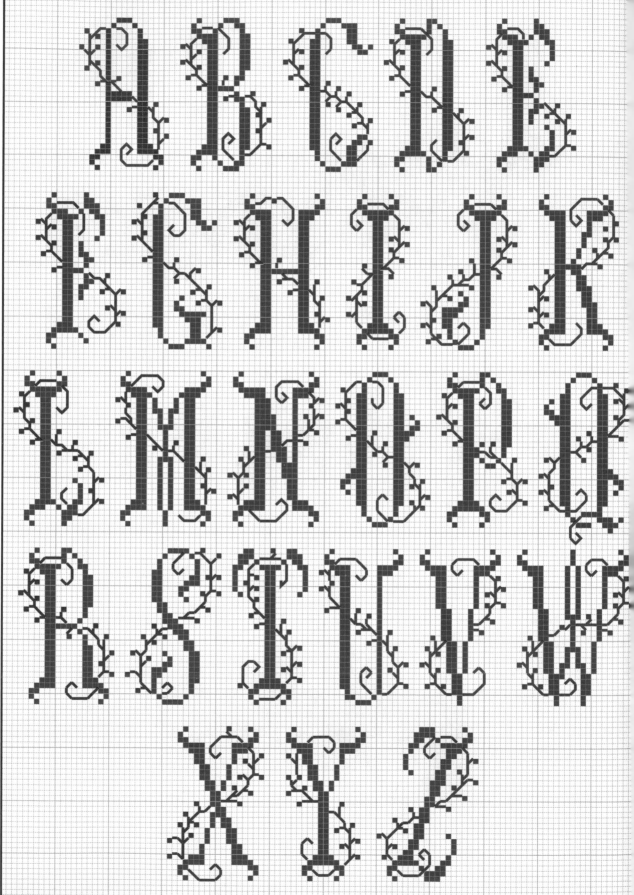

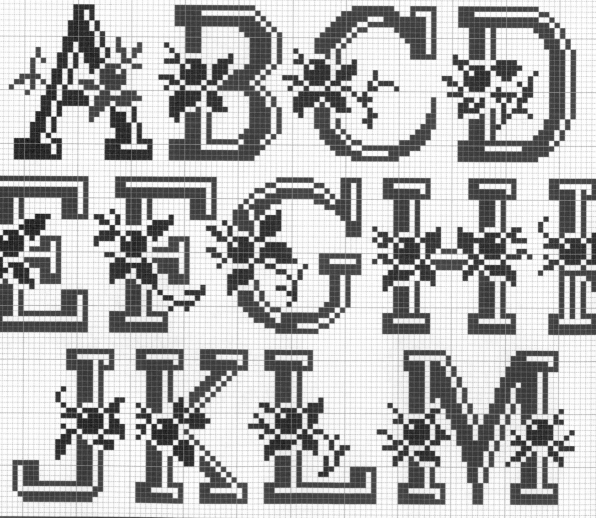

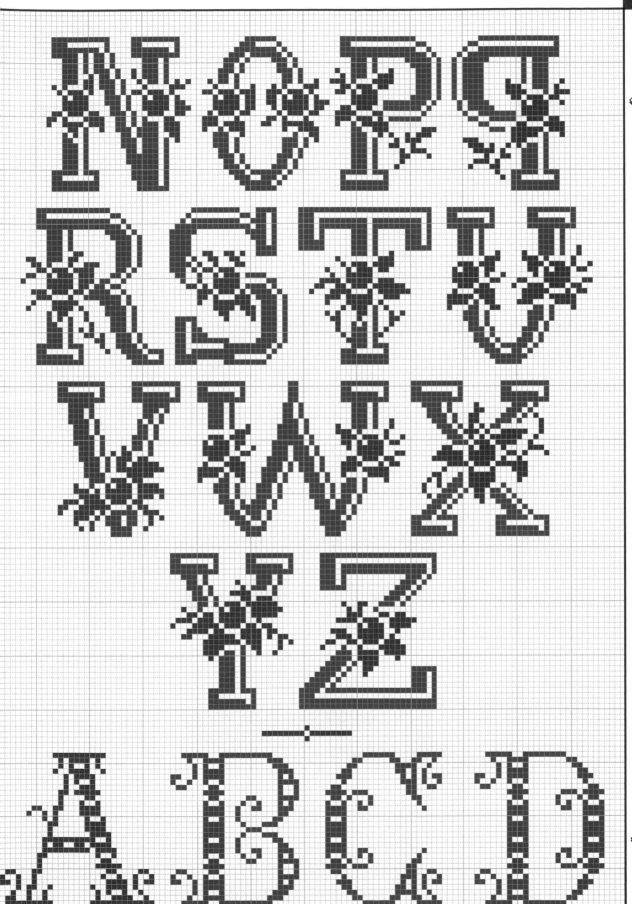

560

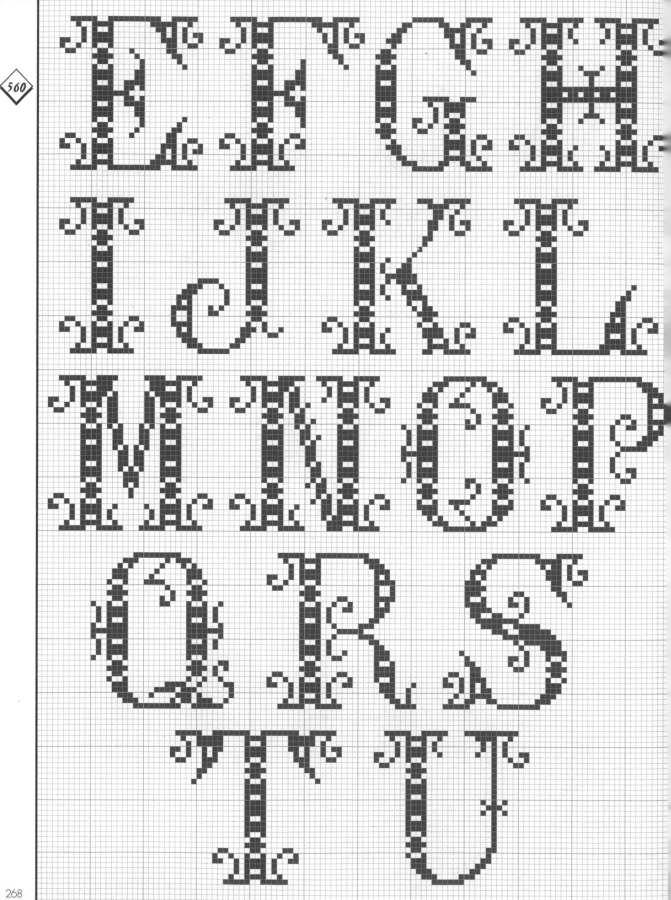

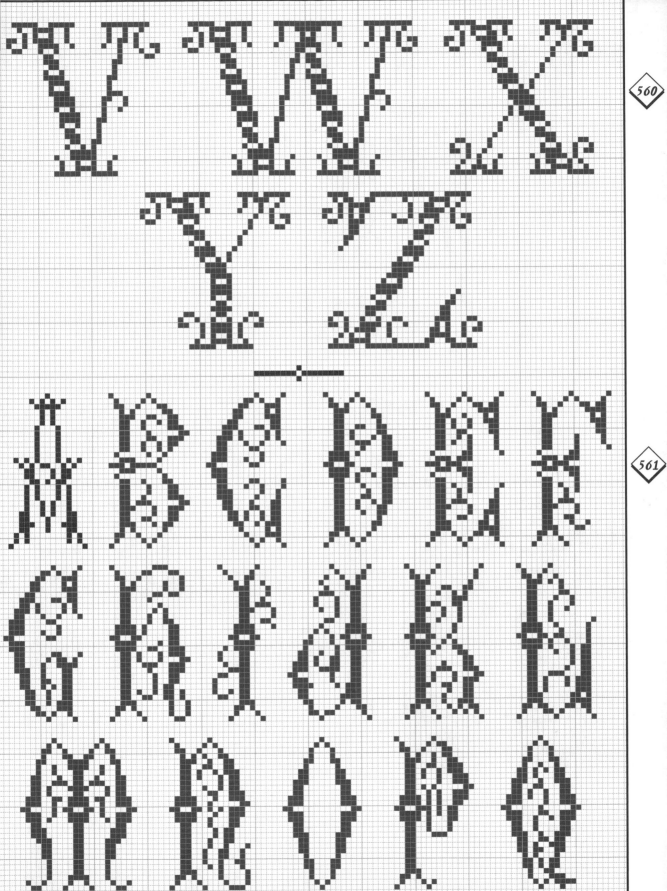

560

561

561

562

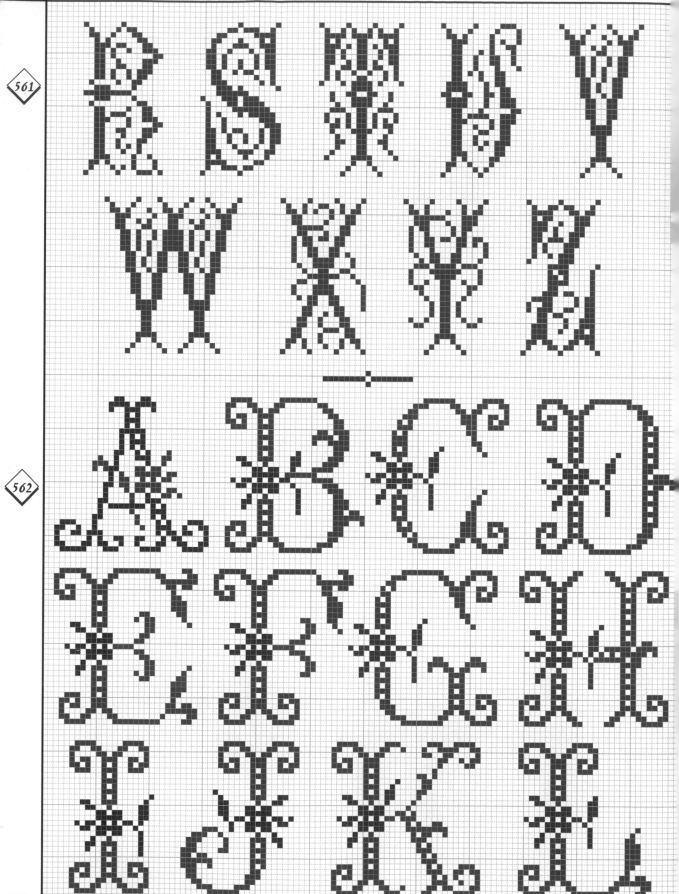

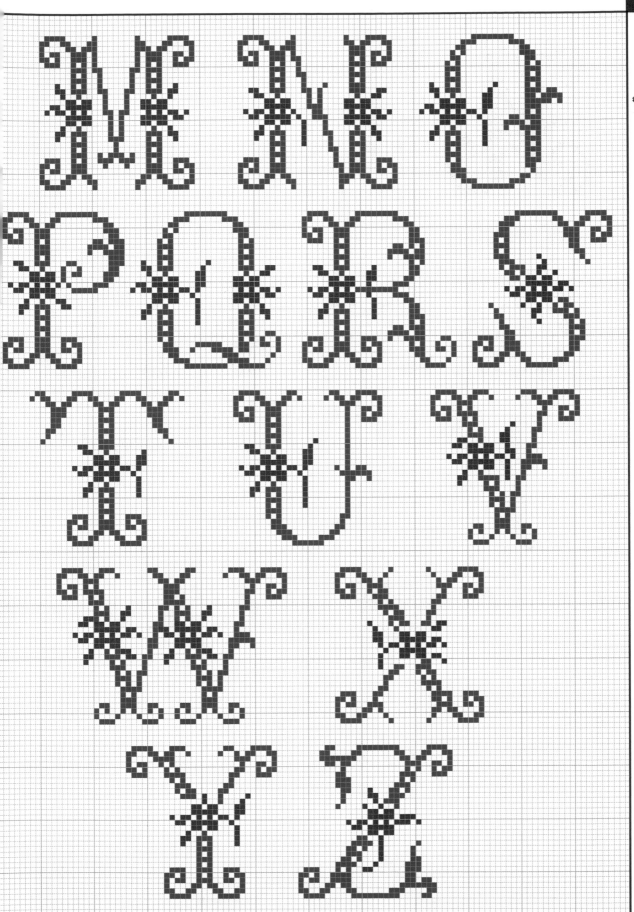

563

565

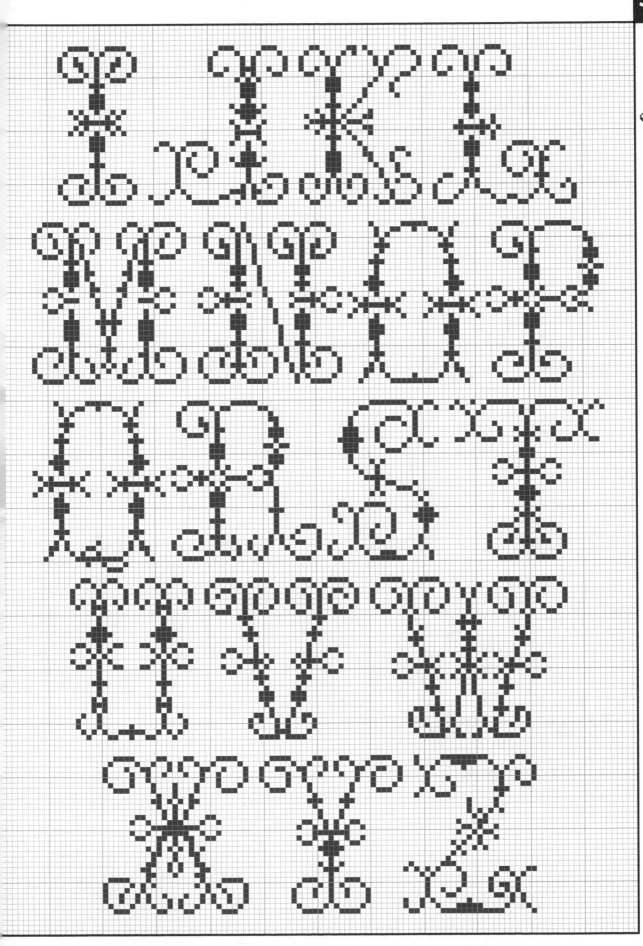

567

568

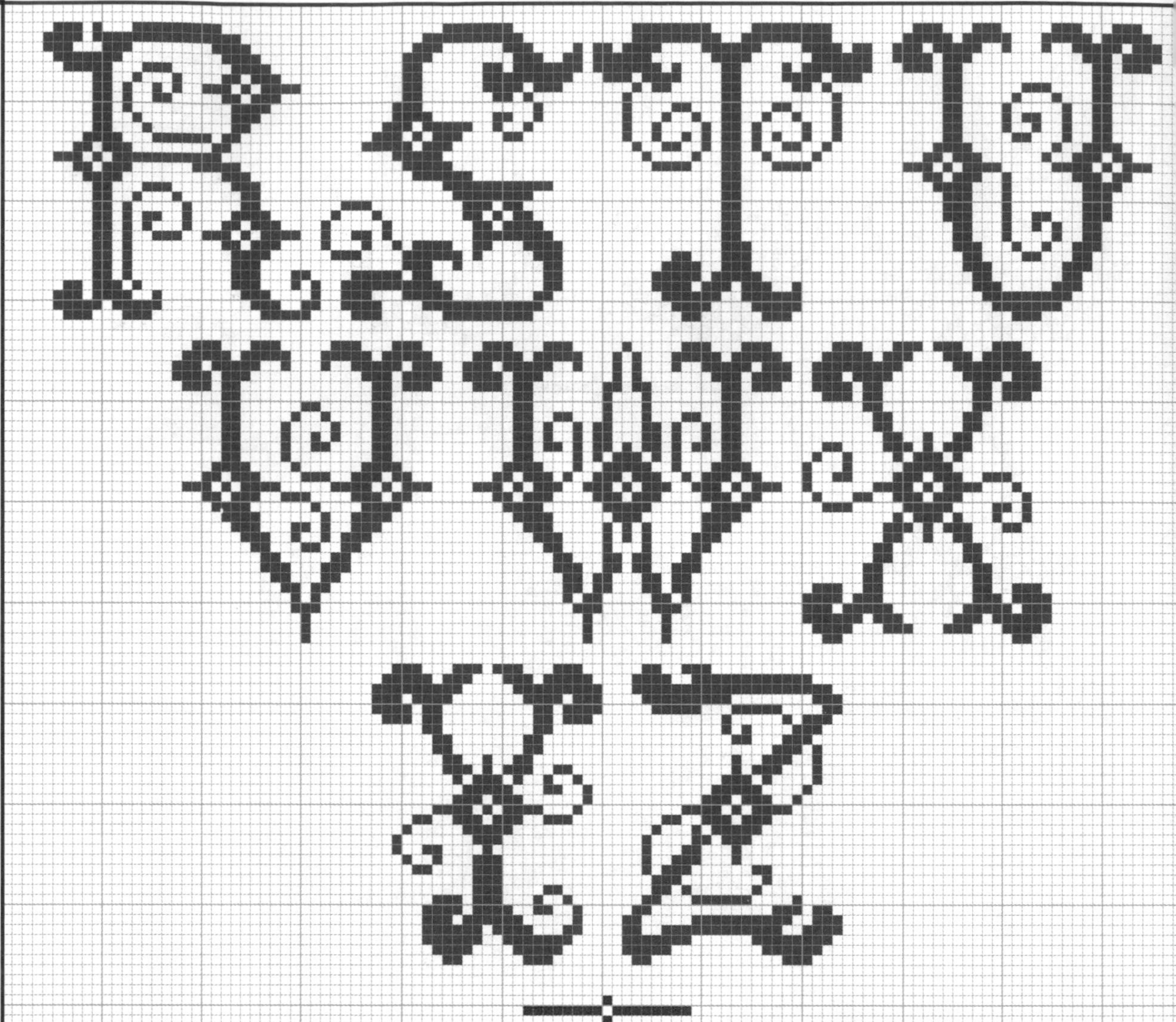

569

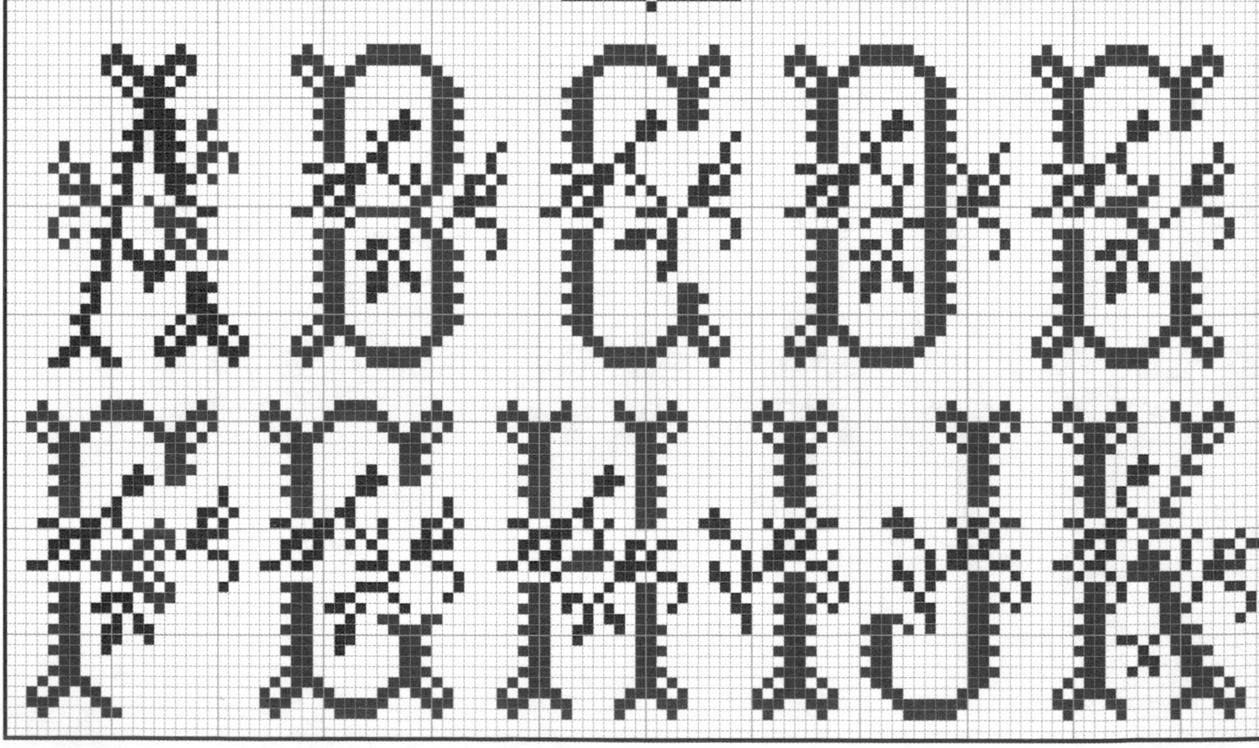

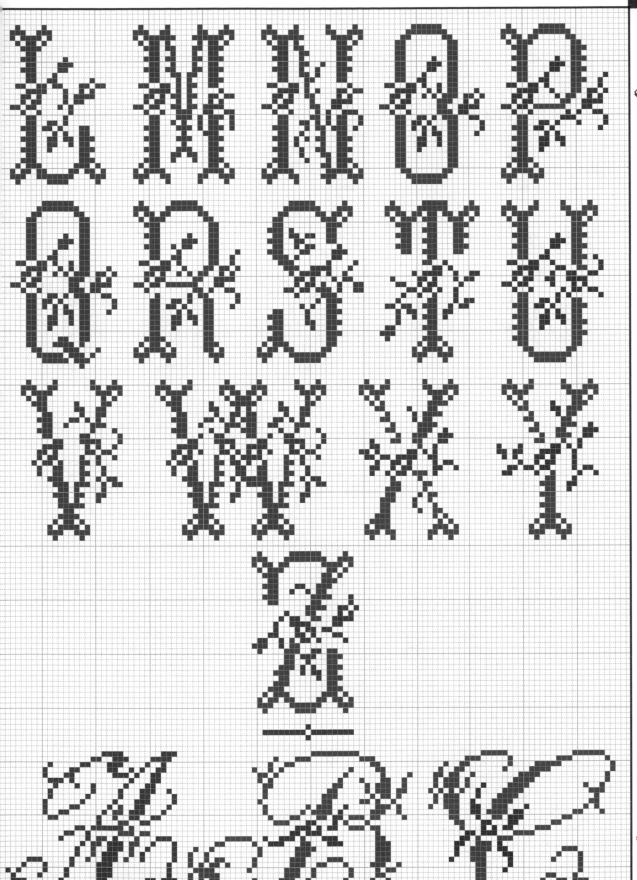

570

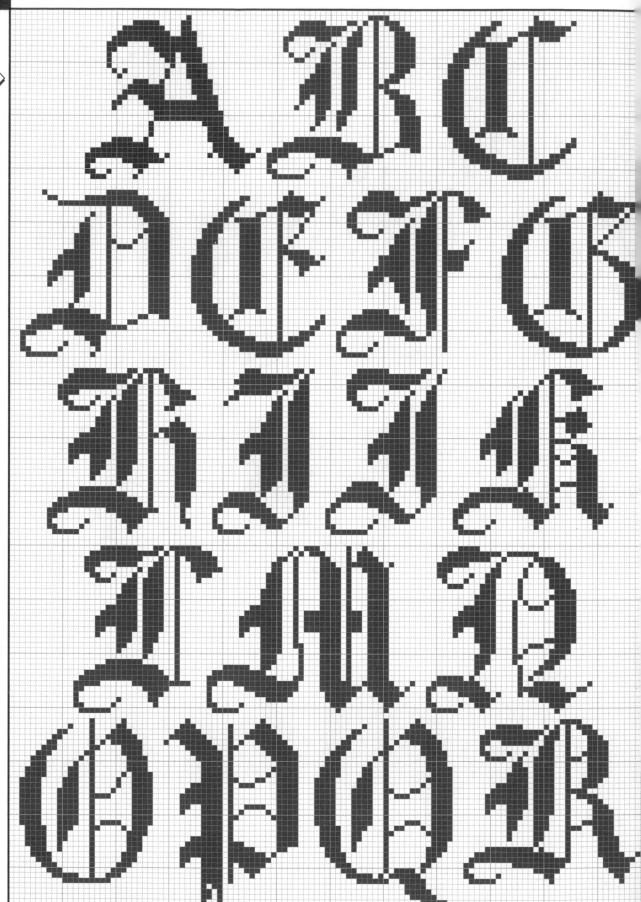

571

572

572

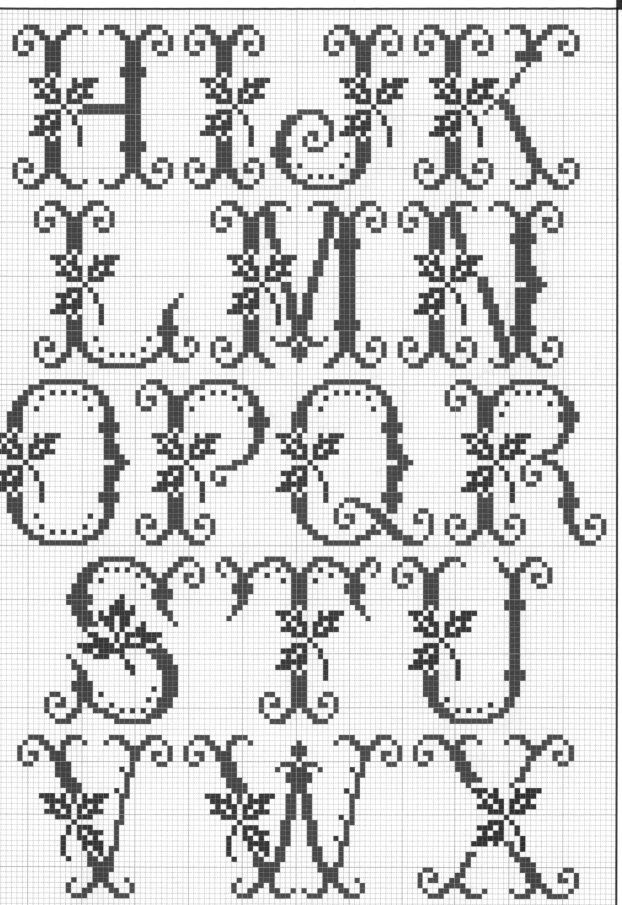

574

575

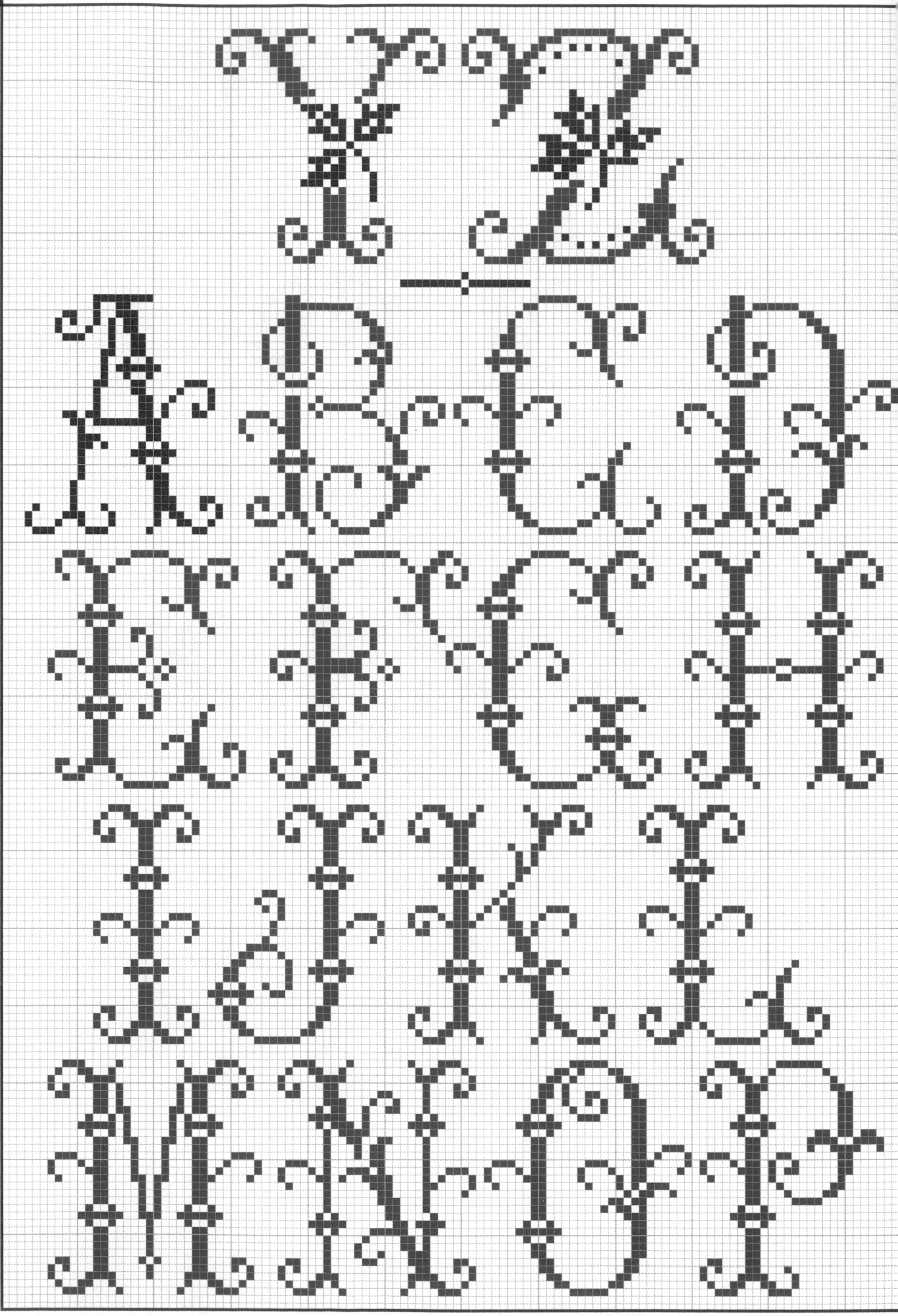

576

577

578

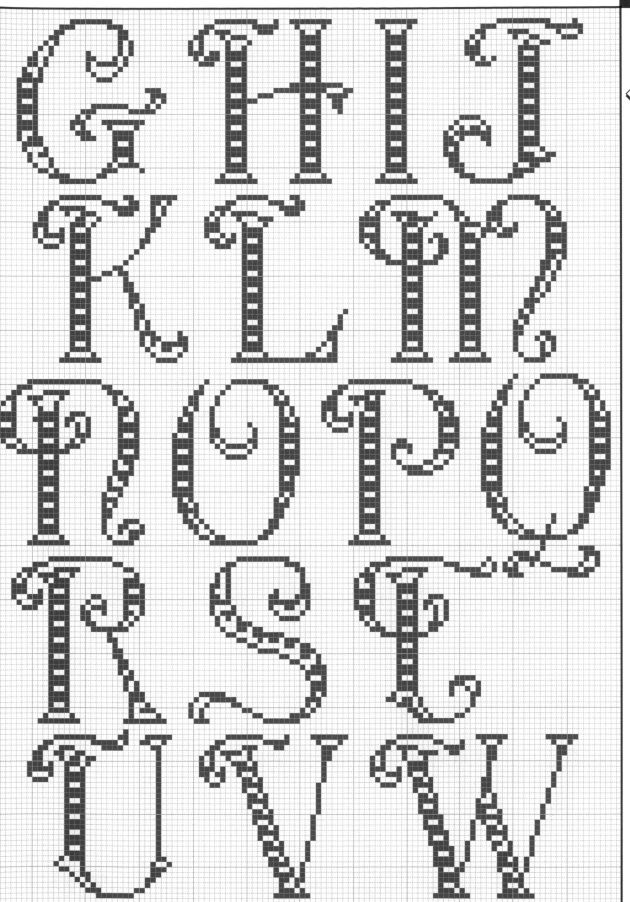

578

580

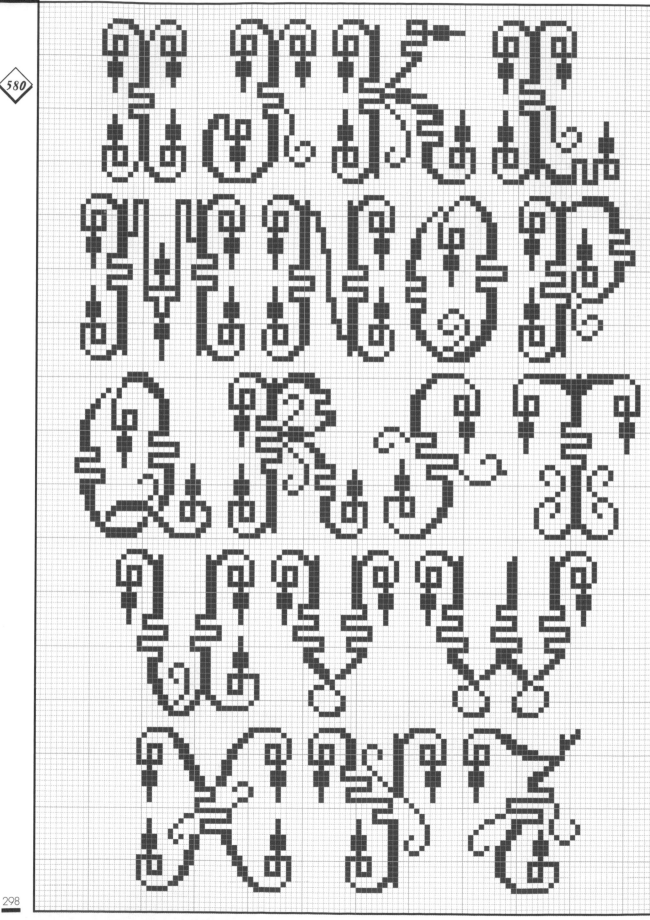

格數

581

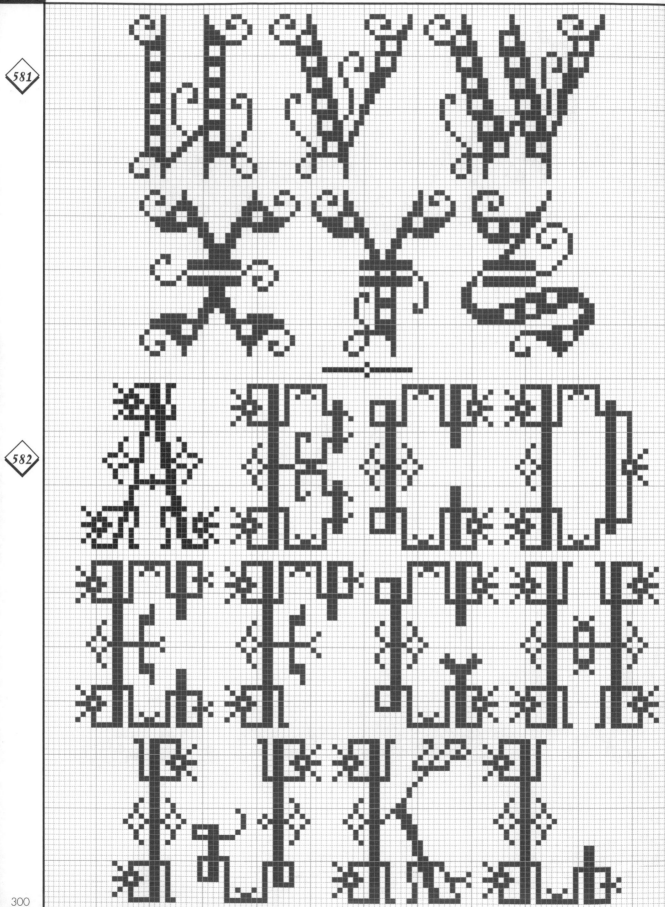

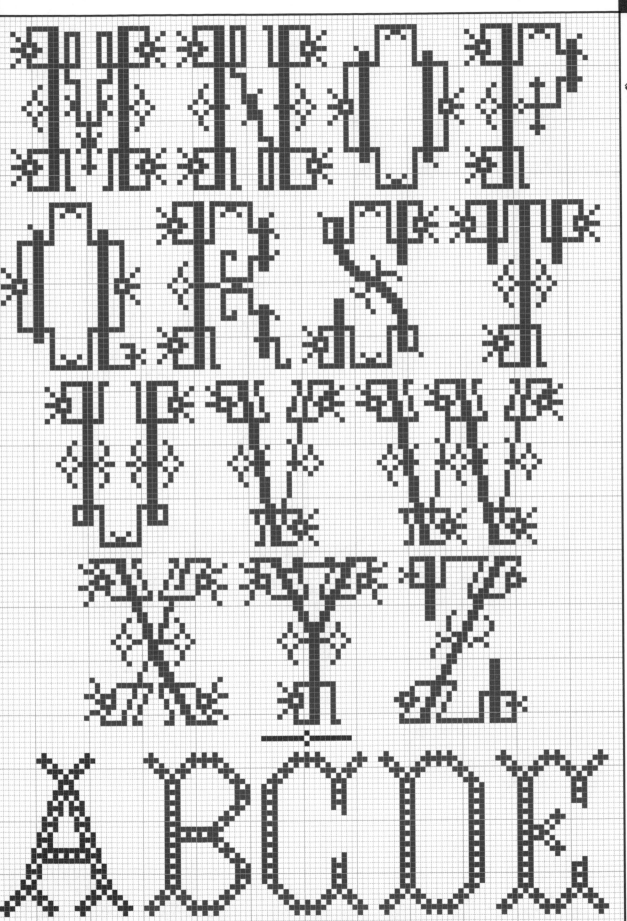

583

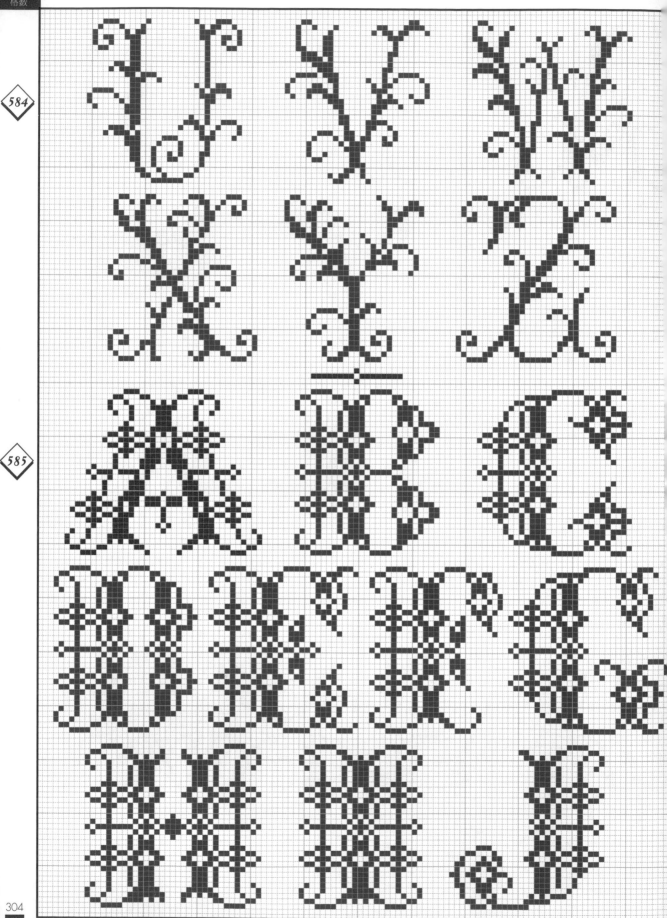

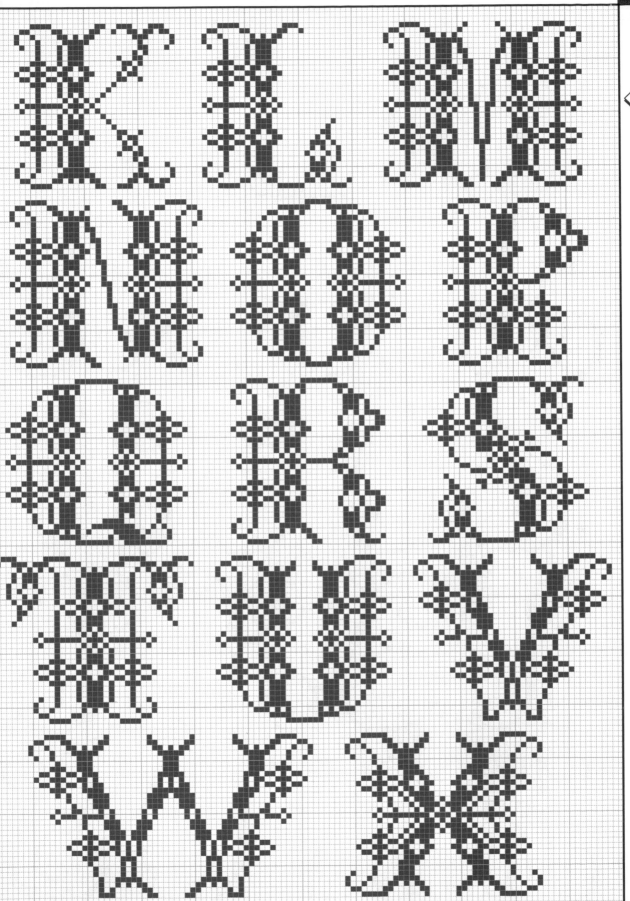

585

586

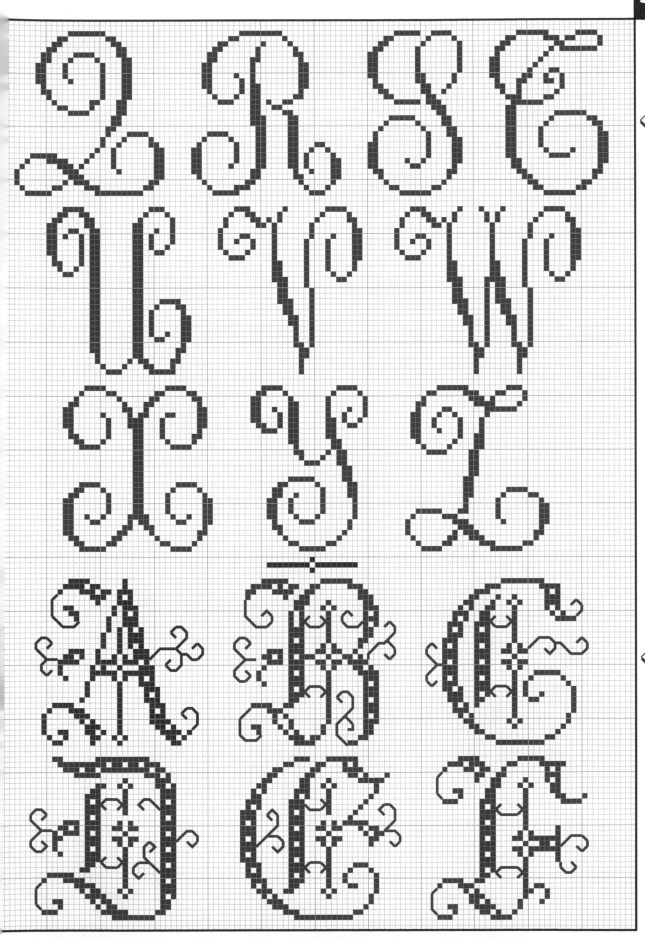

587

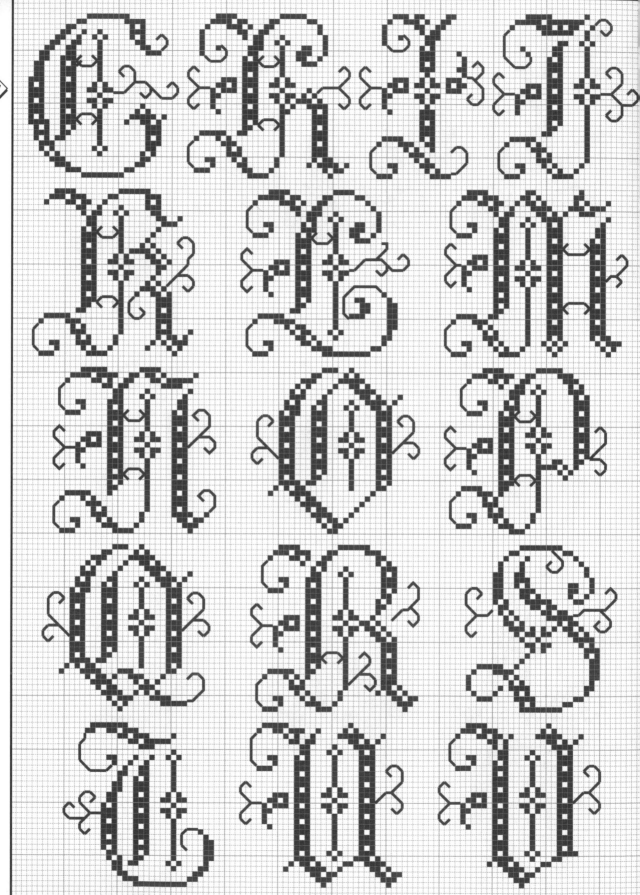

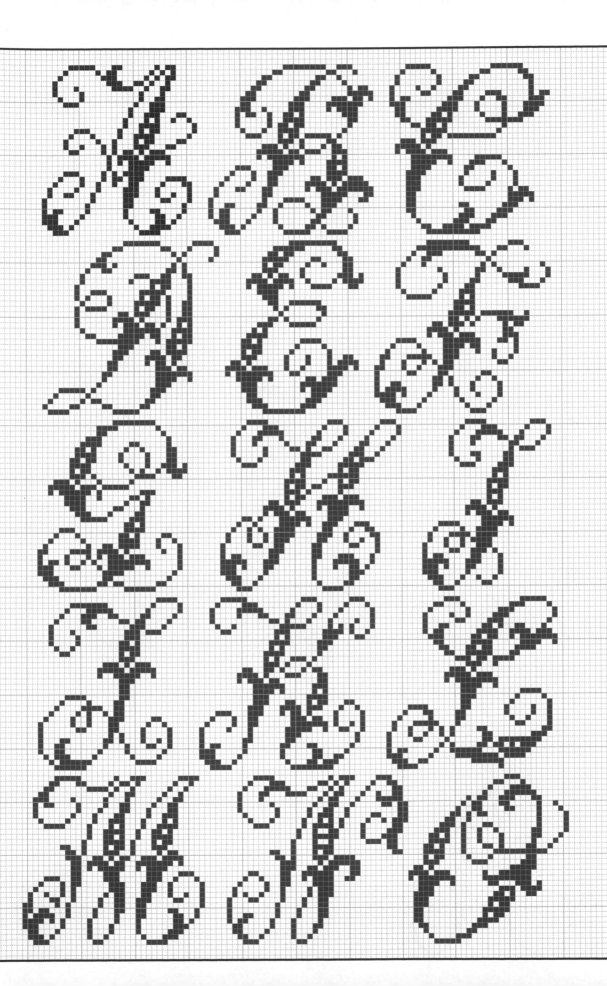

589

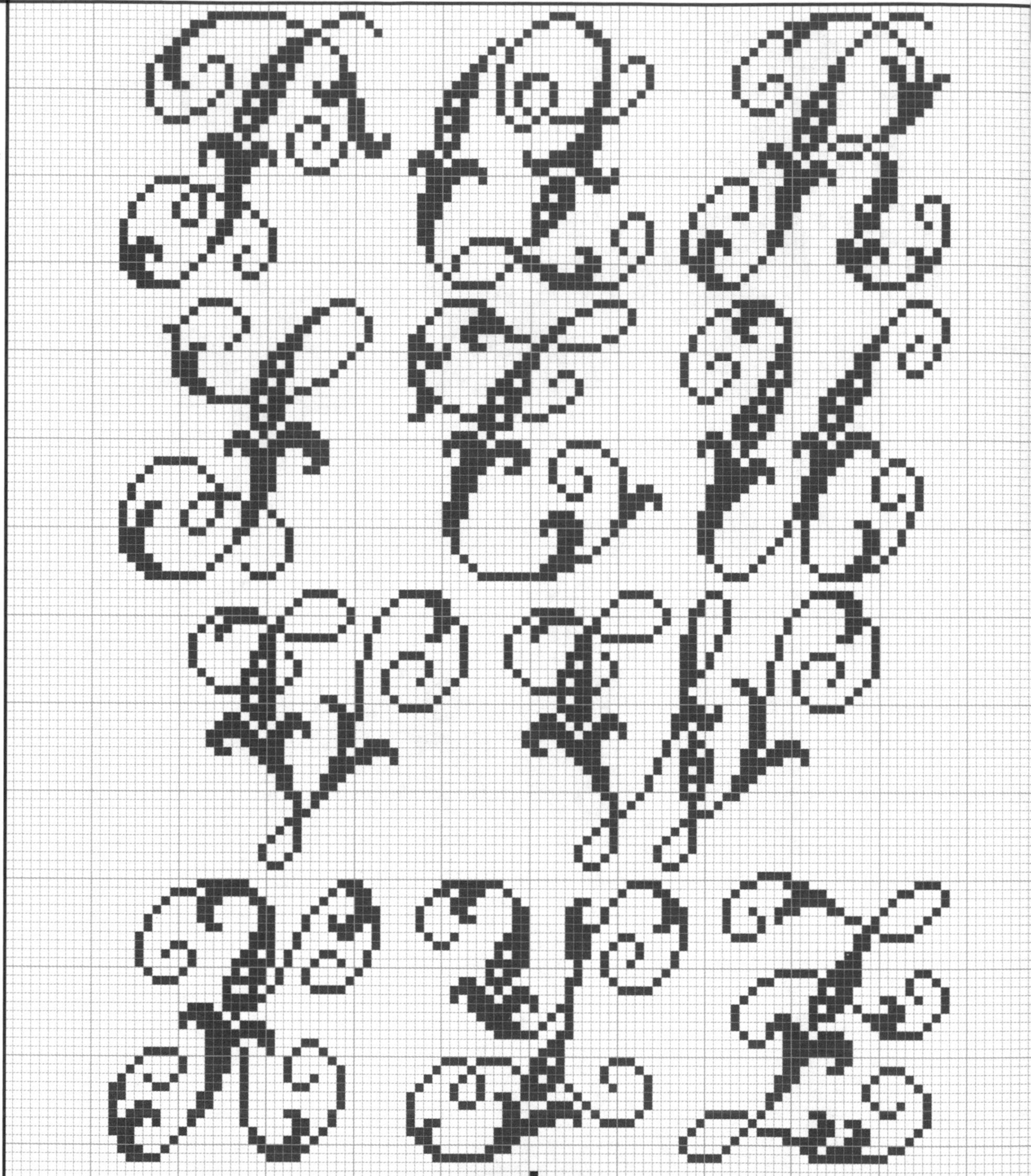

590

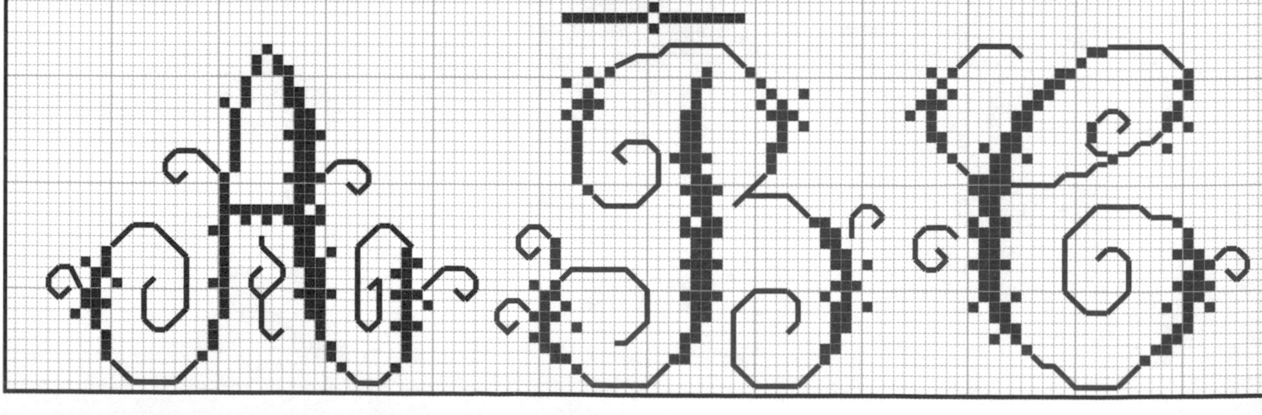

590

591

592

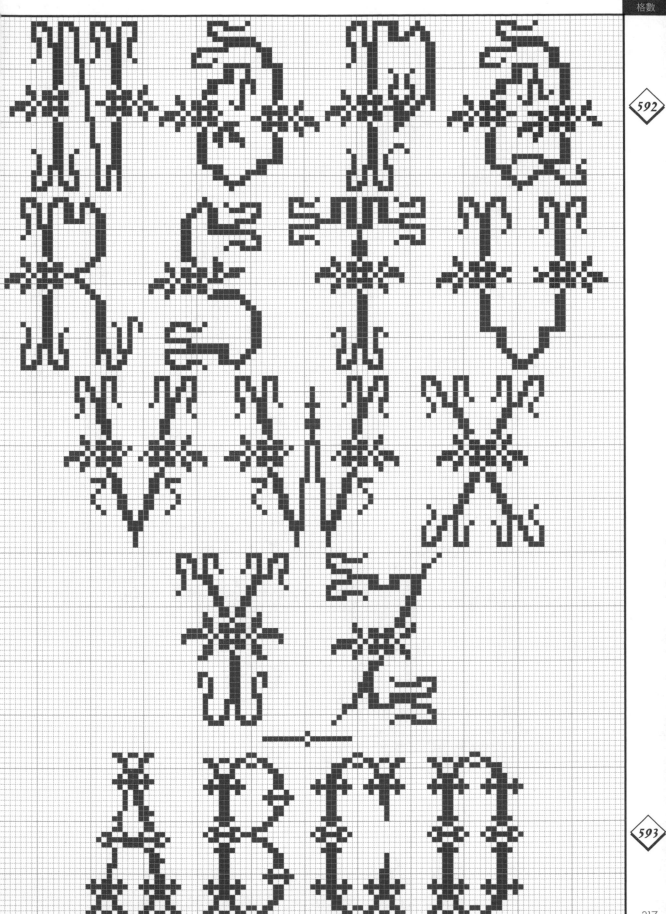

592

593

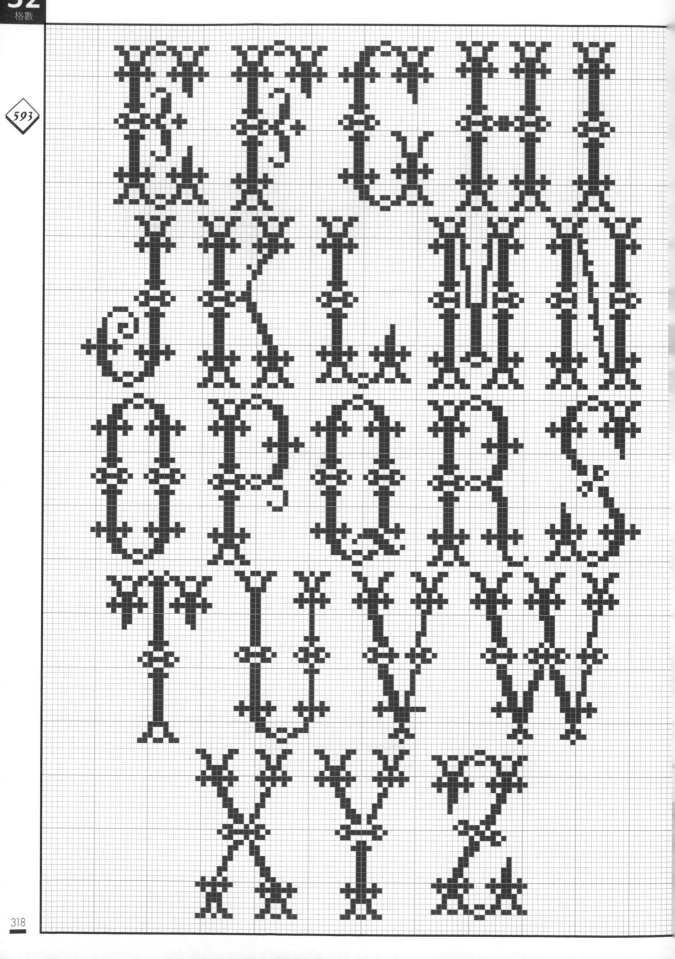

594

594

595

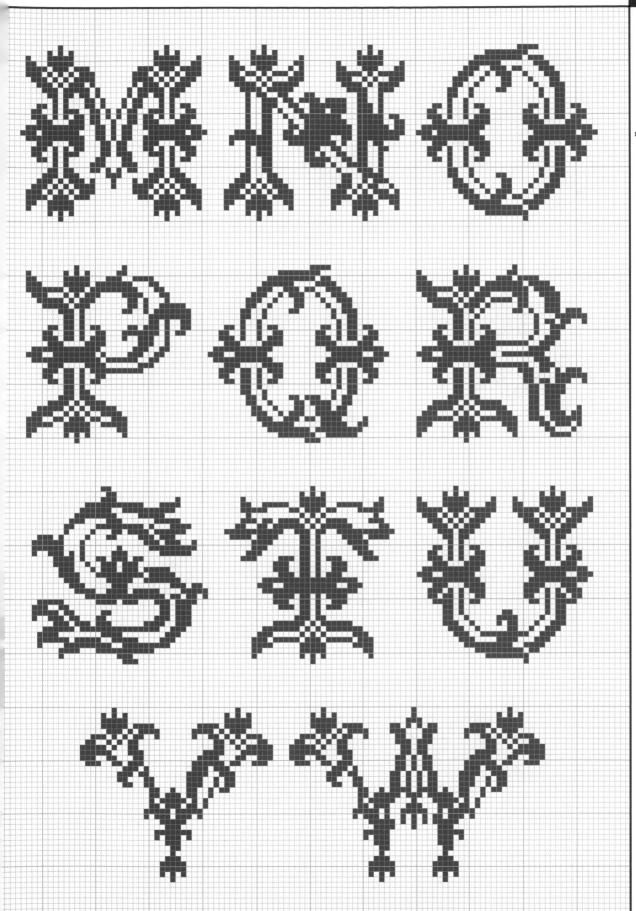

595

595

596

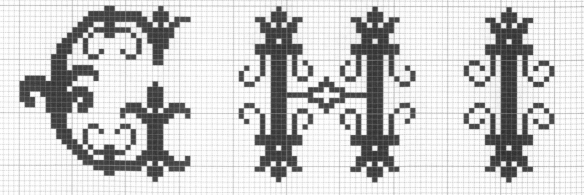

596

597

597

597

598

598

599

599

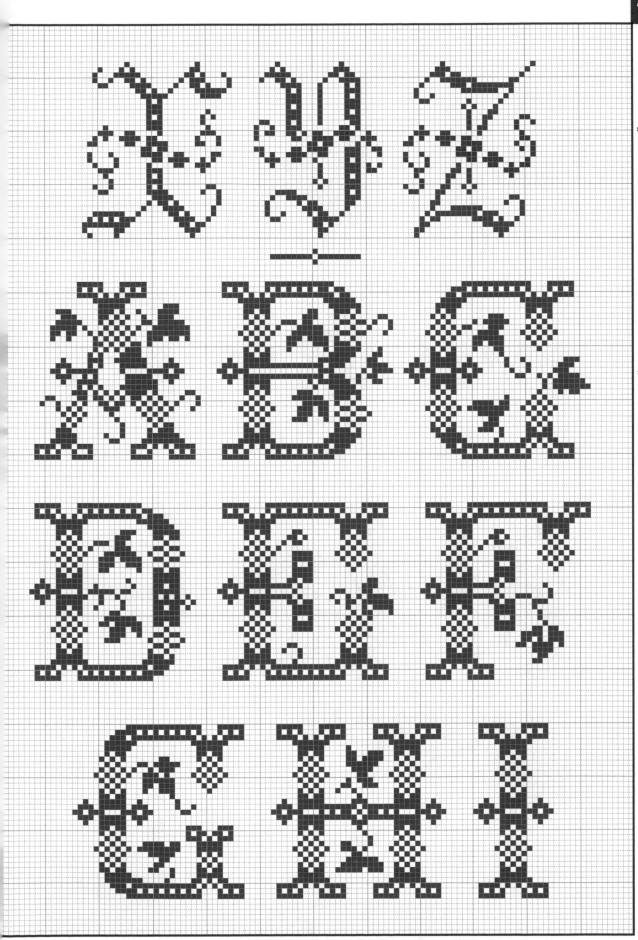

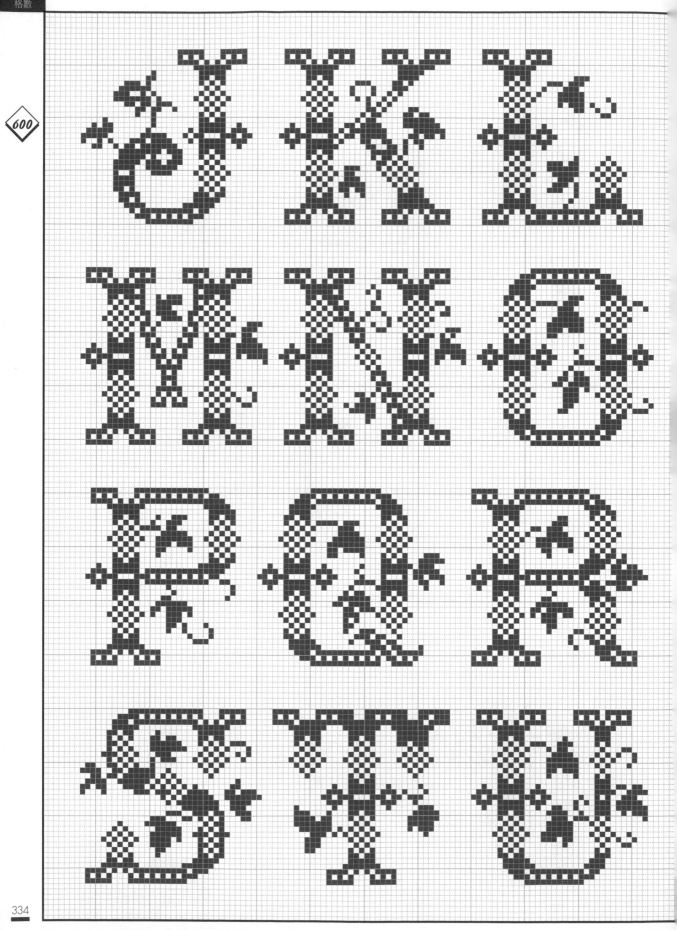

600

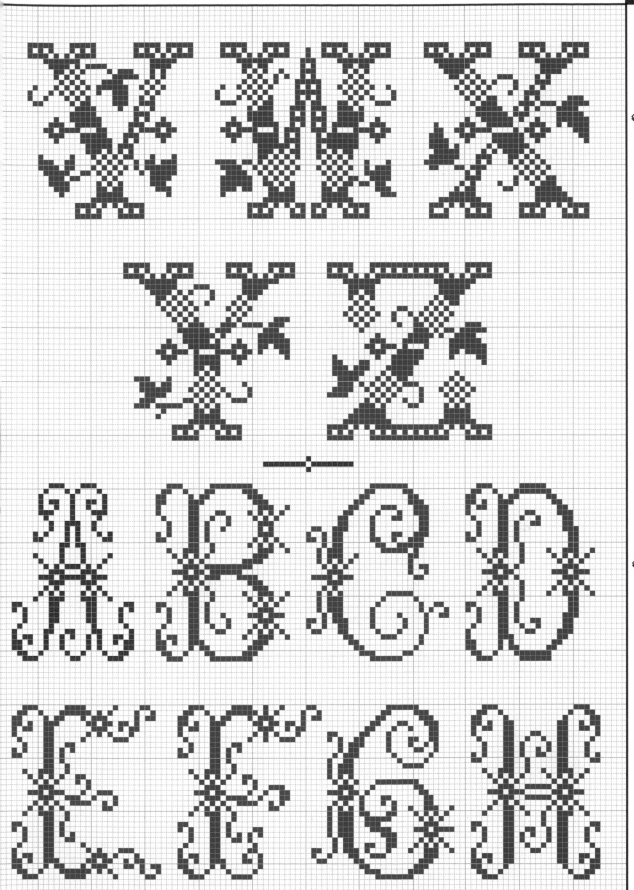

601

601
602

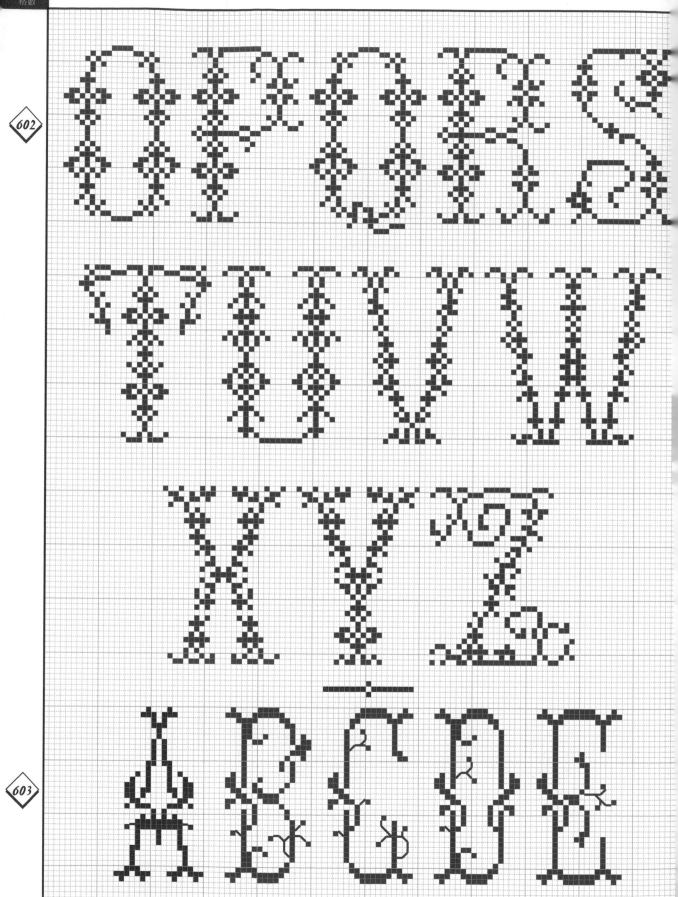

603

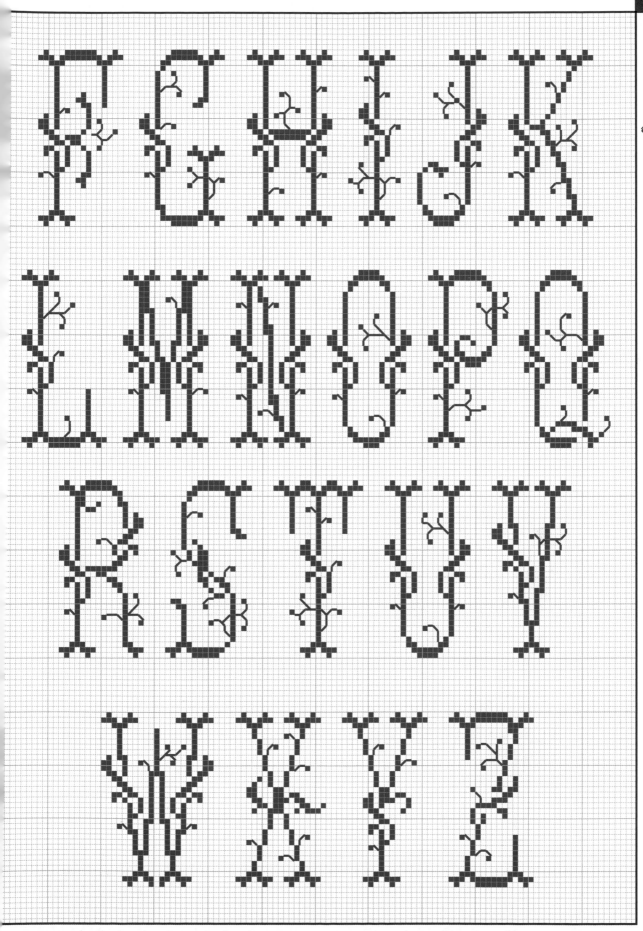

604

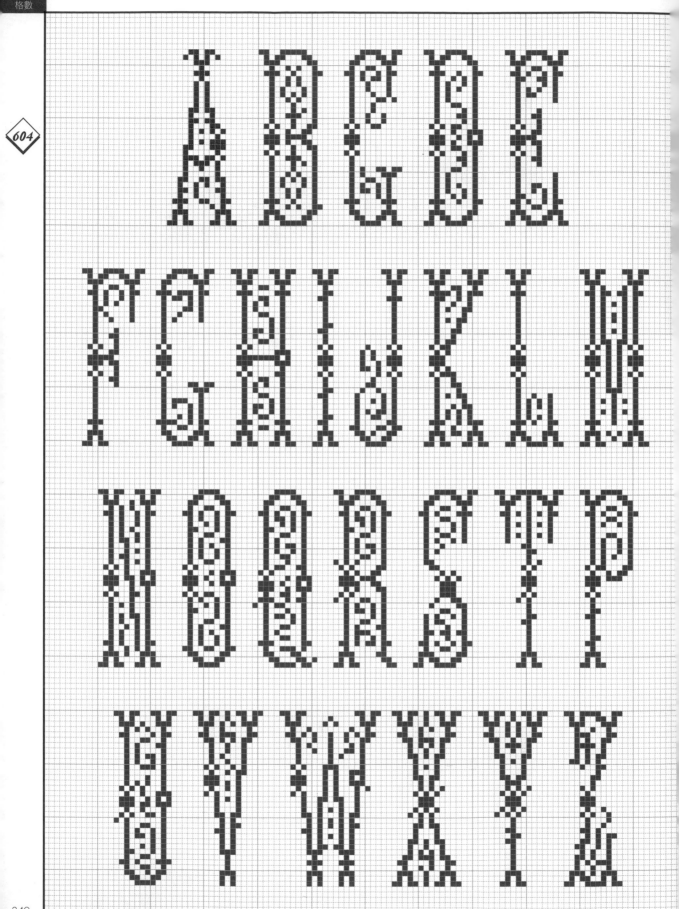

605

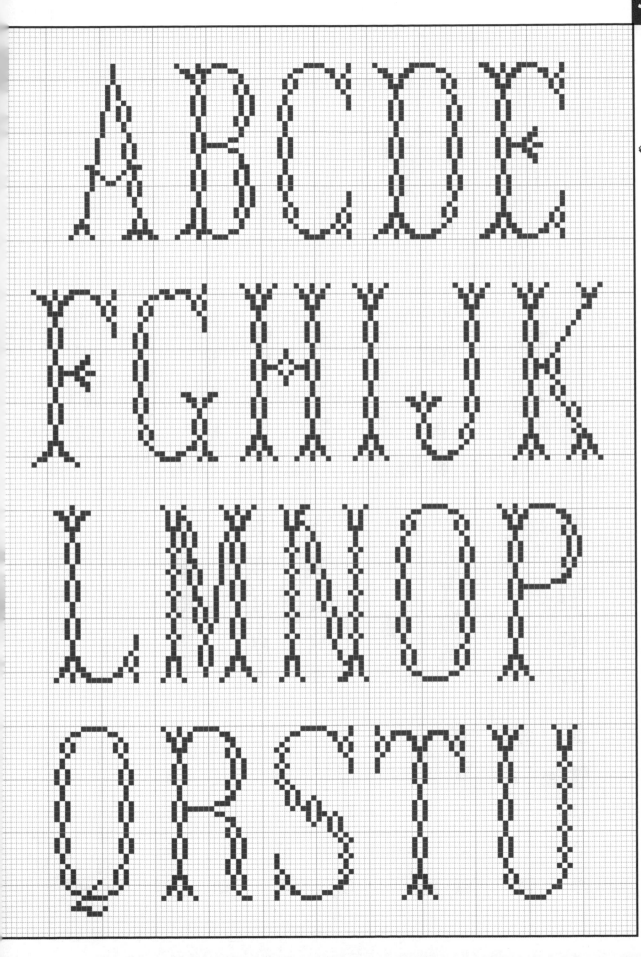

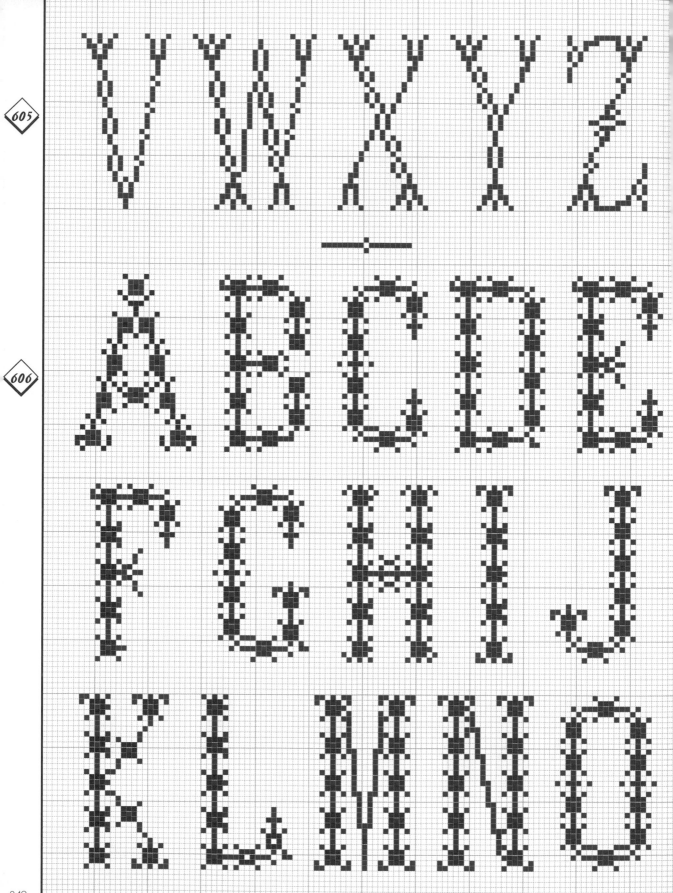

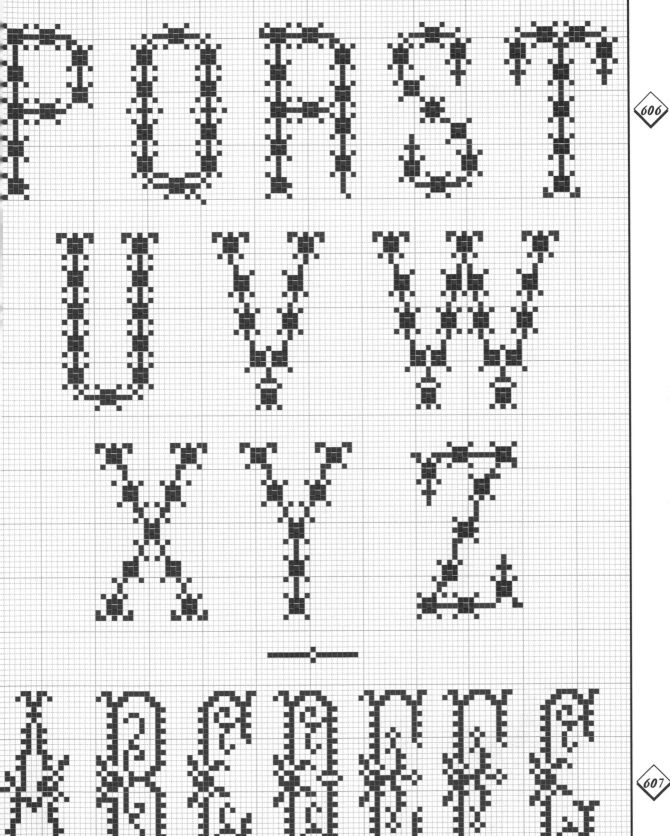

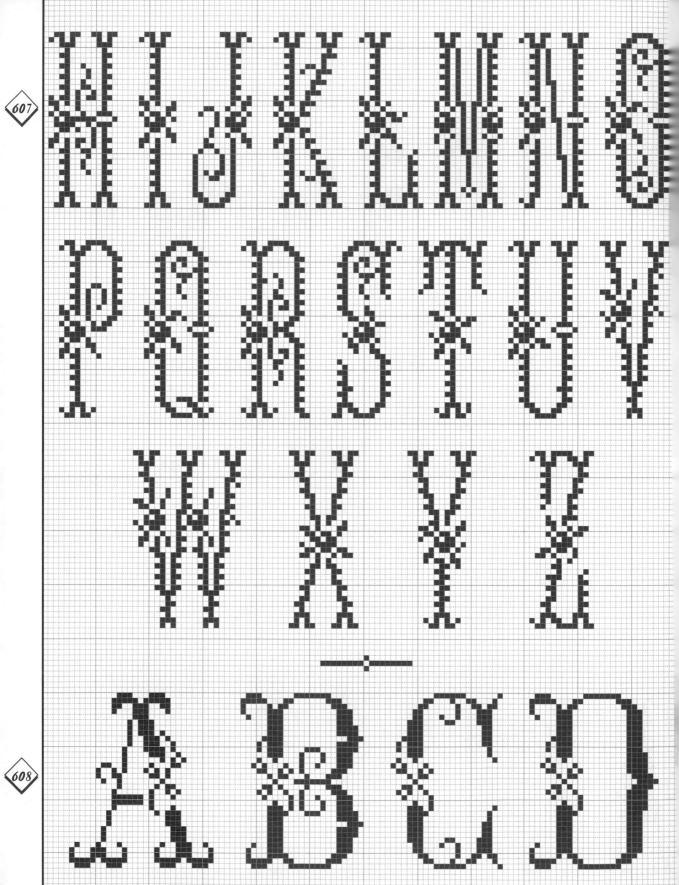

607

608

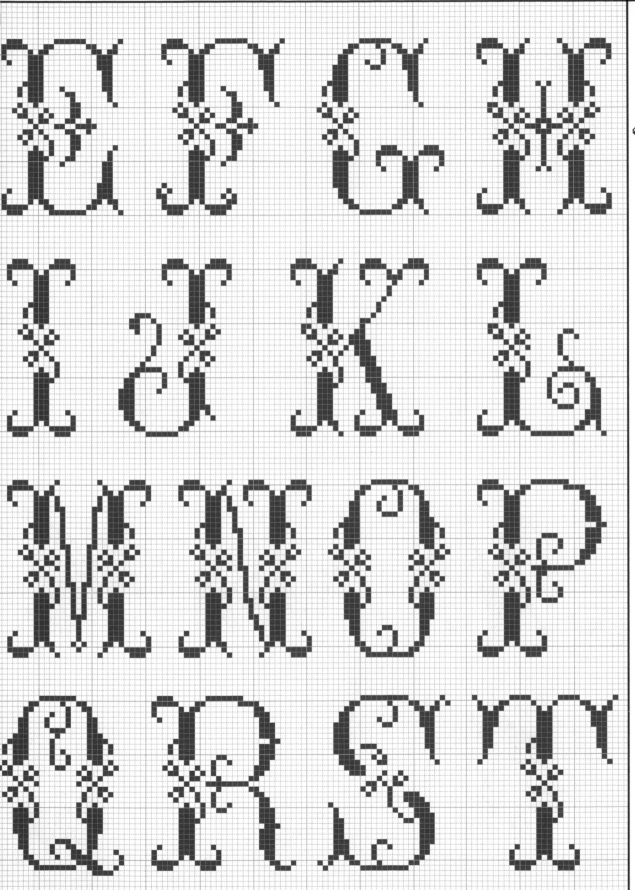

608

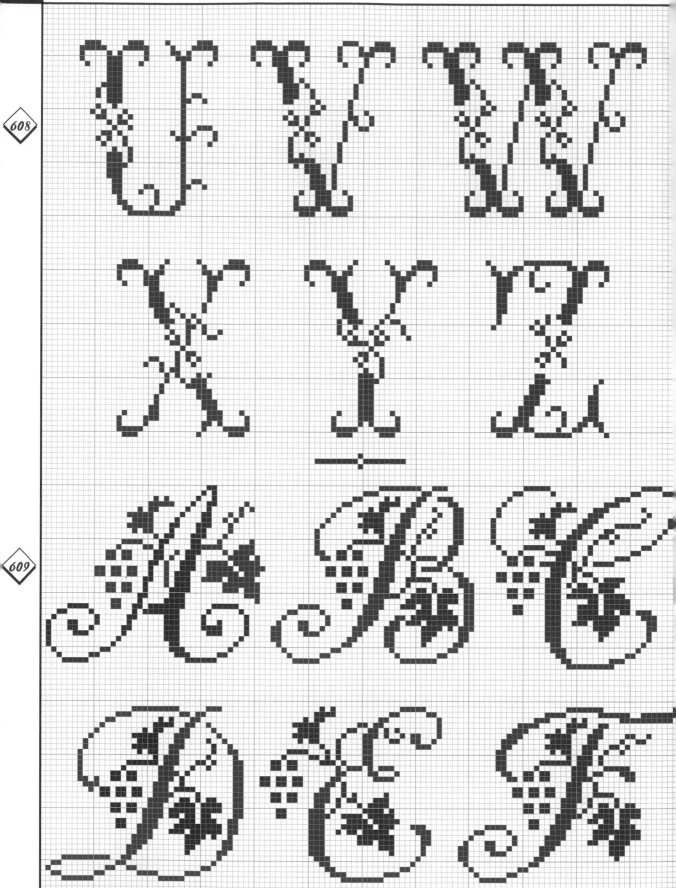

608

609

609

609

610

610

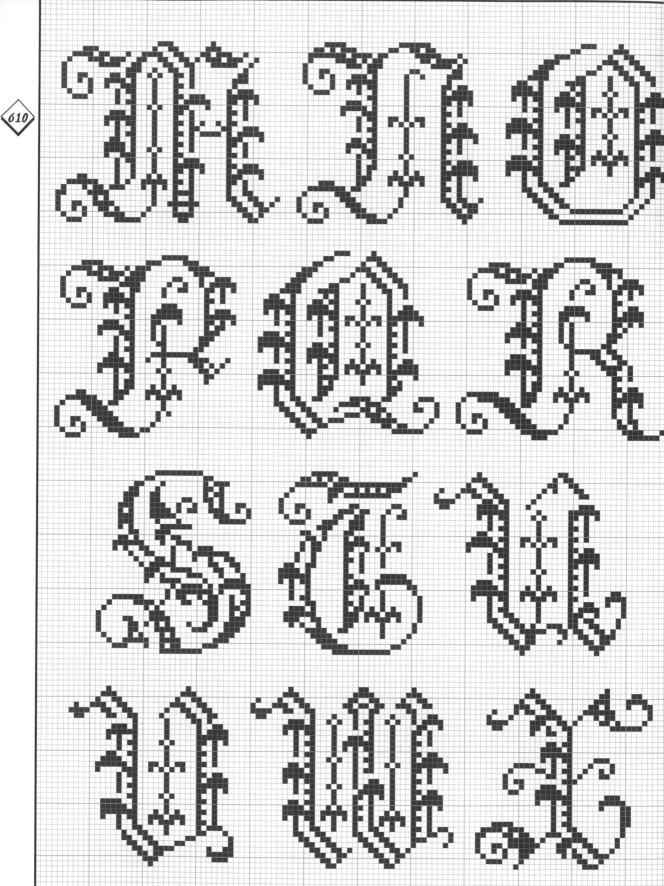

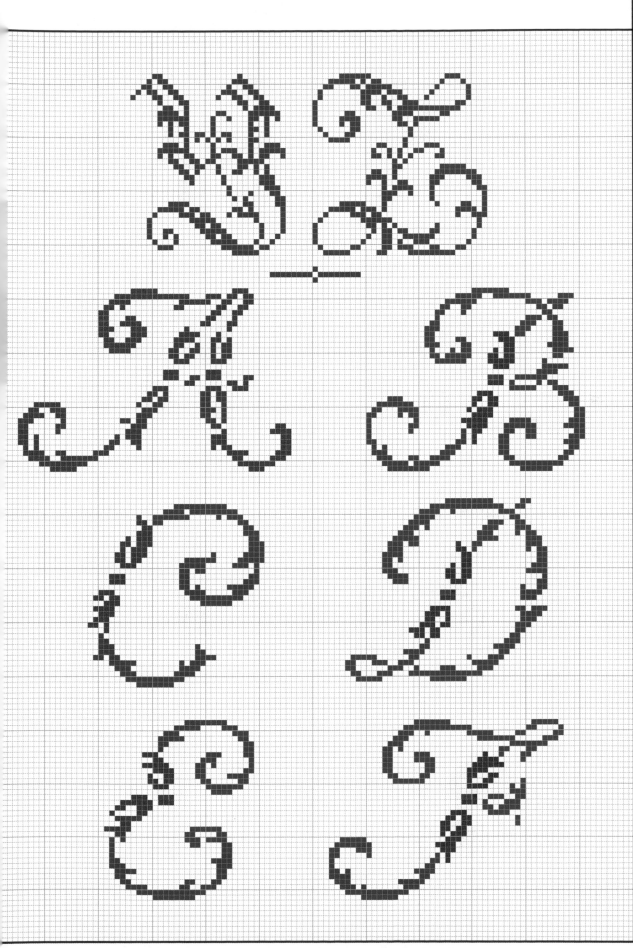

610

611

611

612

612

613

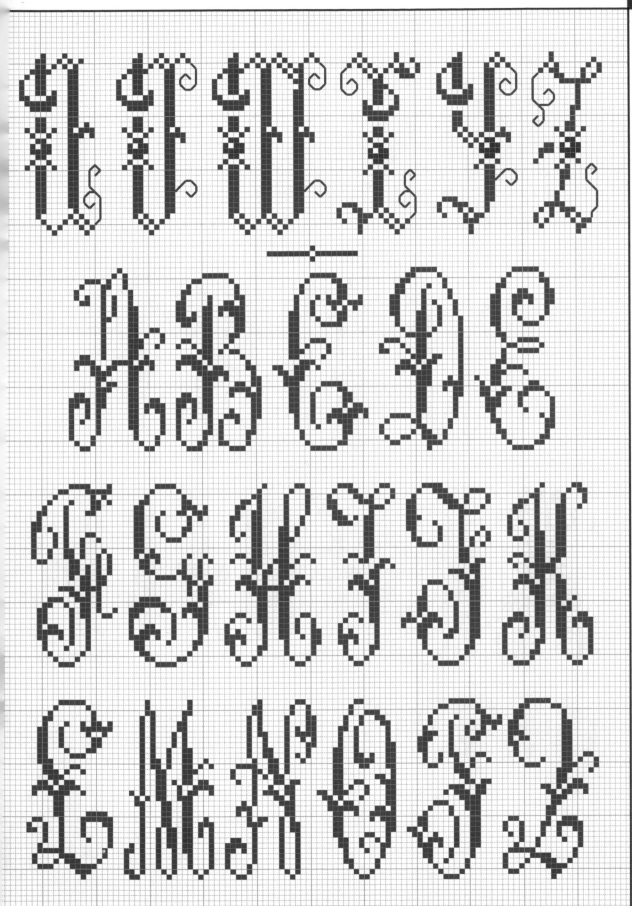

615

616

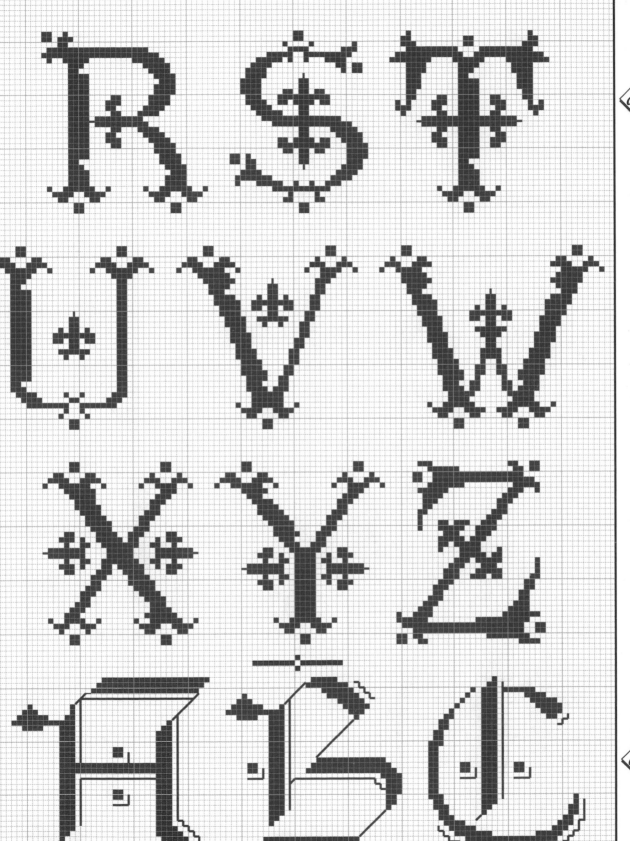

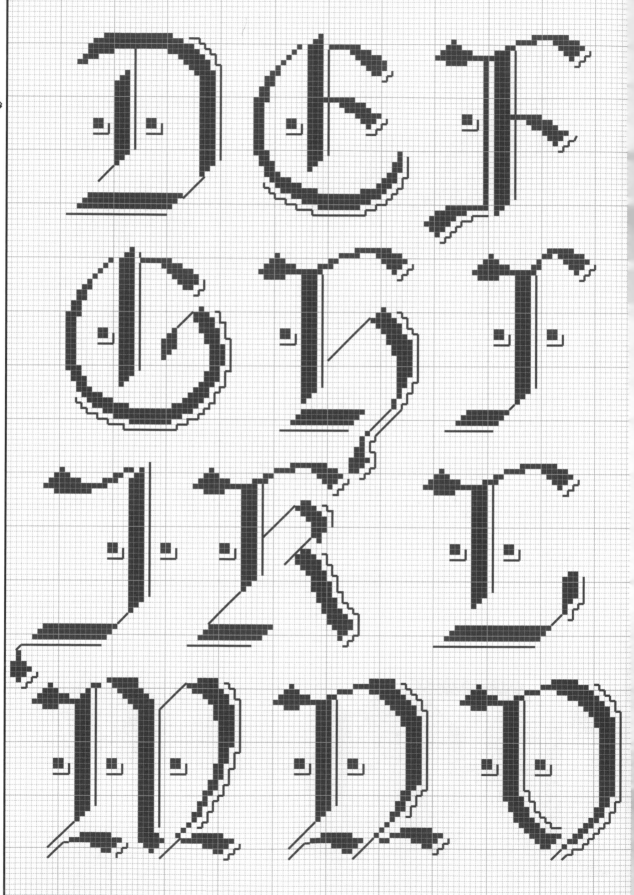

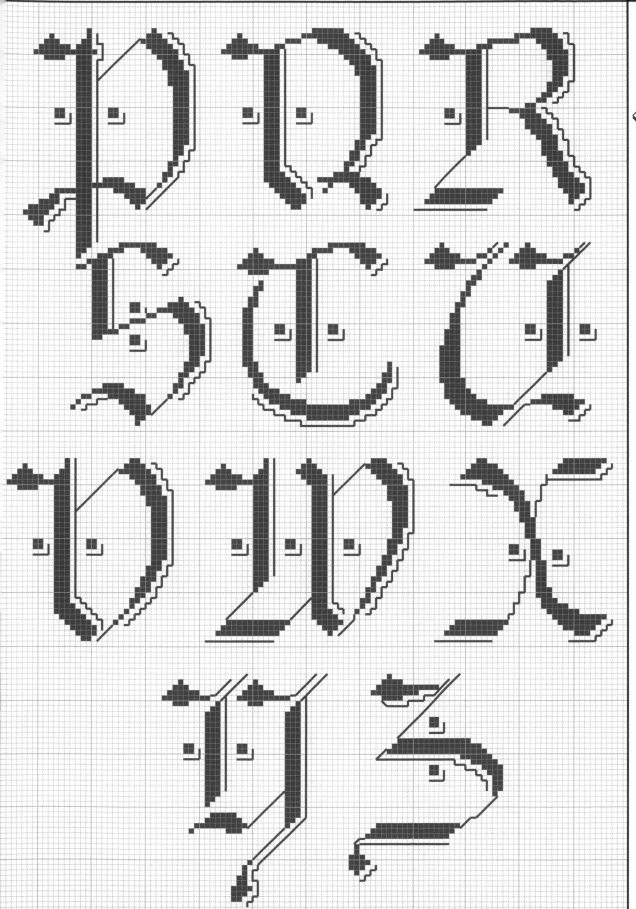

618

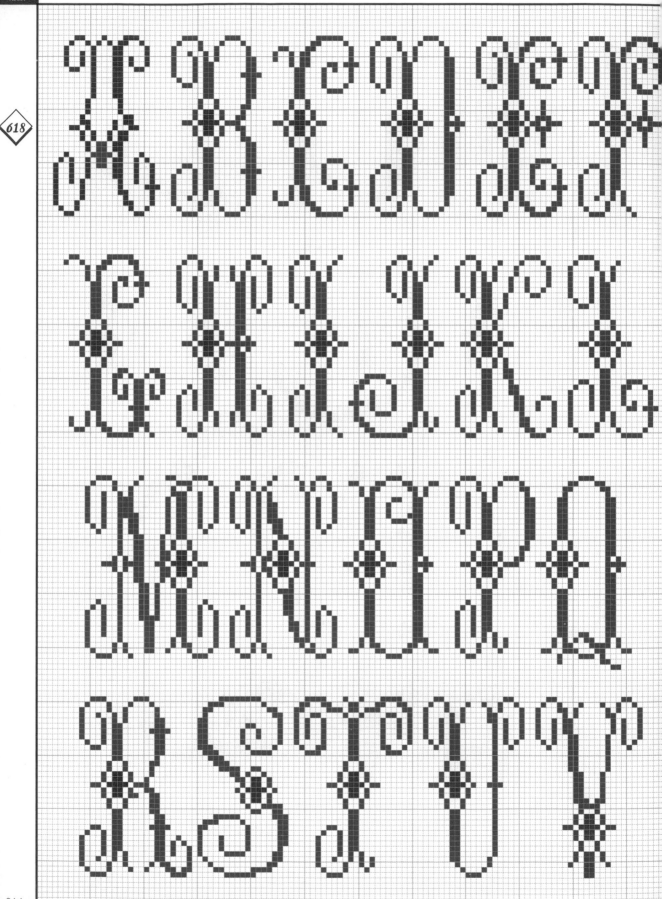

618

619

620

620

621

621

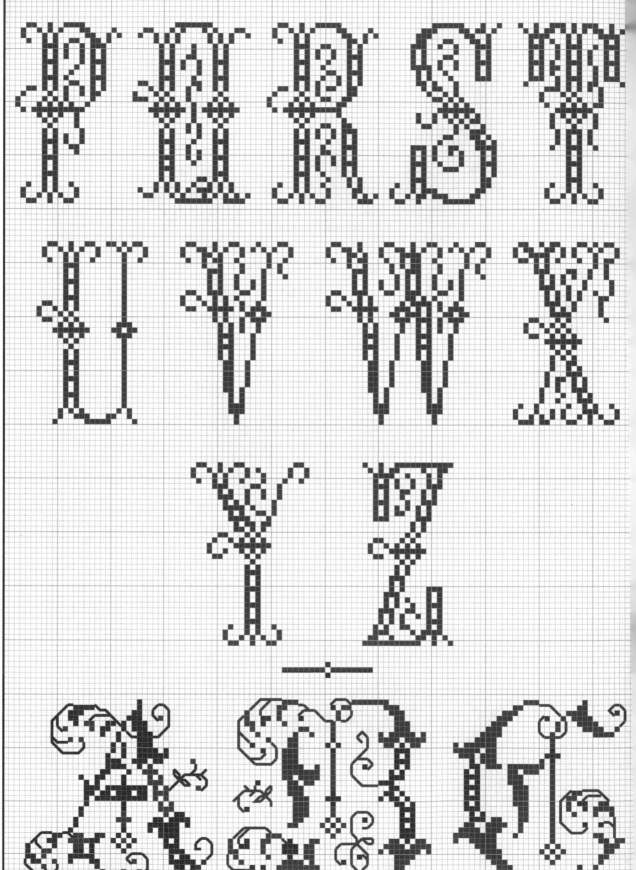

622

622

622

623

623

623

624

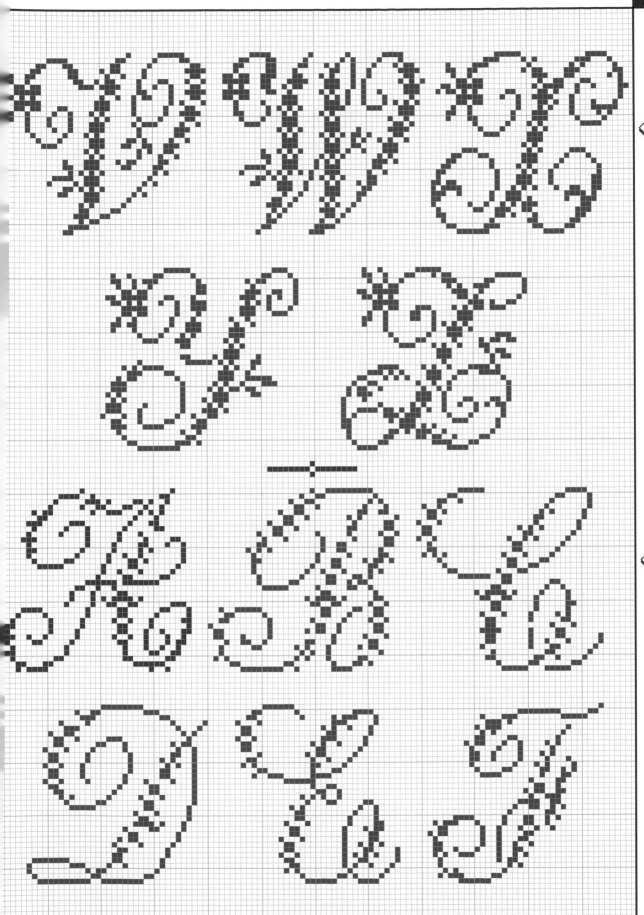

624

625

625

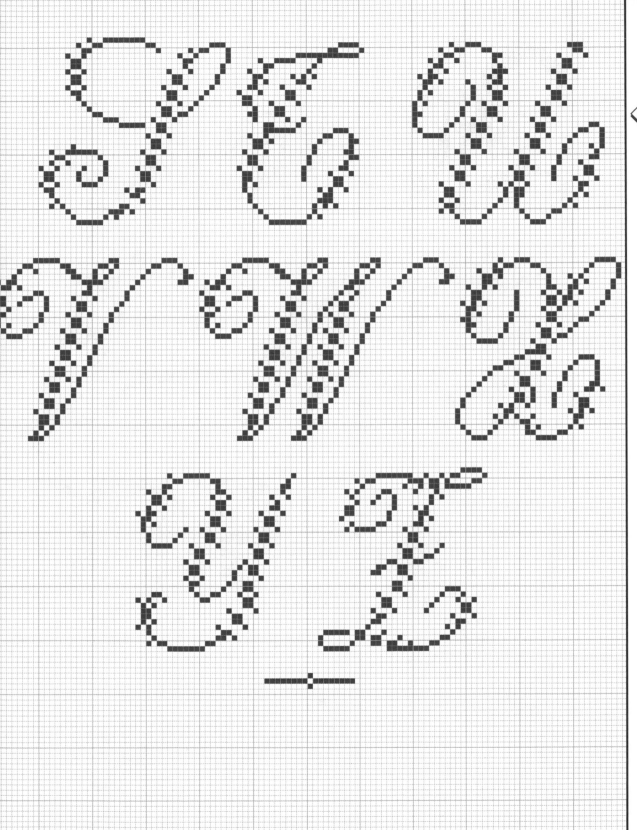

626

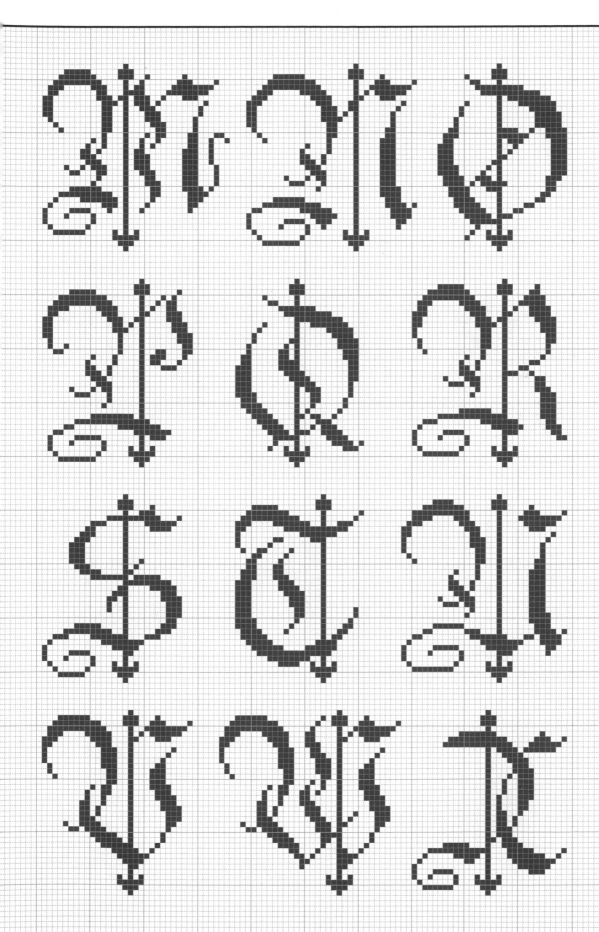

626

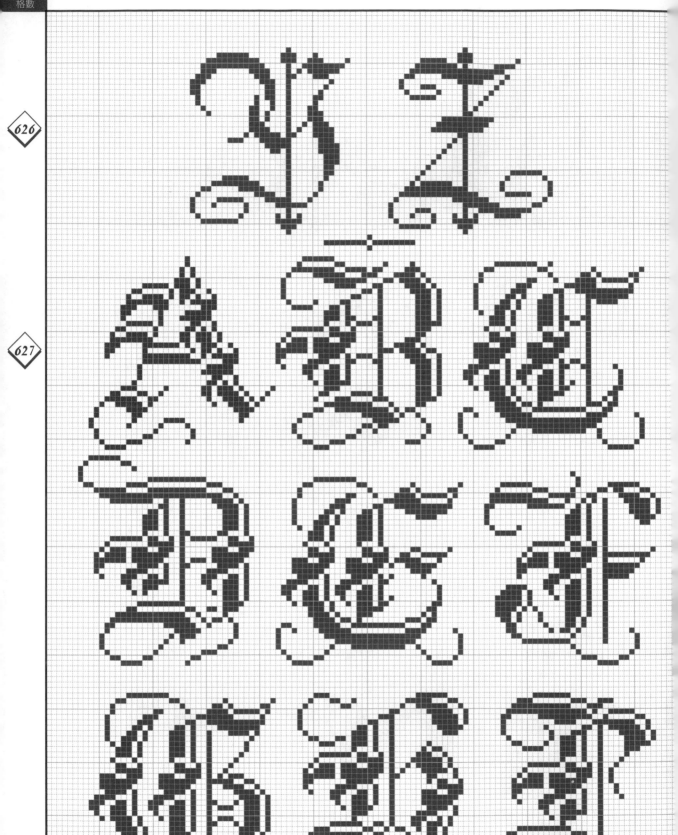

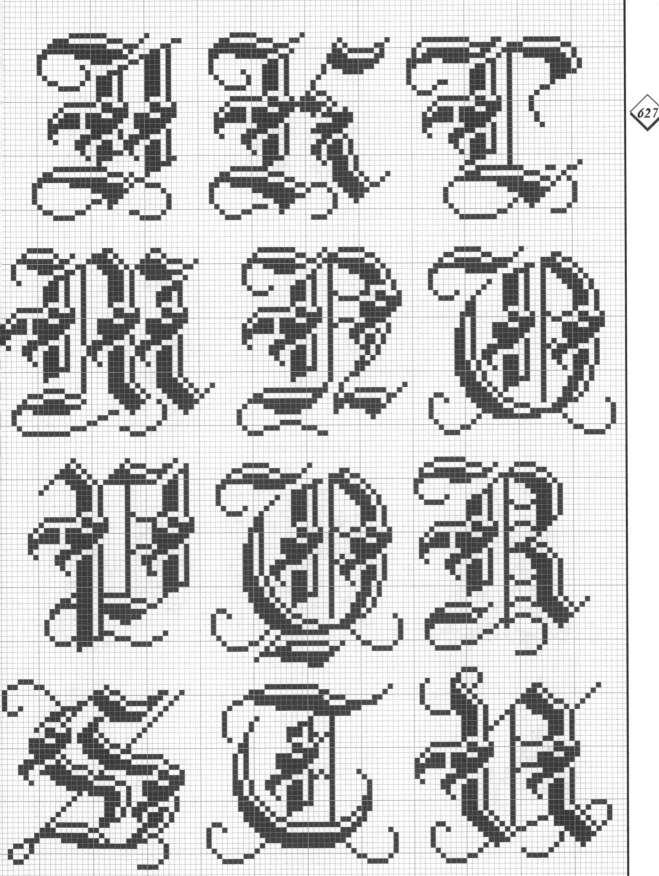

627

627

628

628

629

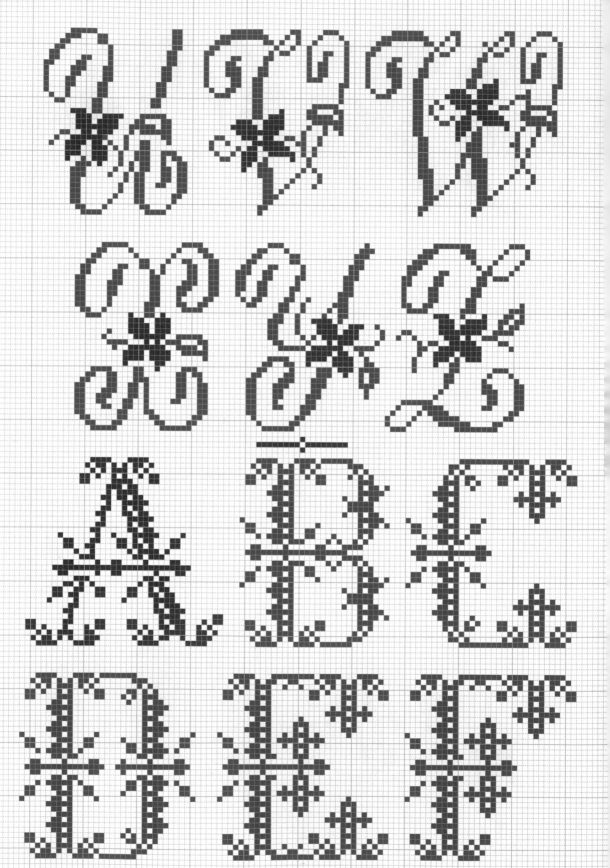

630

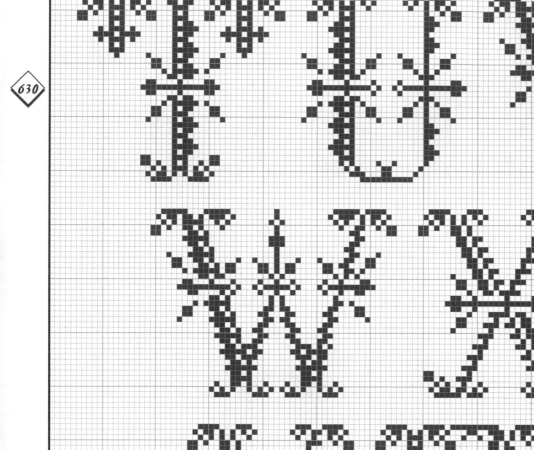

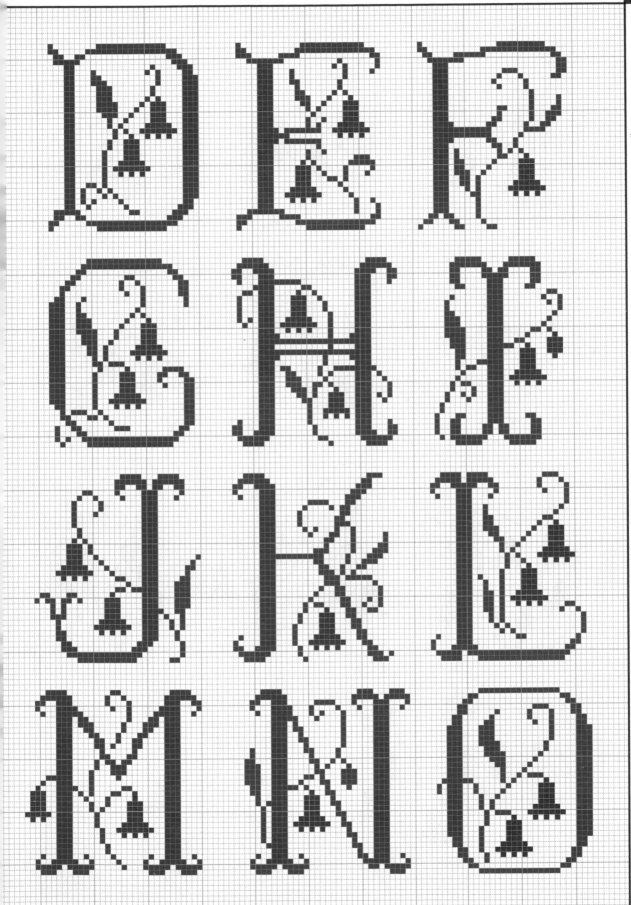

631

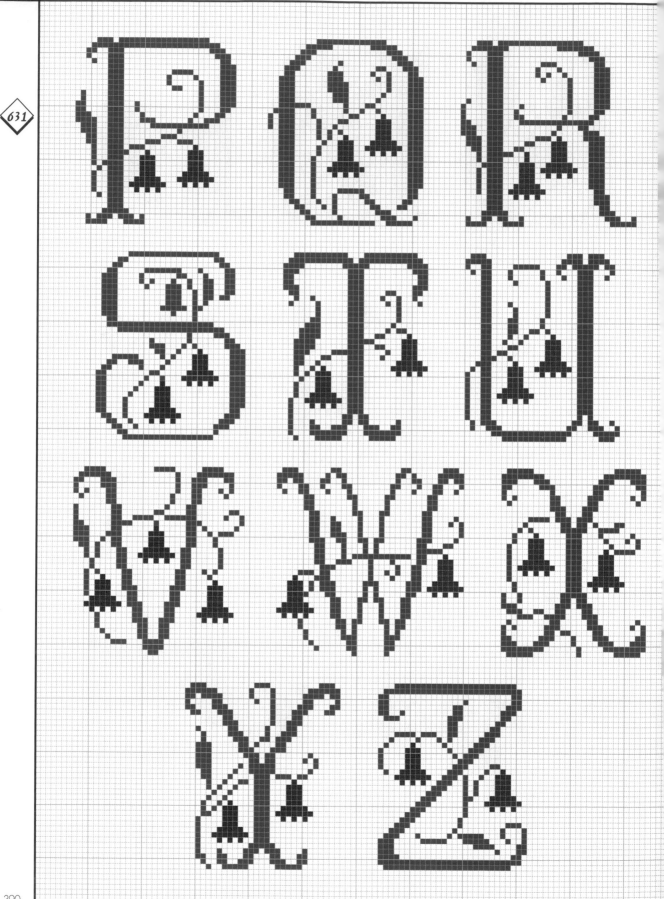

632

632

633

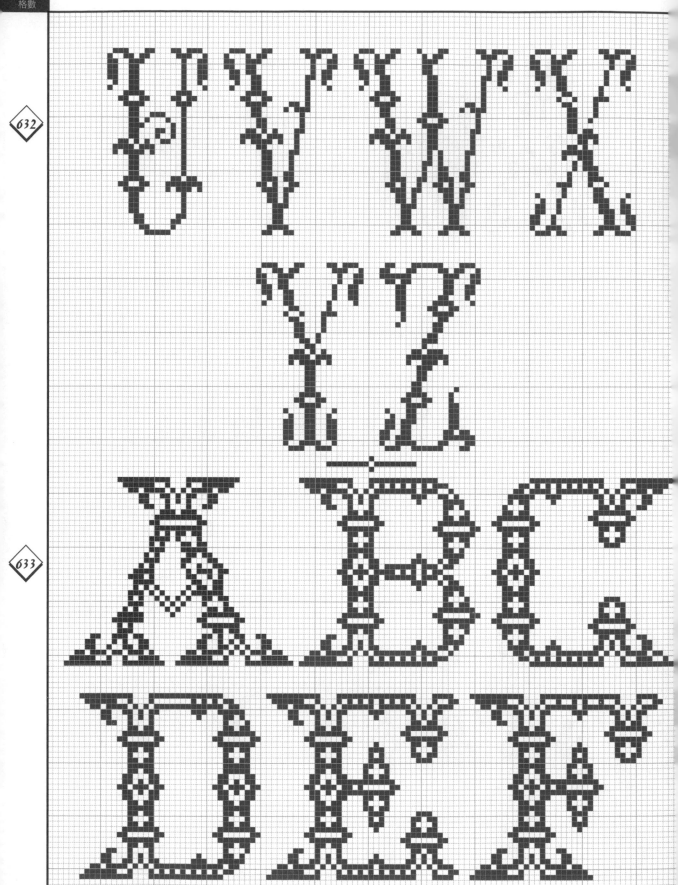

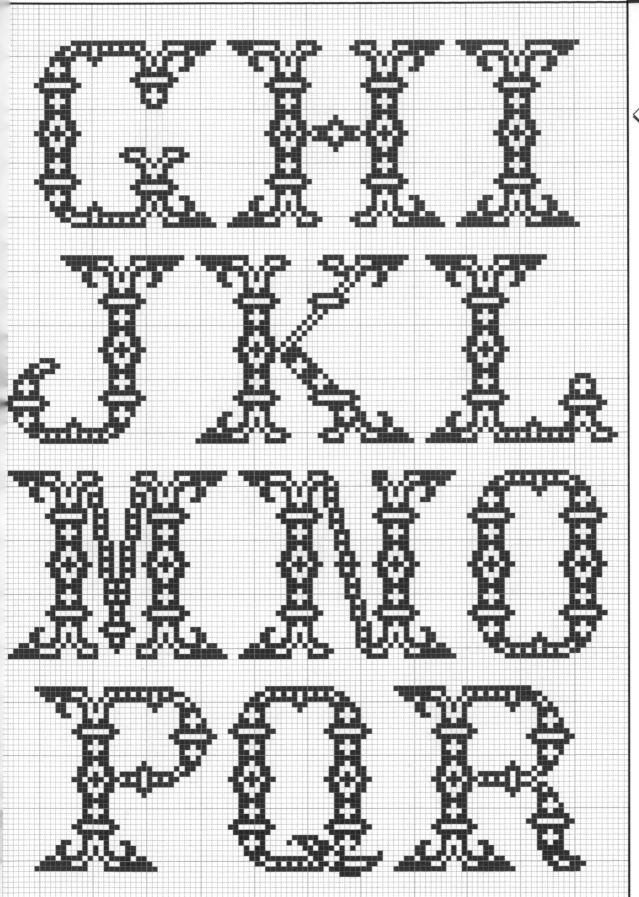

633

634

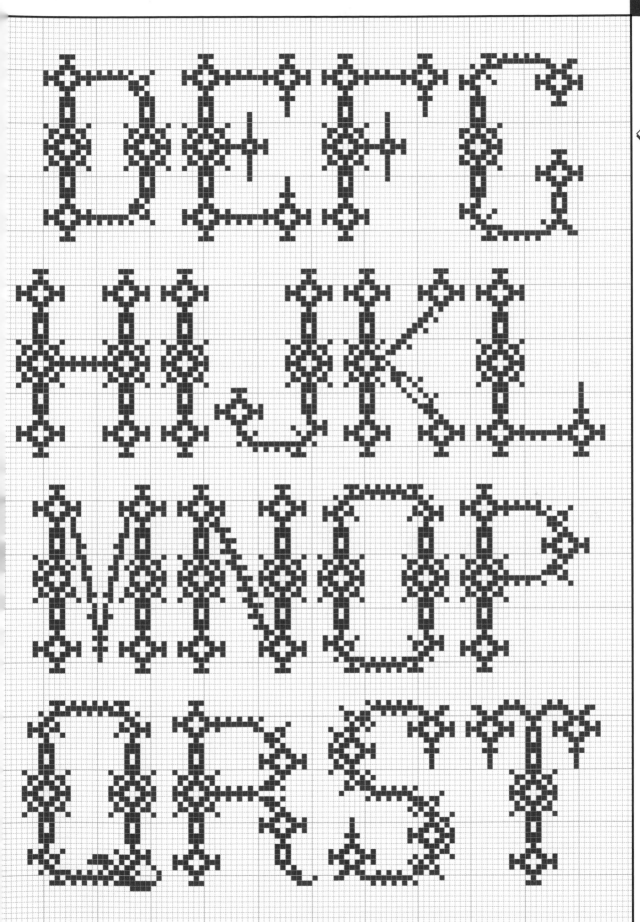

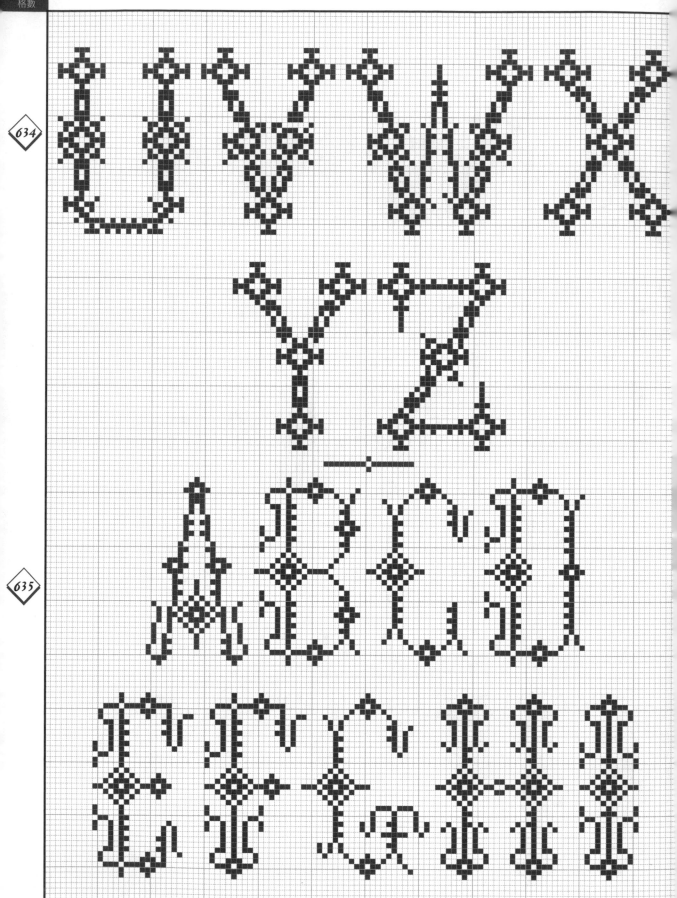

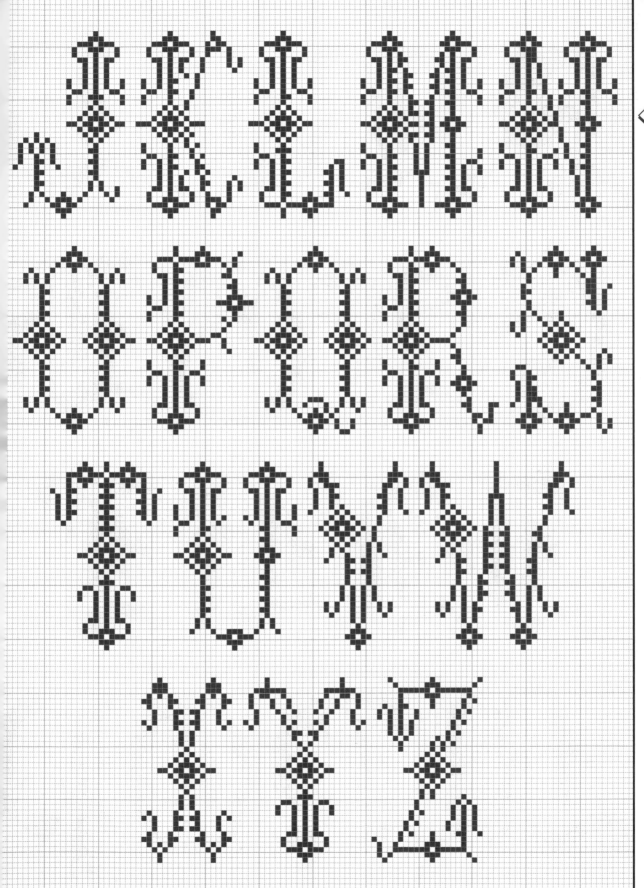

636

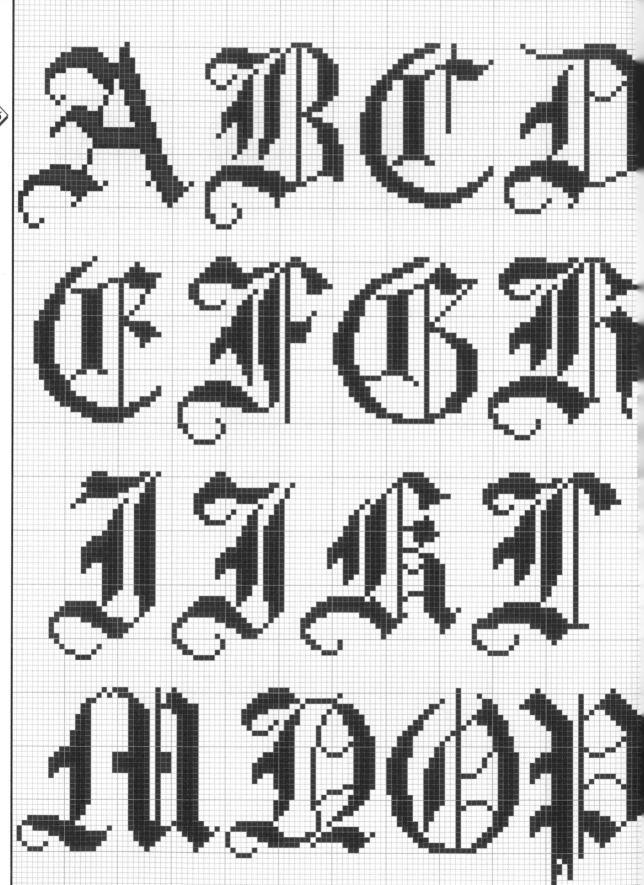

636

637

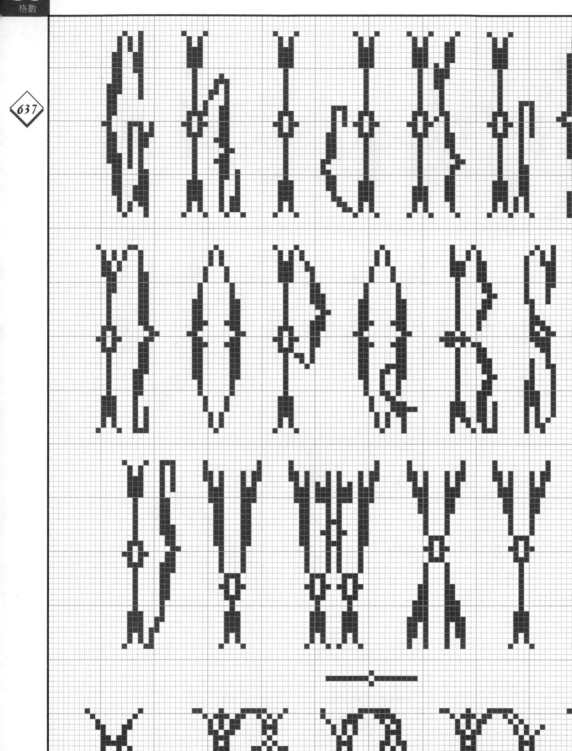

638

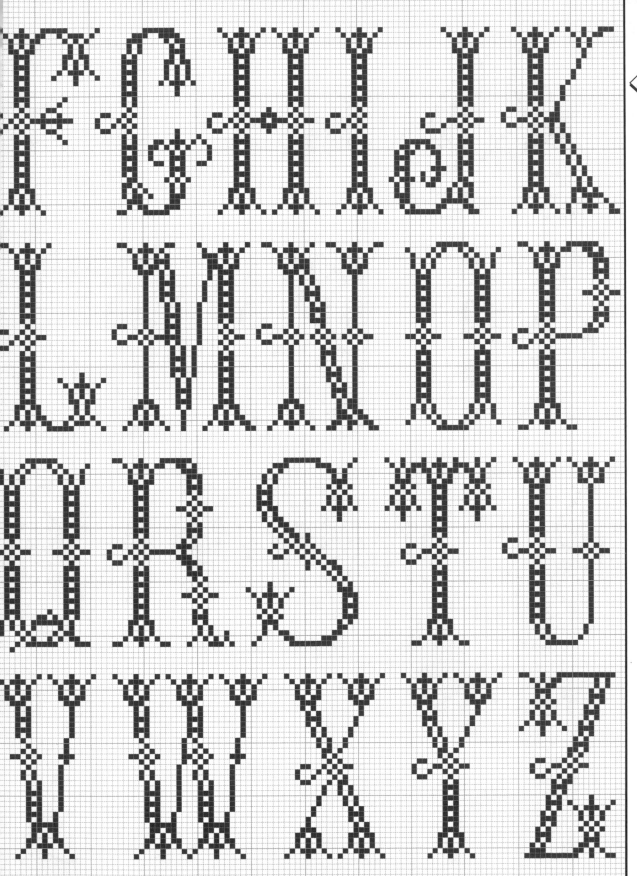

639

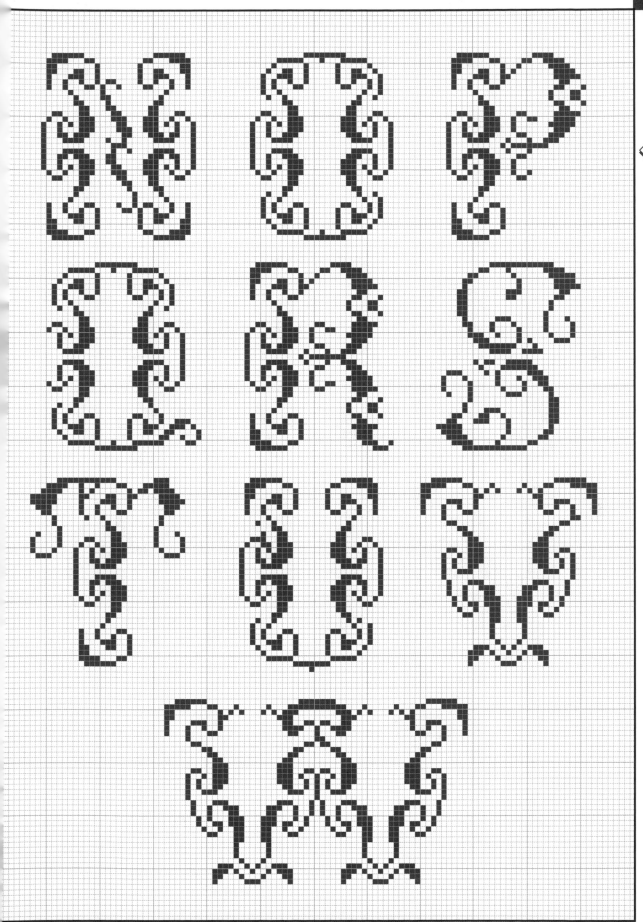

639

640

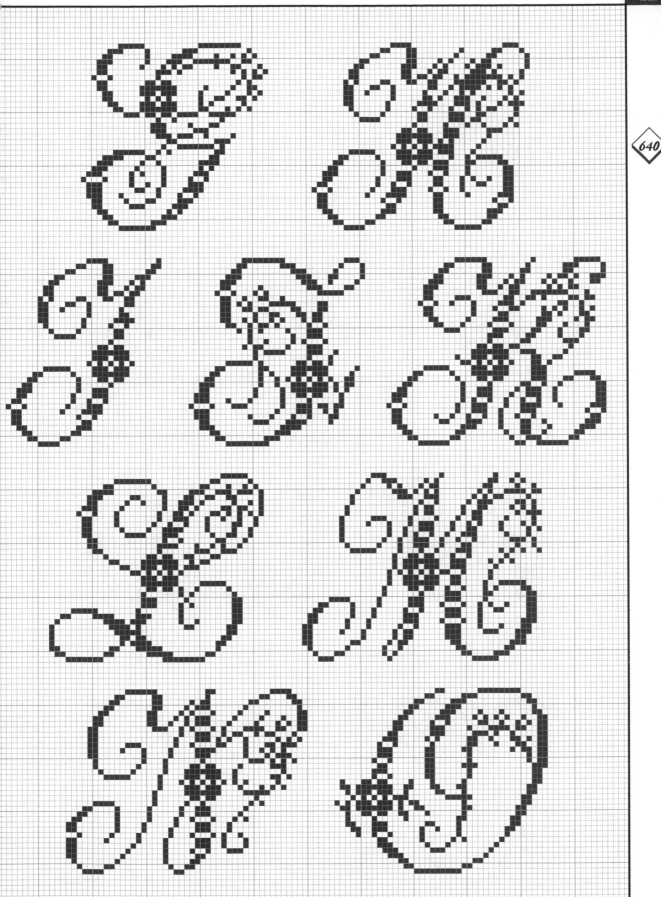

640

640

641

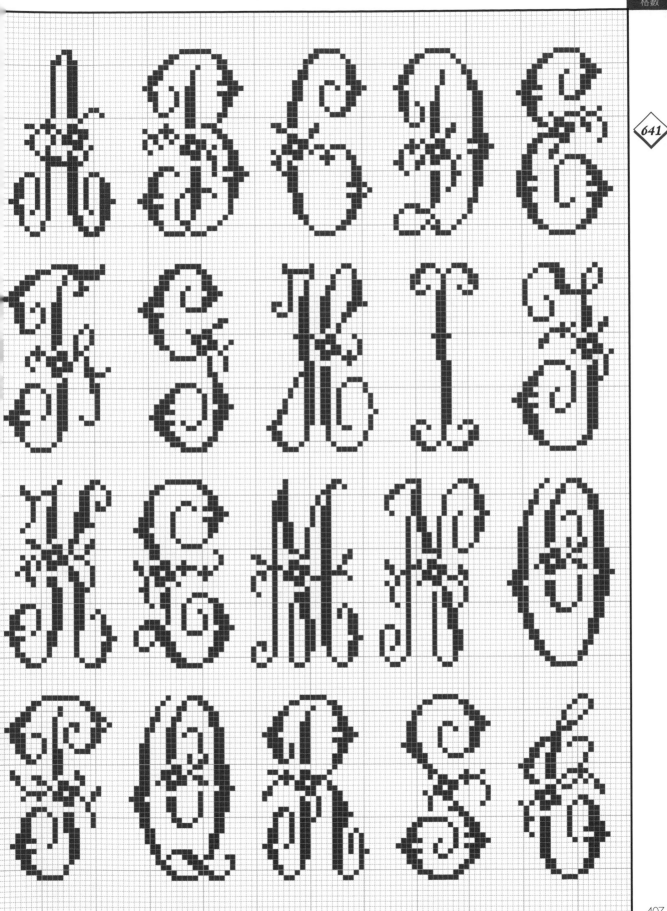

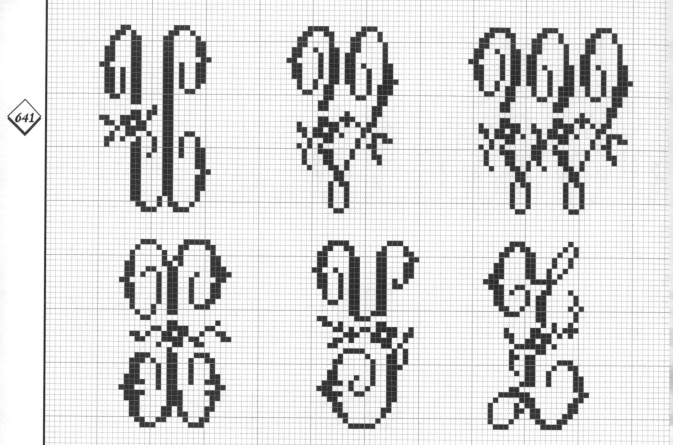

641

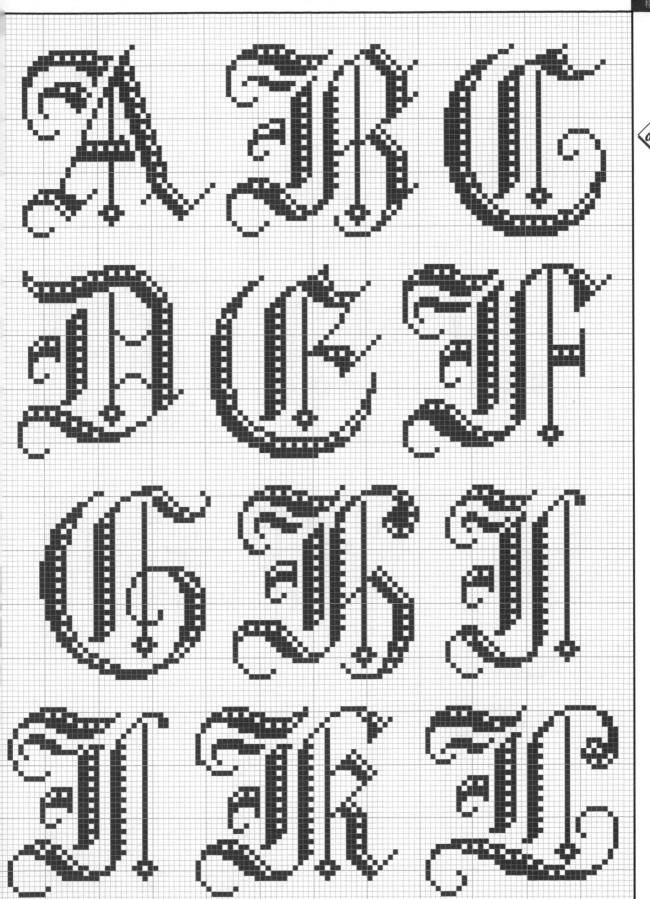

642

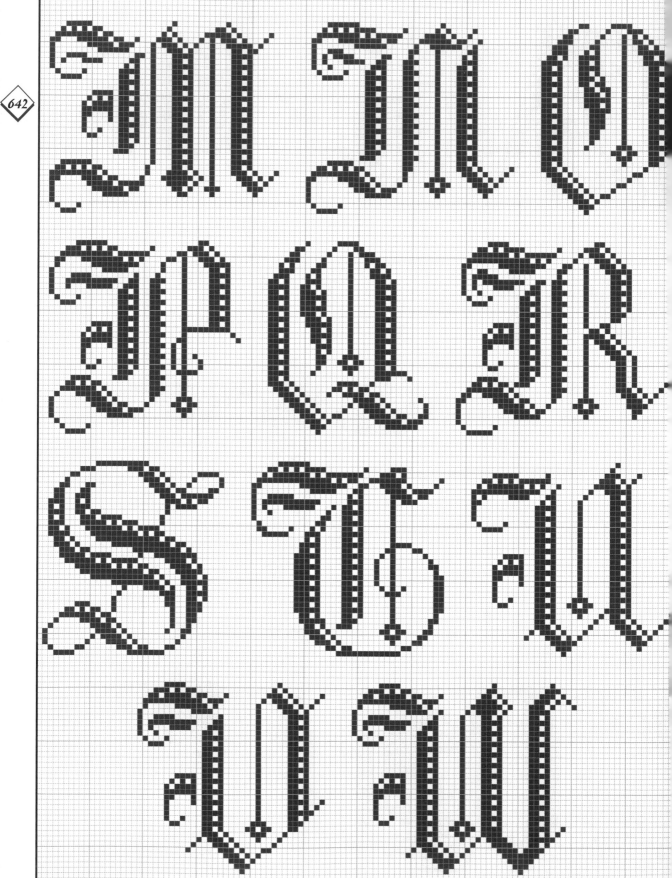

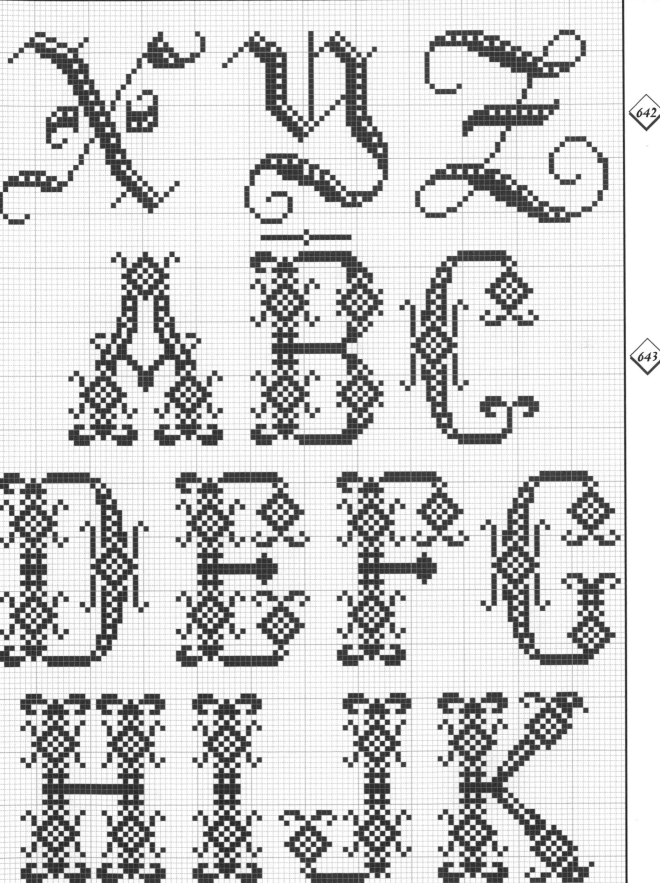

642

643

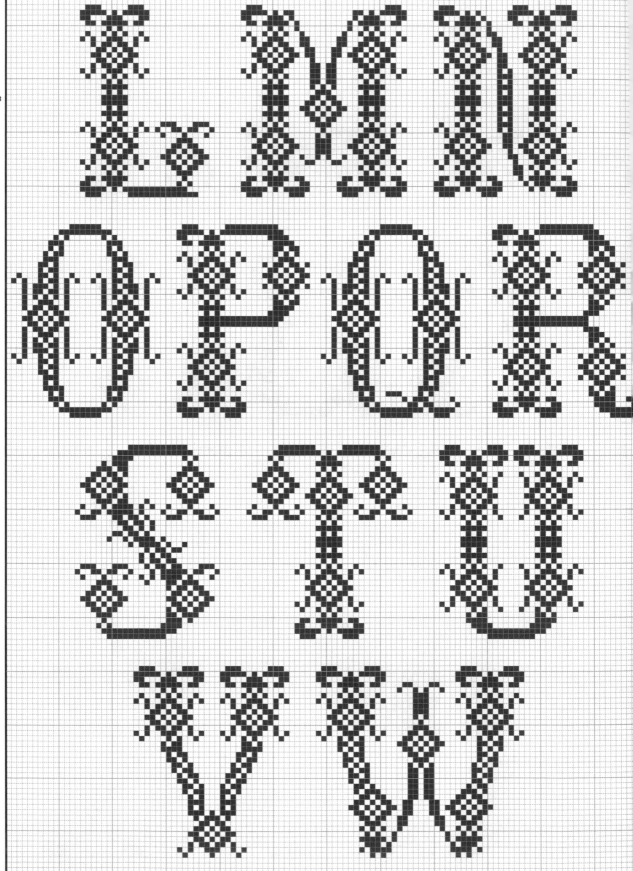

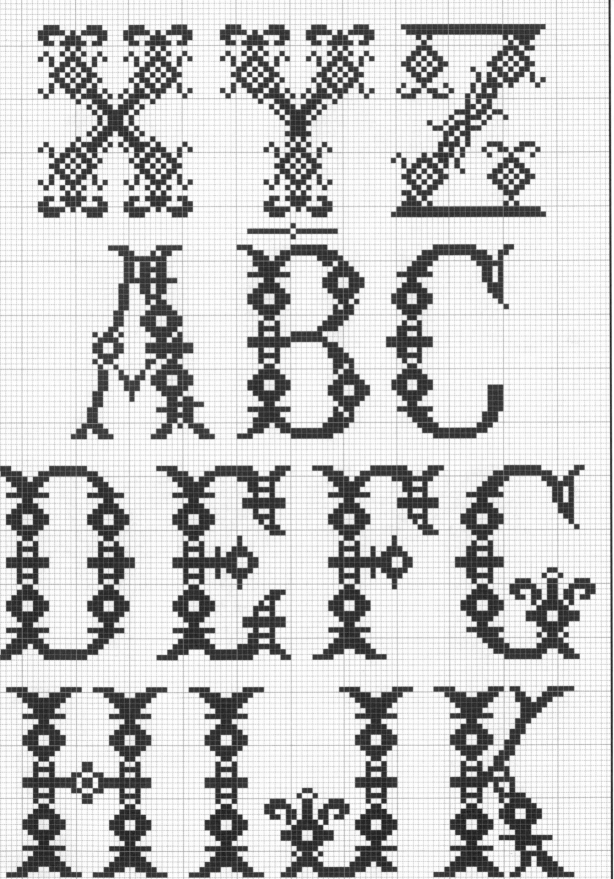

644

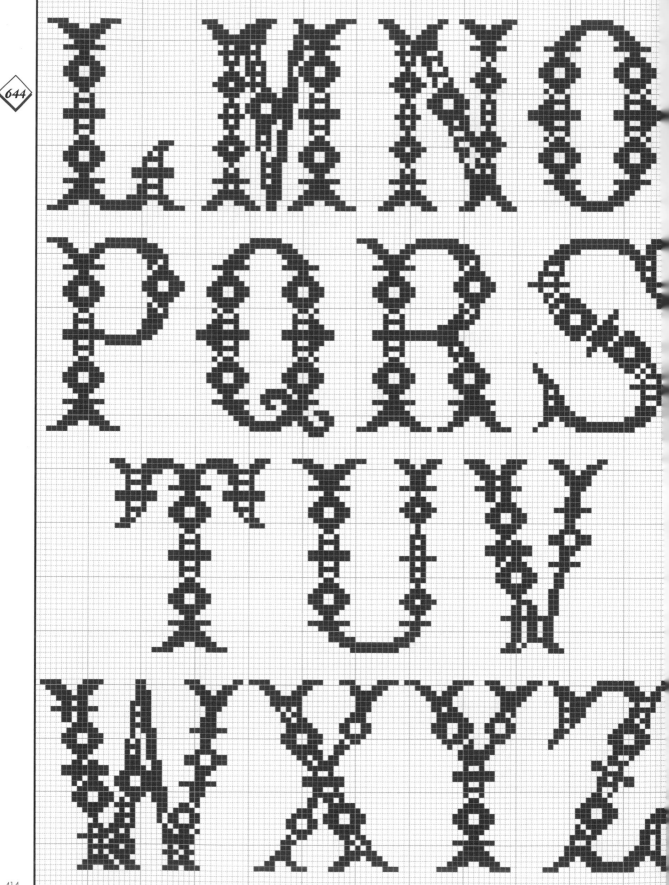

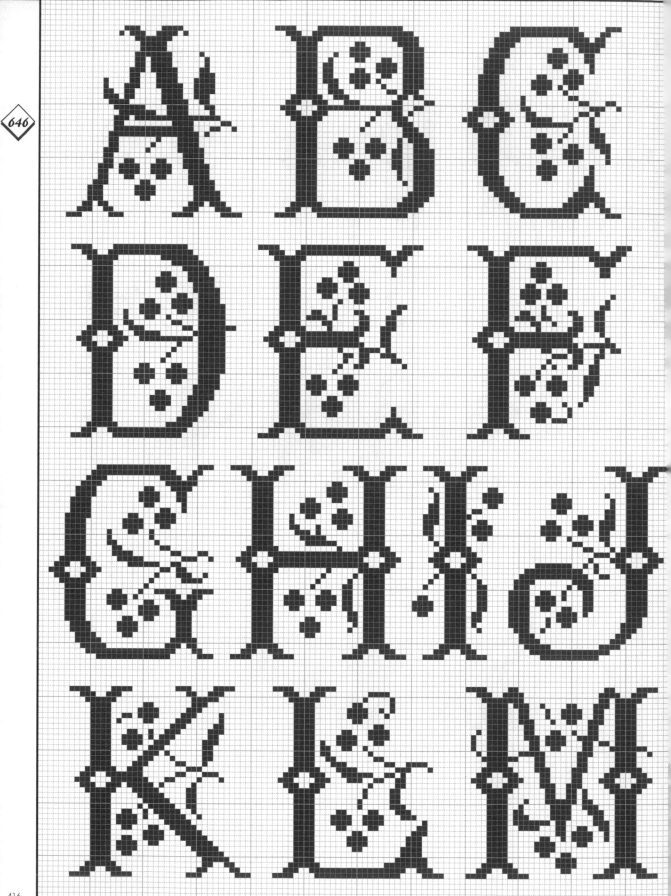

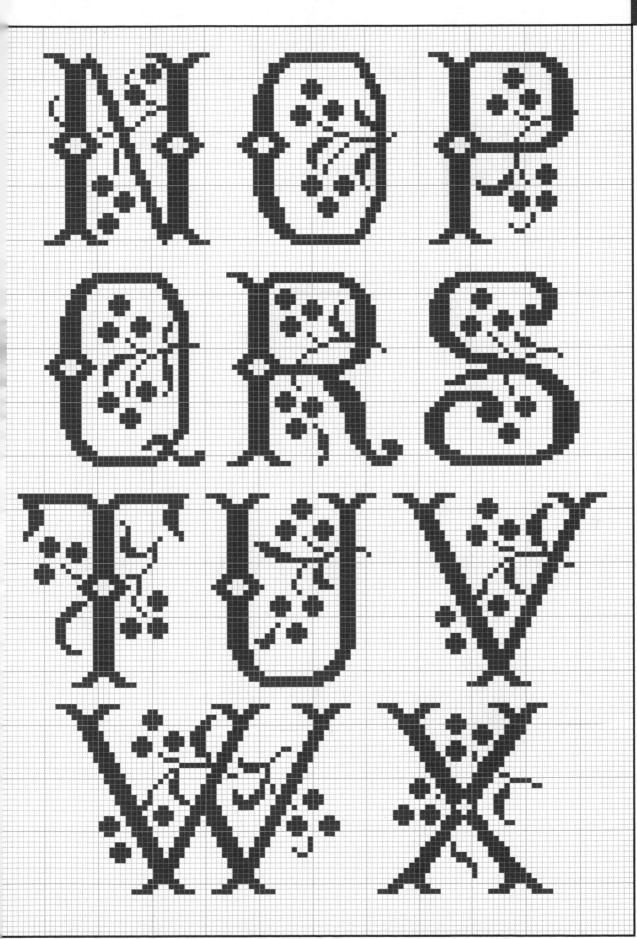

646

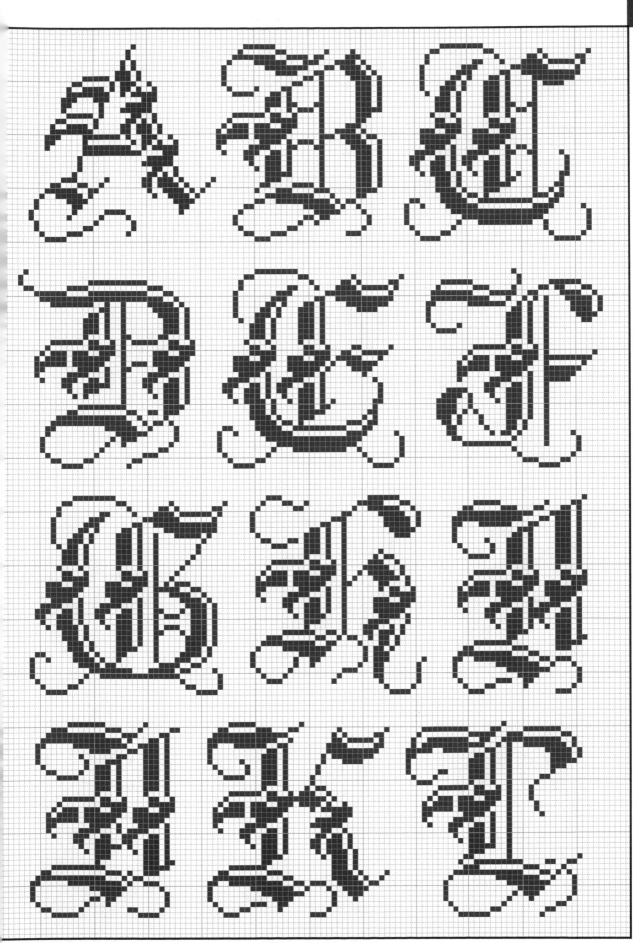

647

647

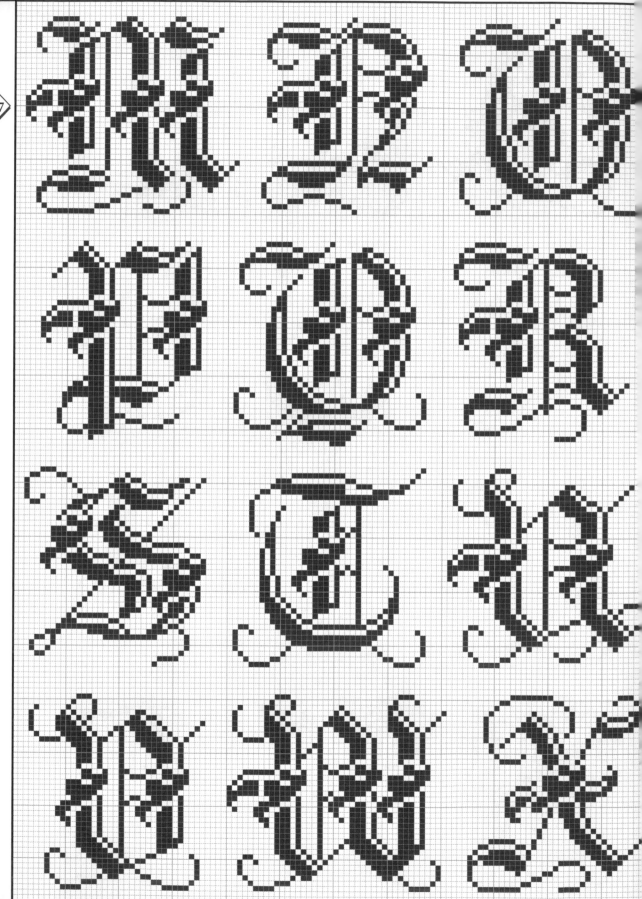

647

648

648

648

649

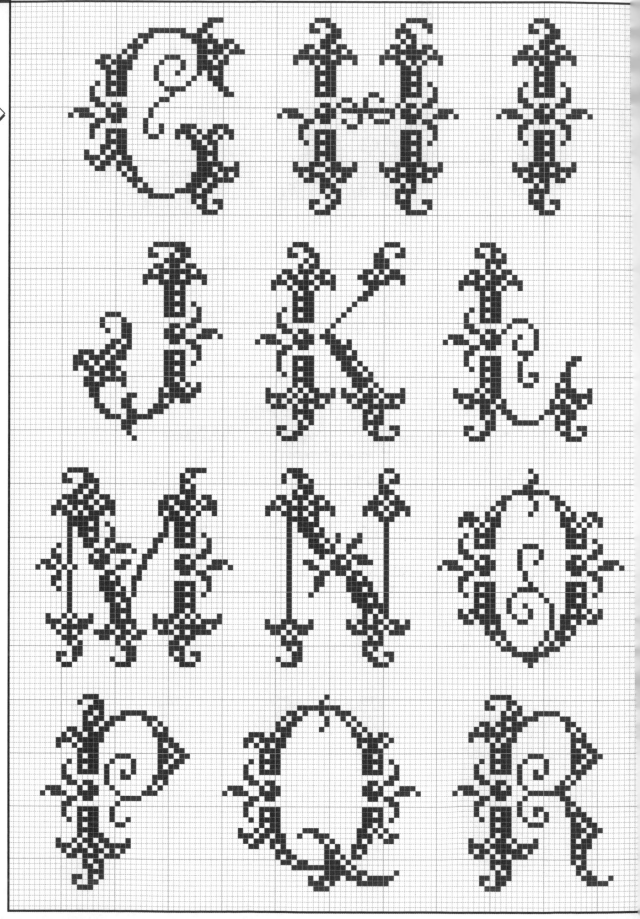

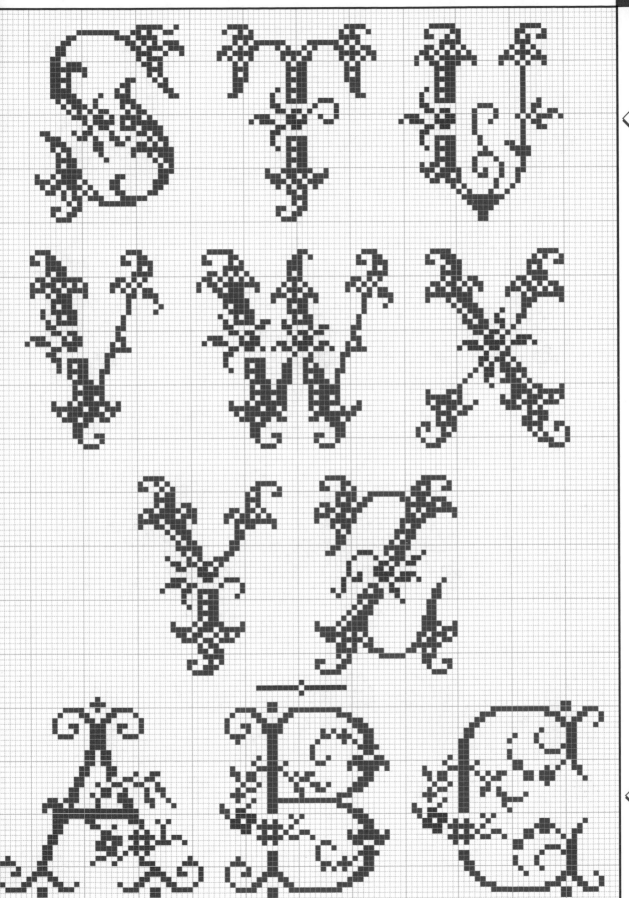

650

650

651

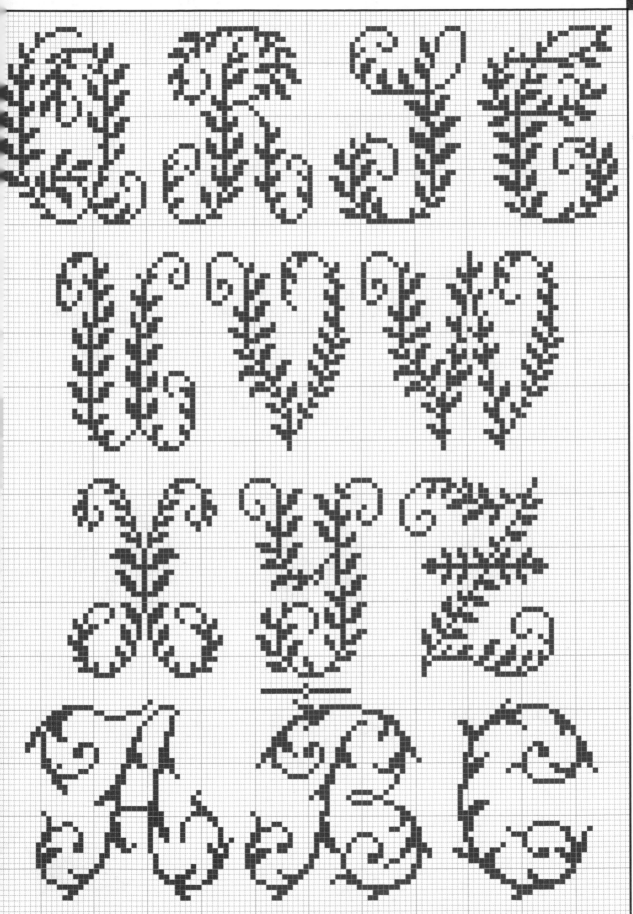

651

652

格數

652

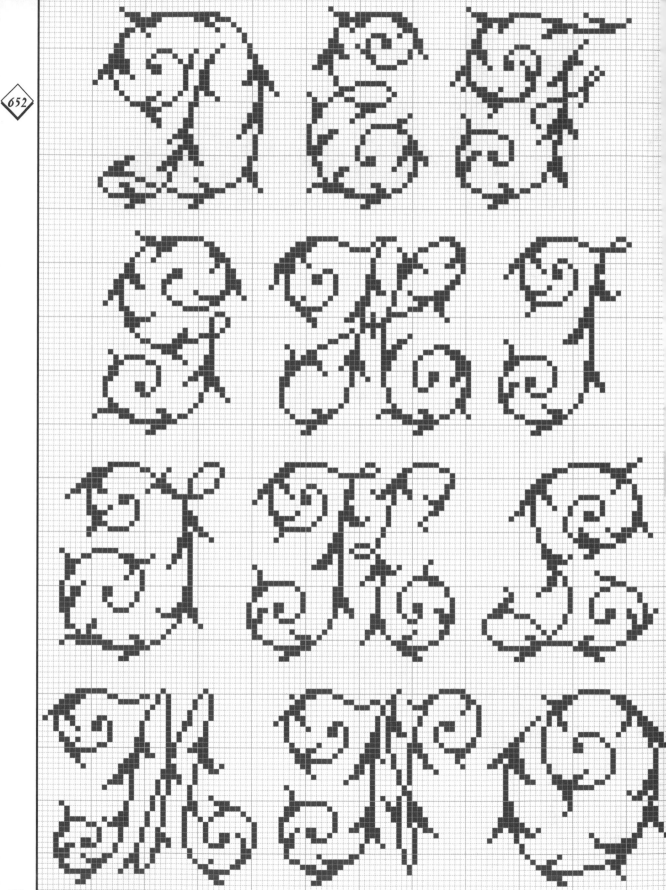

653

654

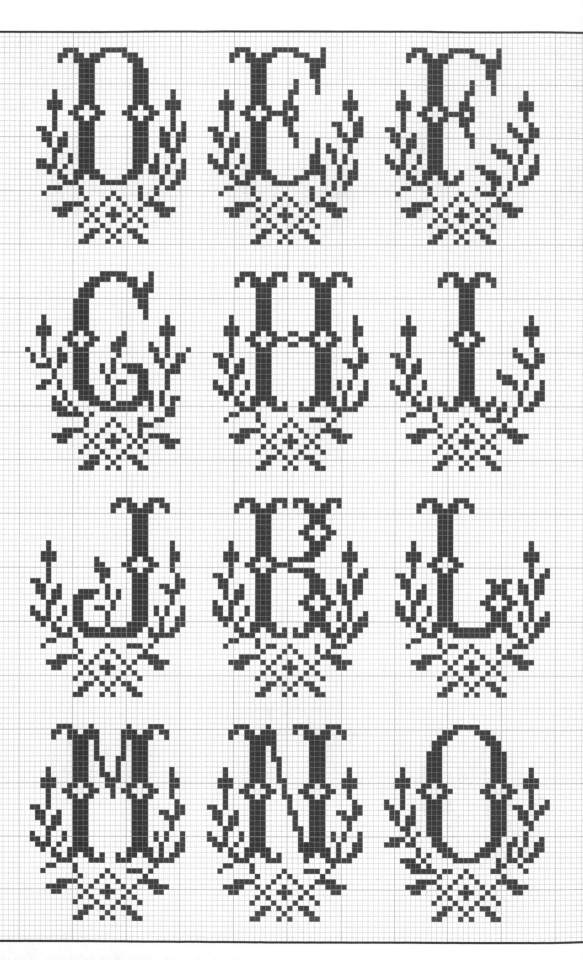

654

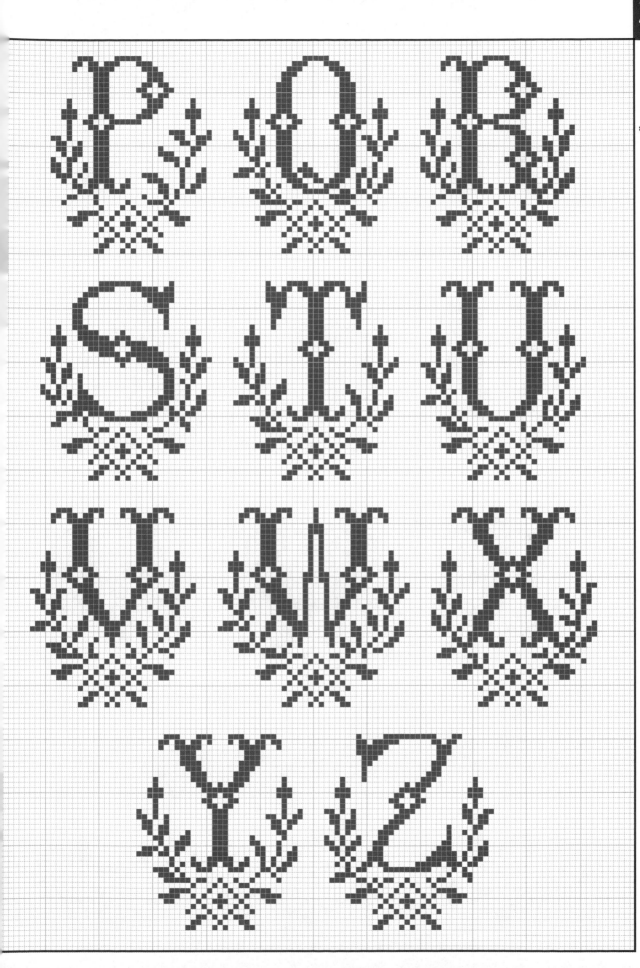

655

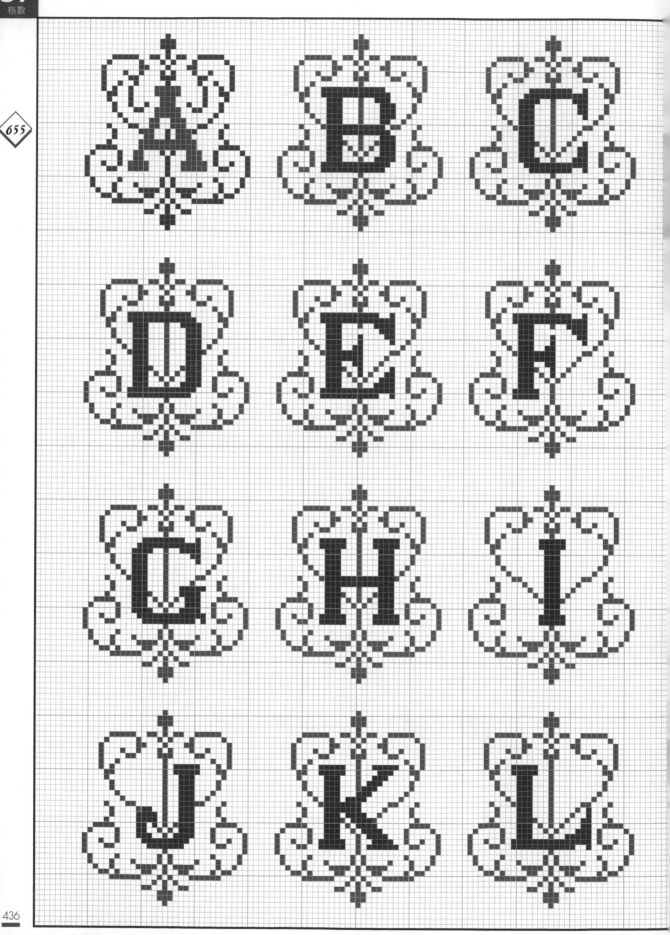

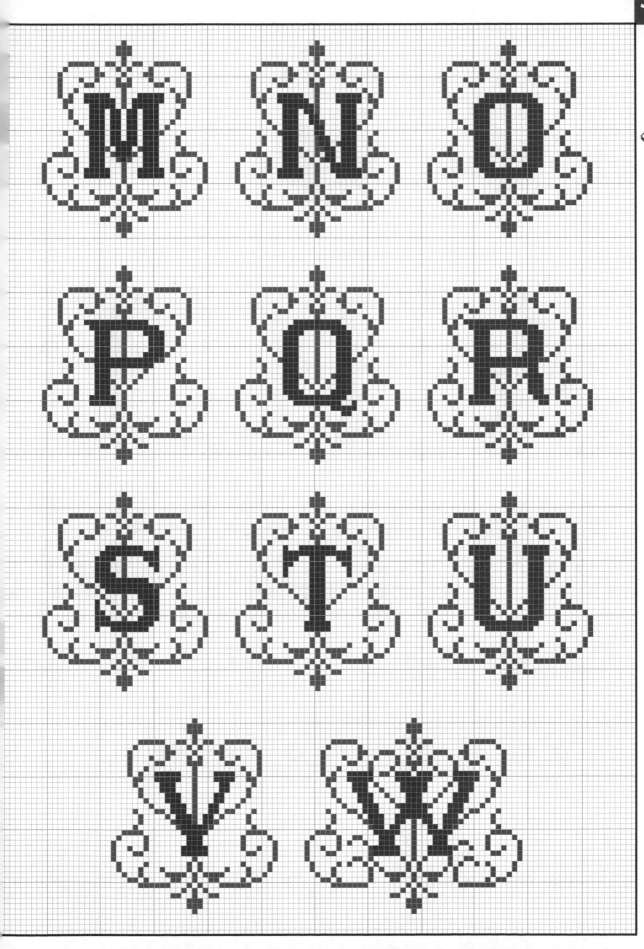

655

655

656

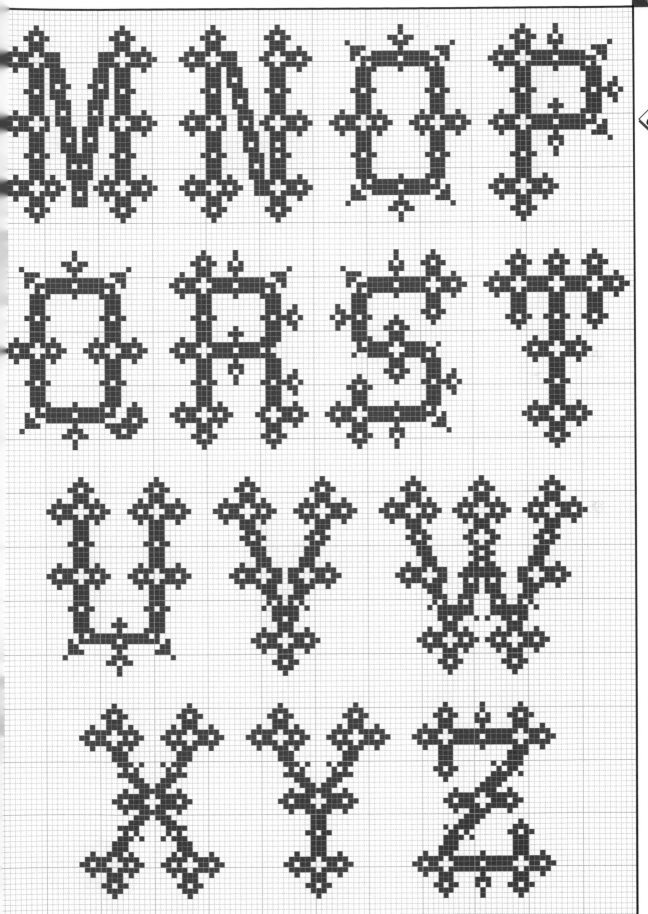

657

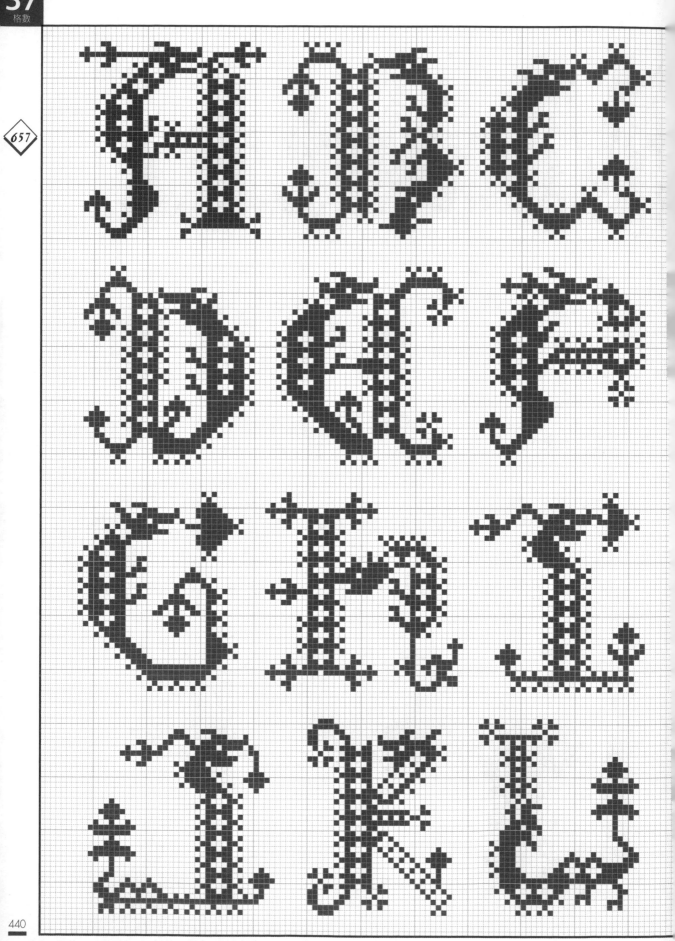

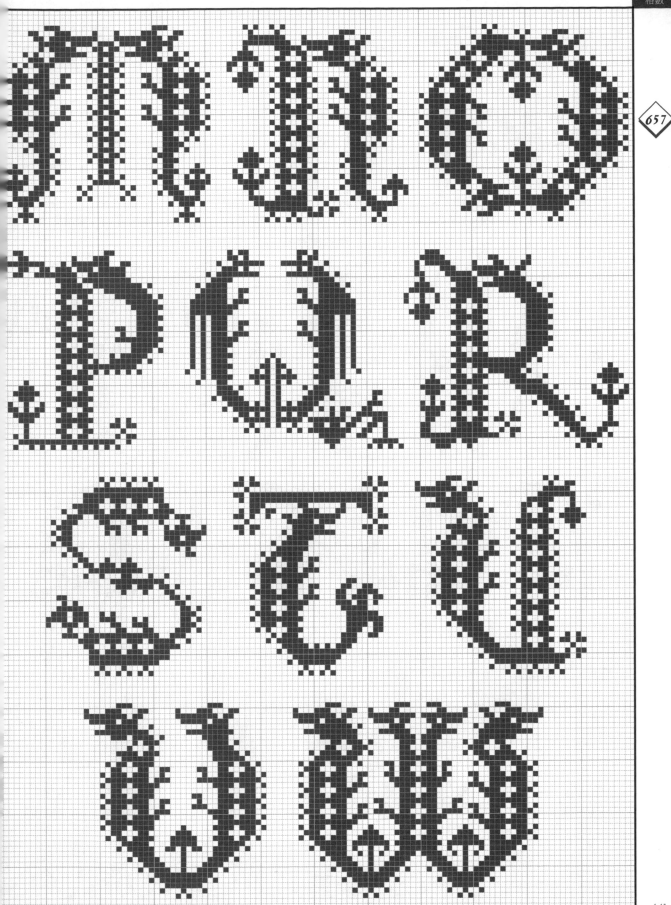

657

657

658

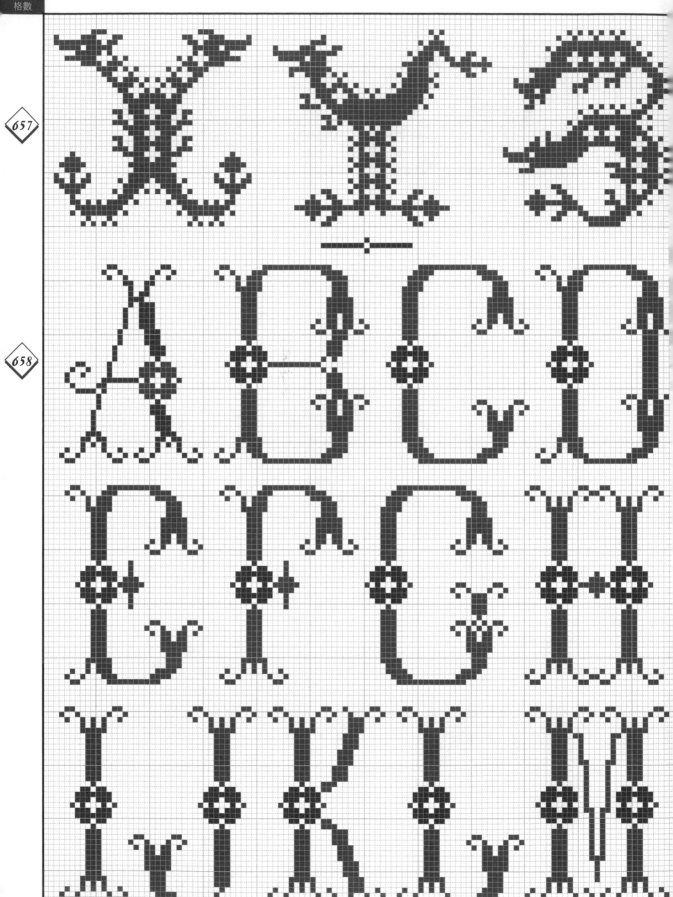

658

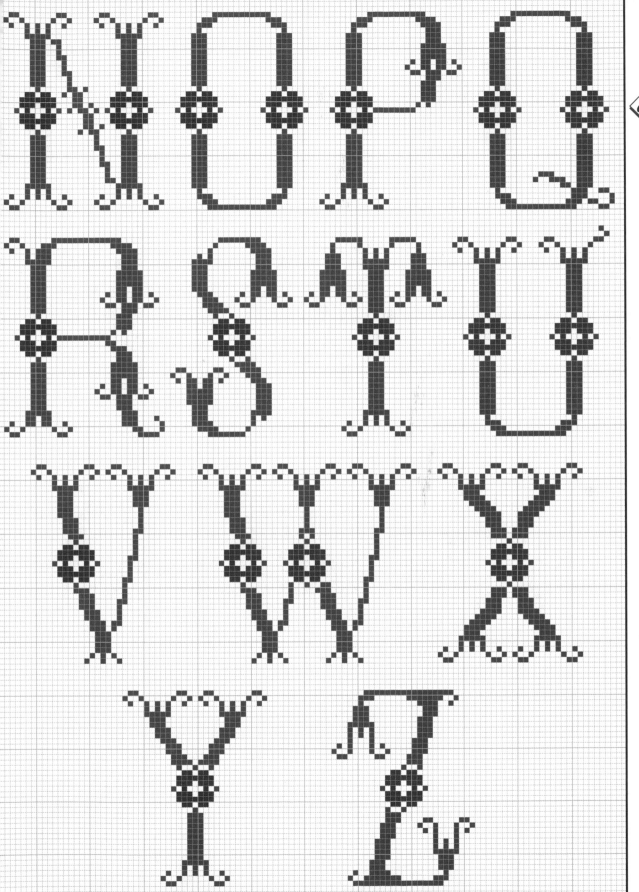

659

659

660

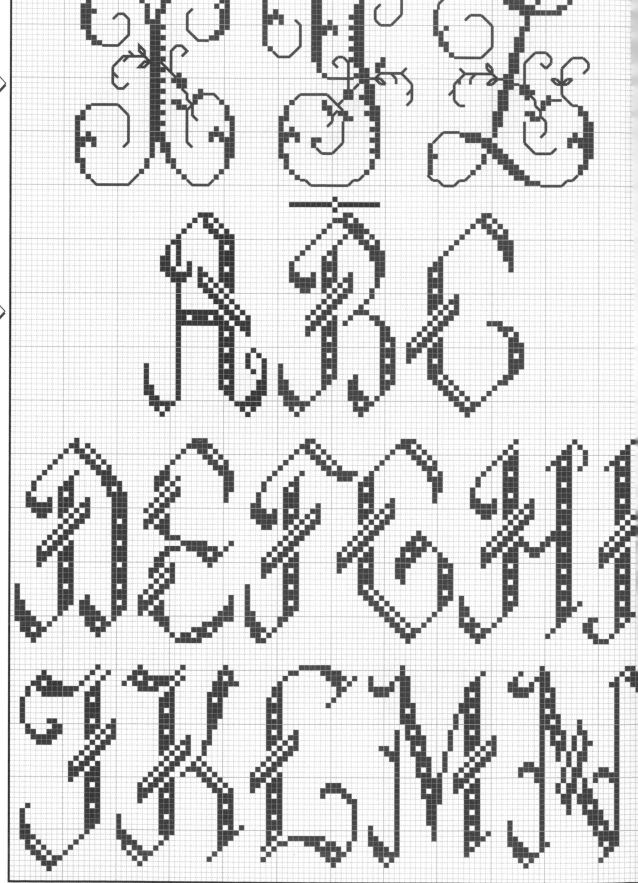

660

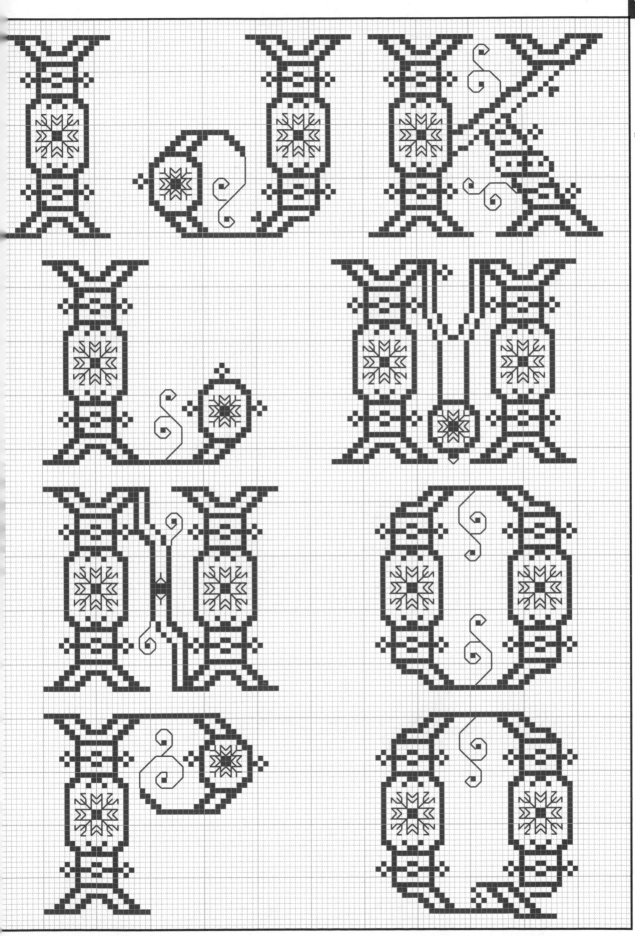

661

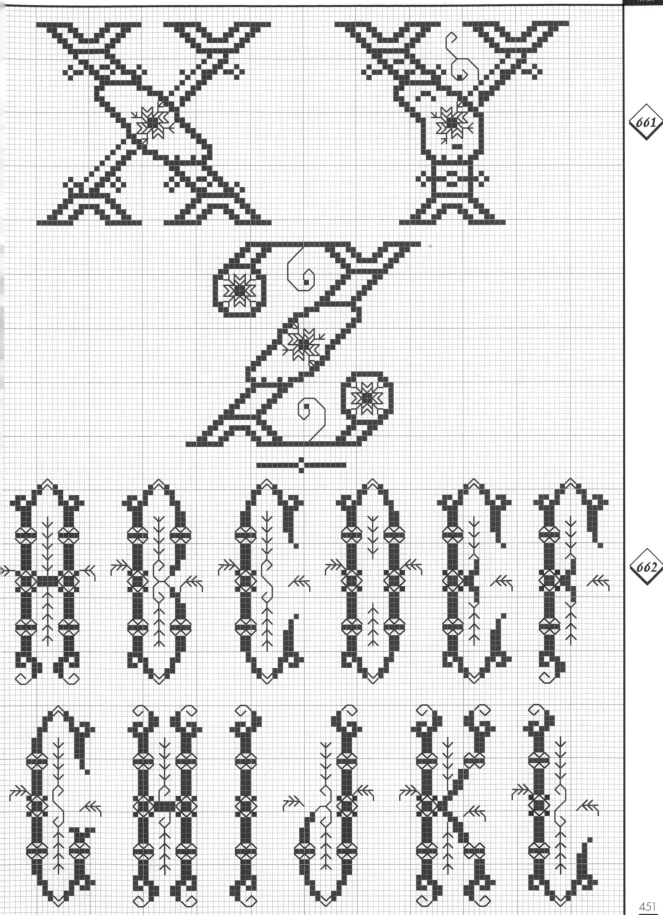

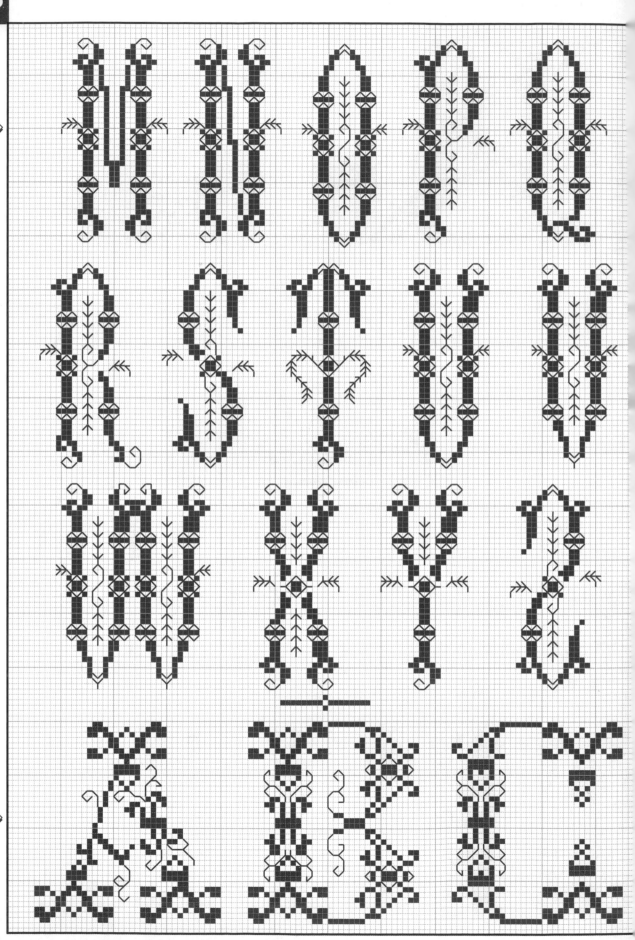

663

663

664

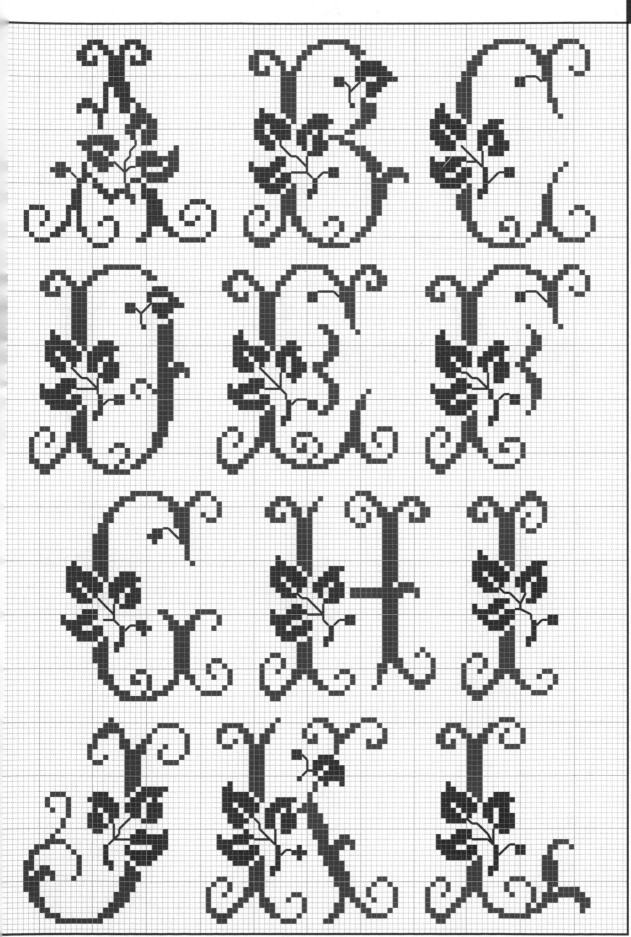

664

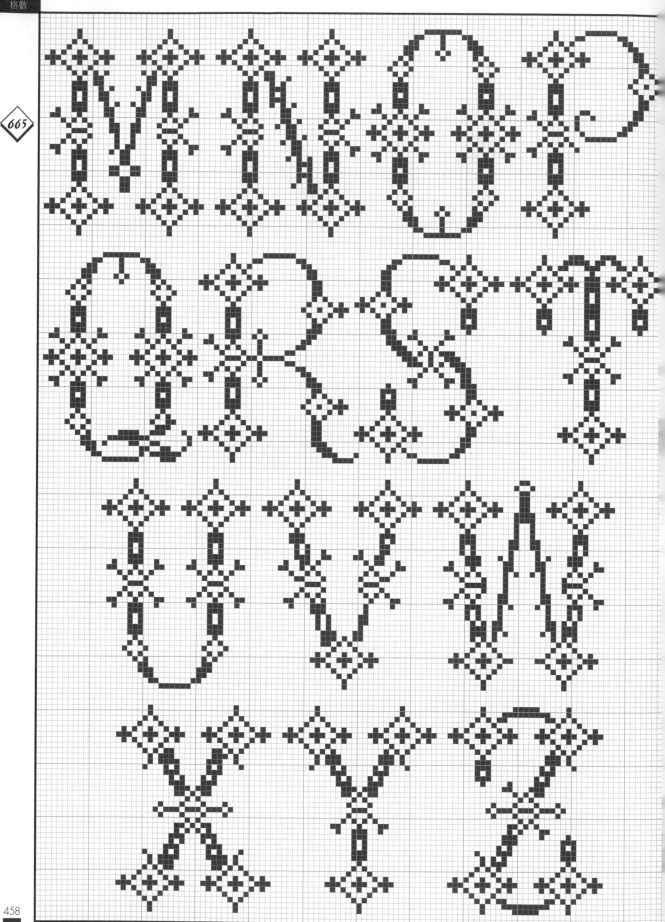

665

666

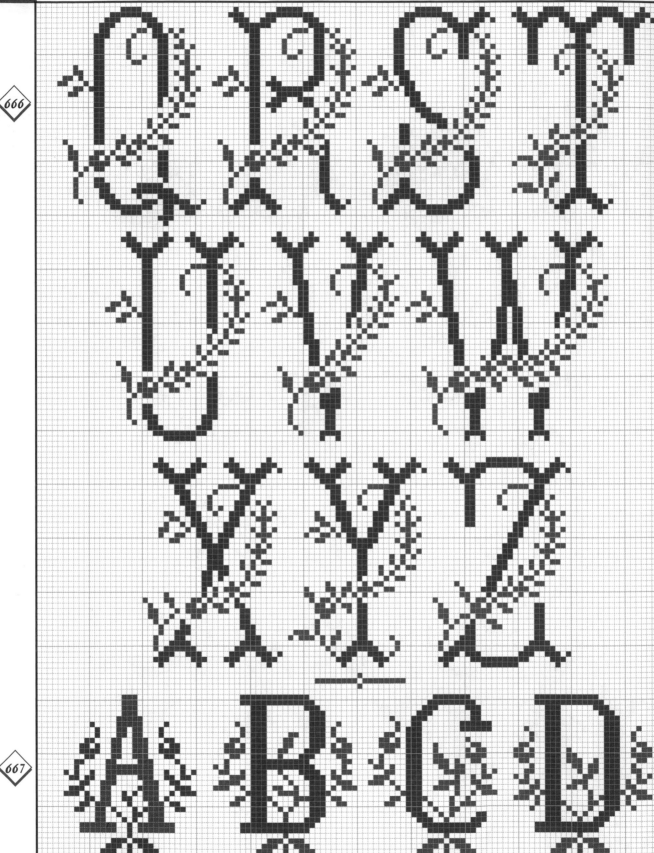

667

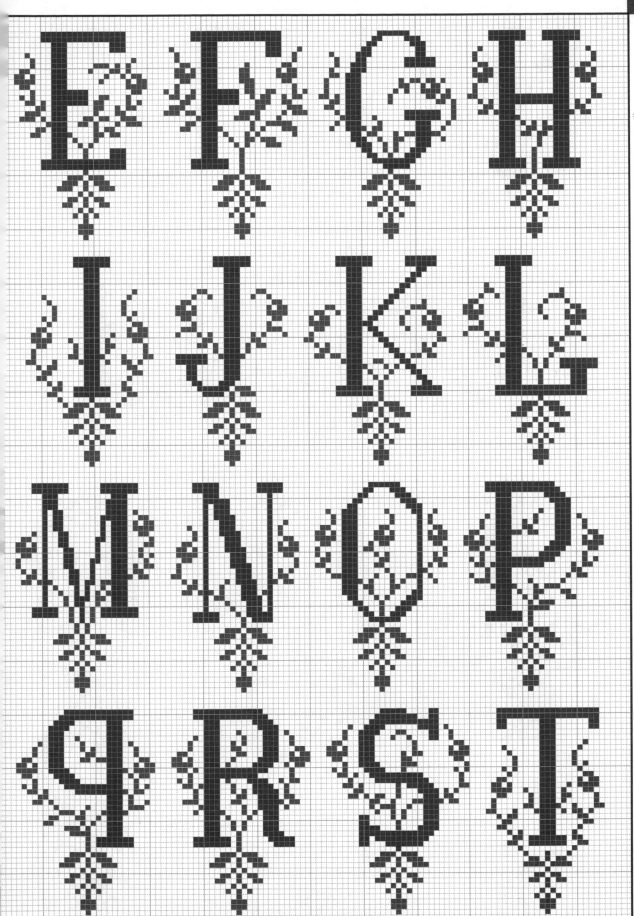

668

668

669

669

670

670

670

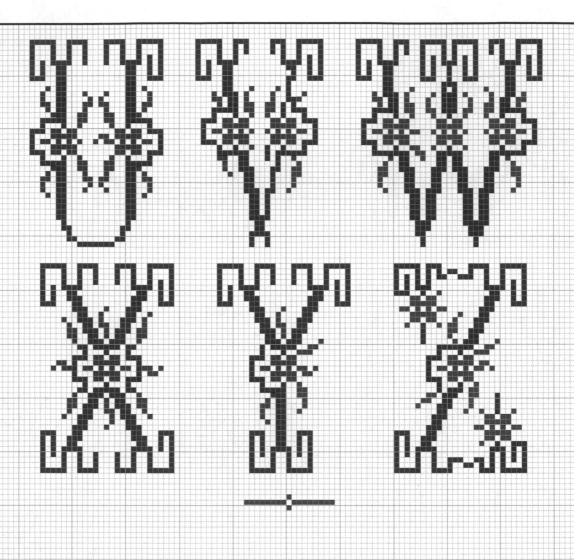

671

672

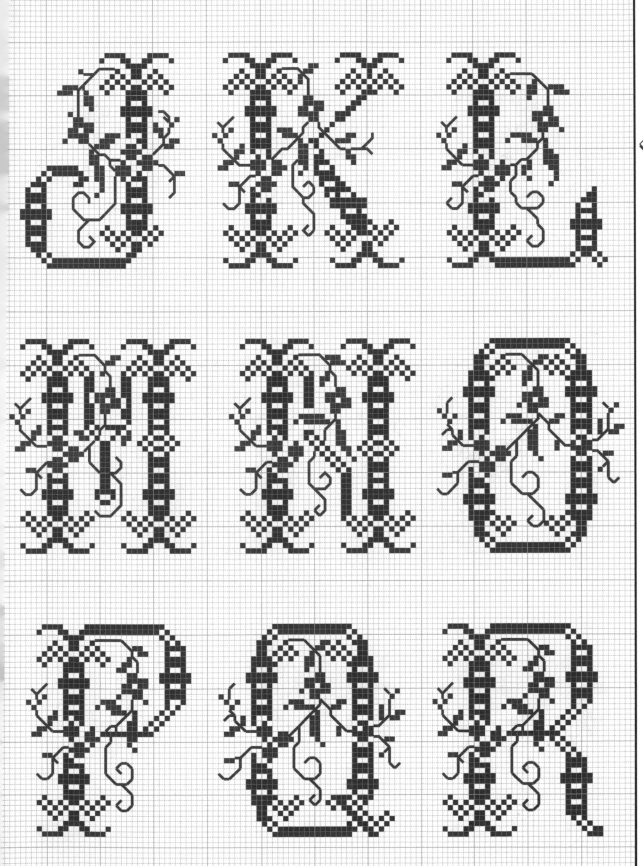

672

672

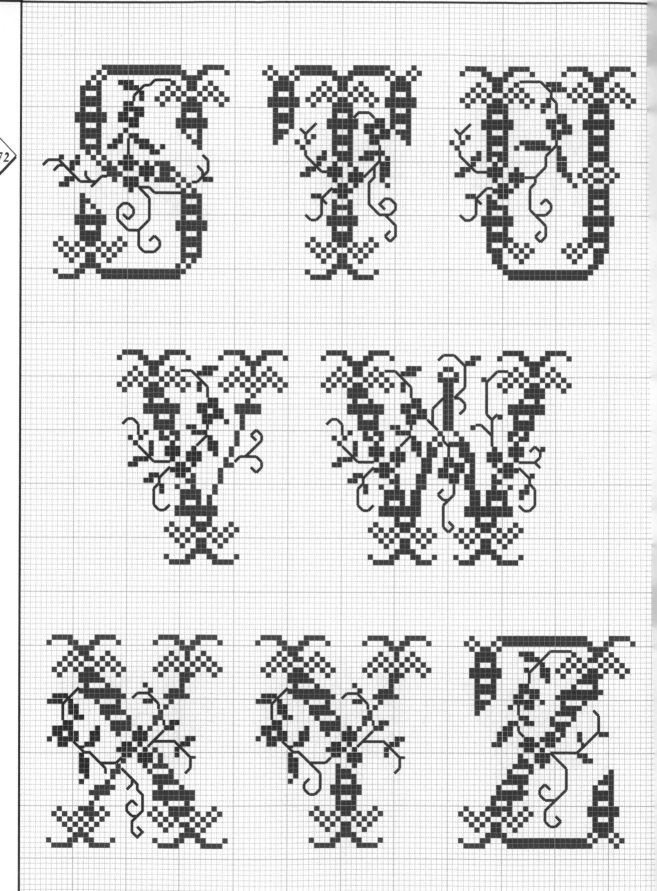

673

673

673

673

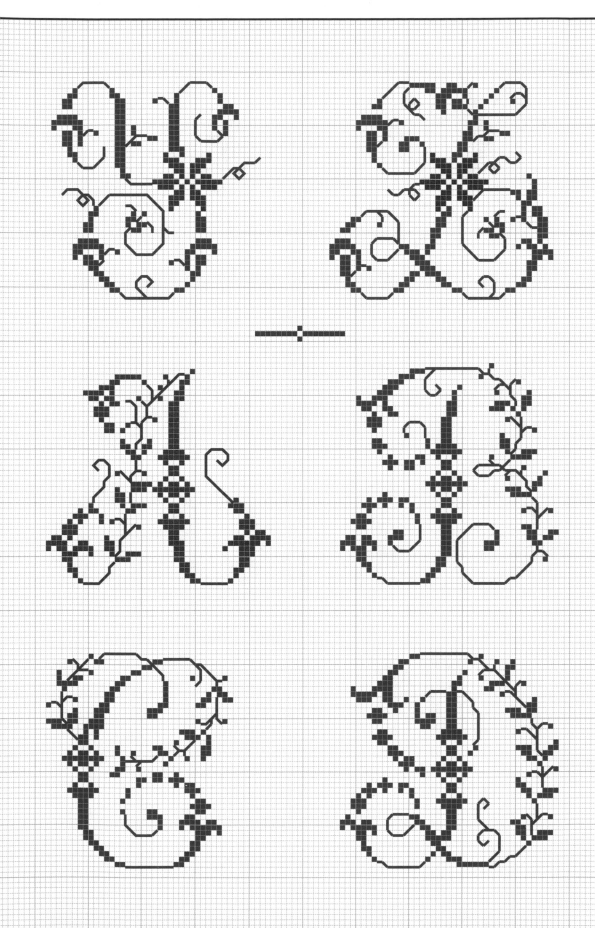

674

674

674

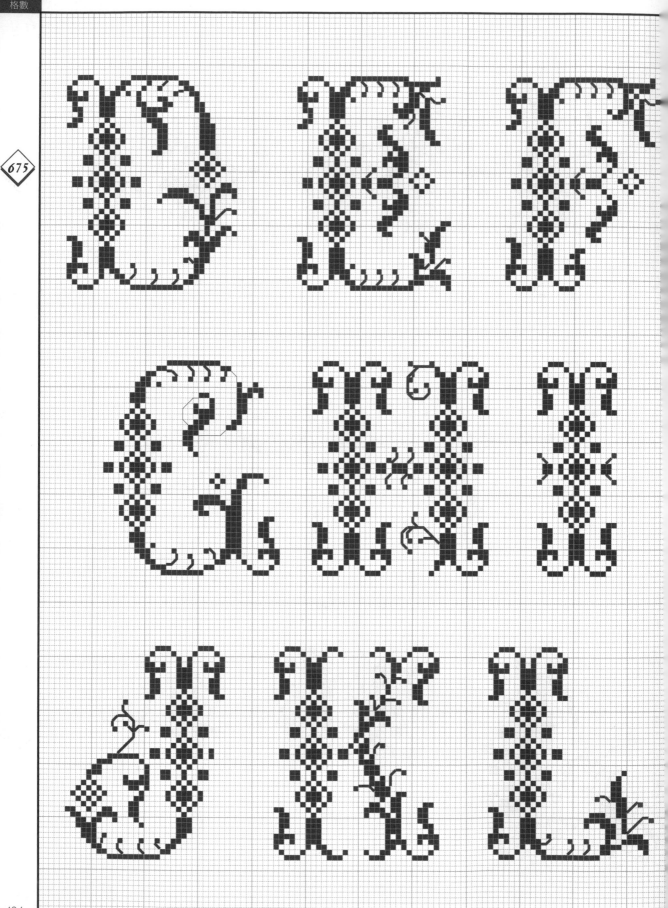

675

676

676

677

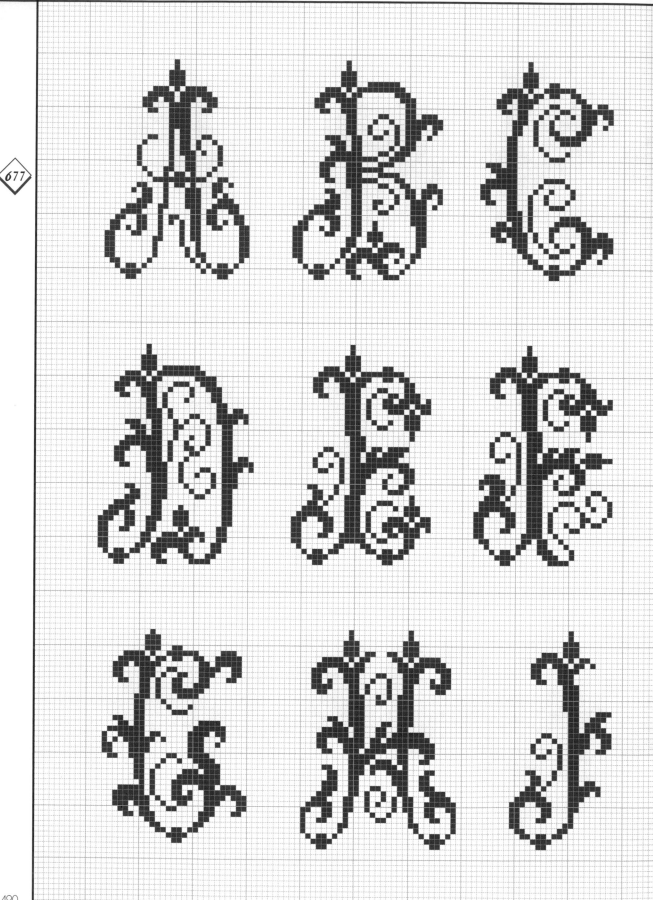

677

678

678

678

679

679

679

679

680

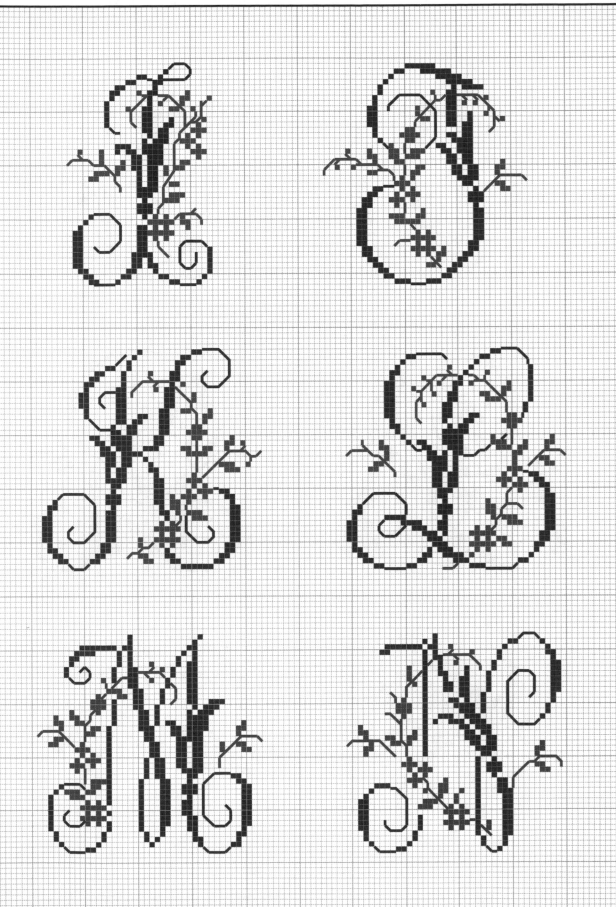

680

680

681

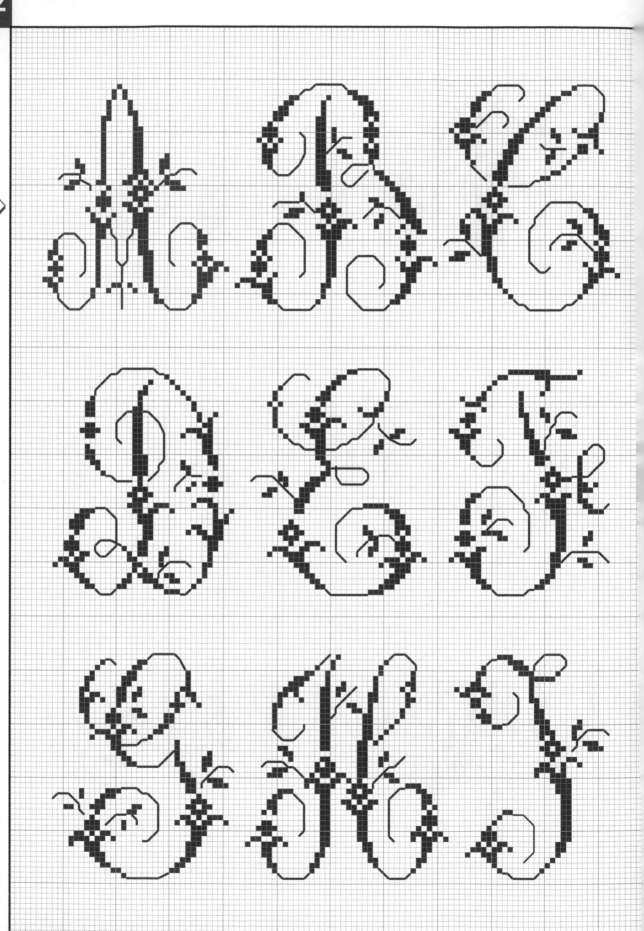

681

681

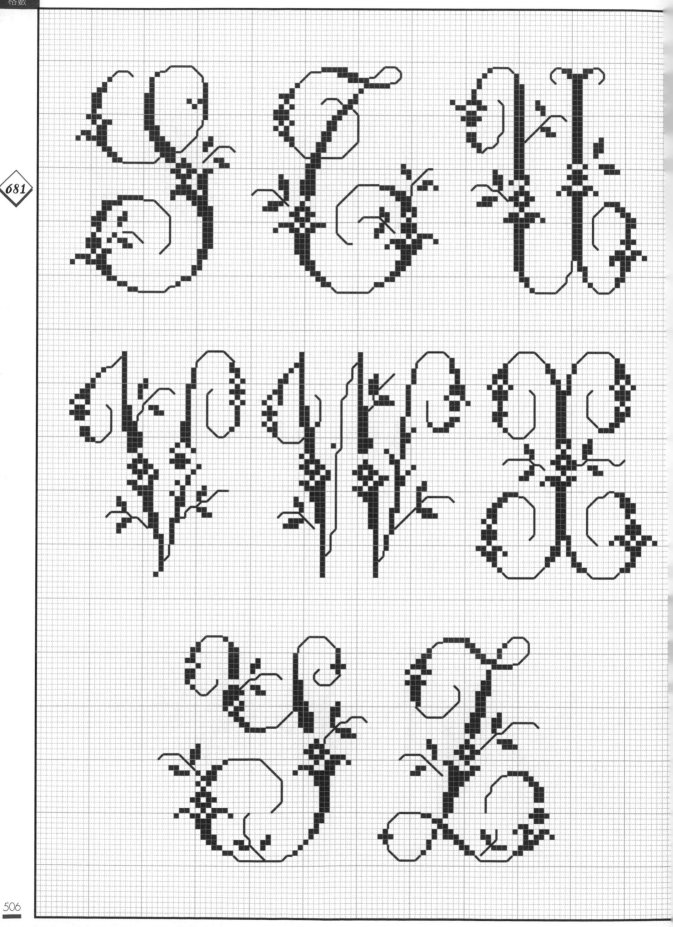

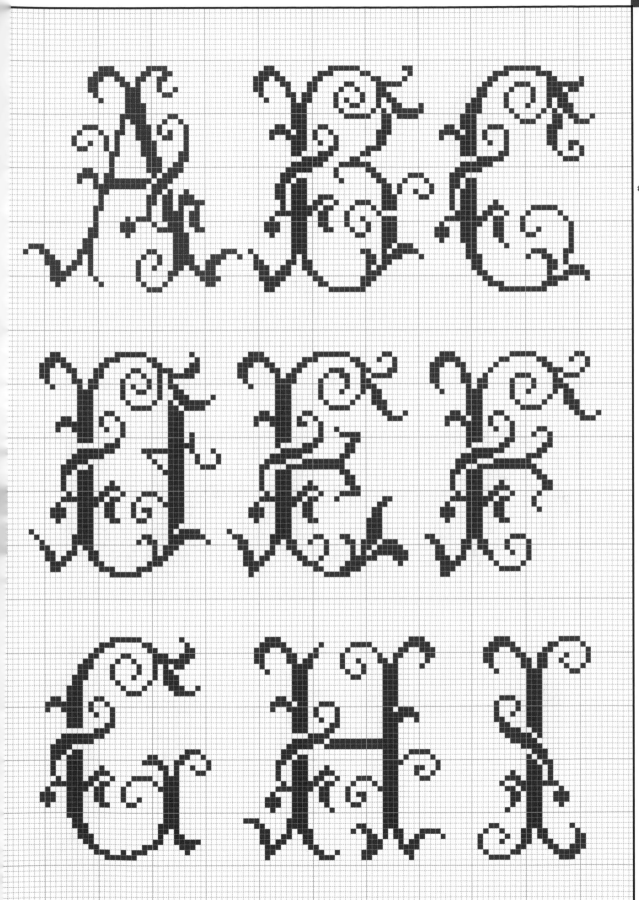

682

682

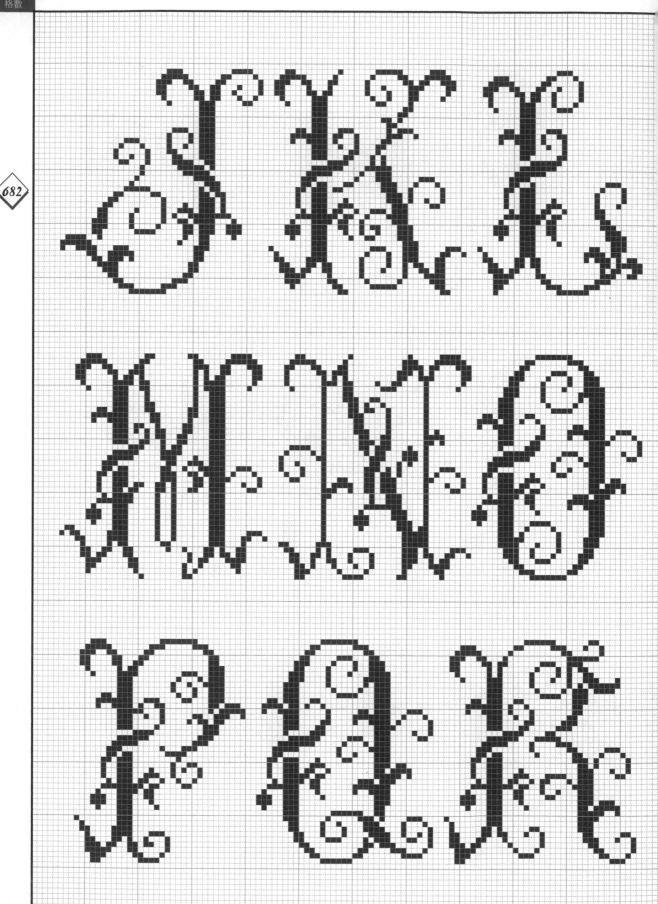

682

683

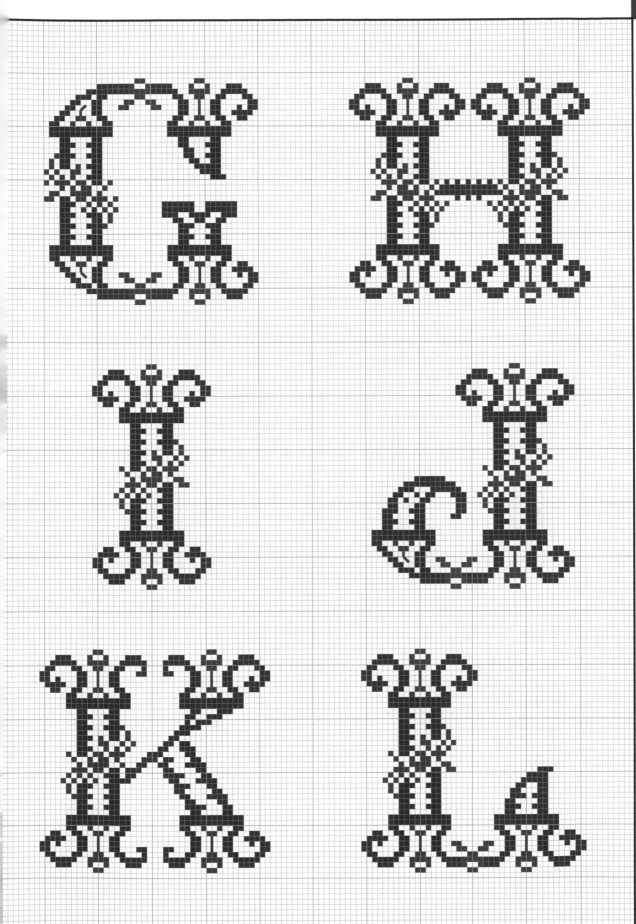

683

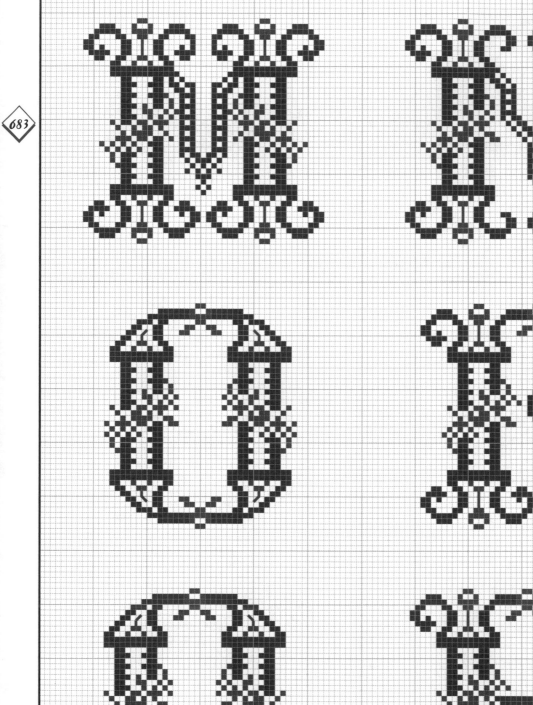
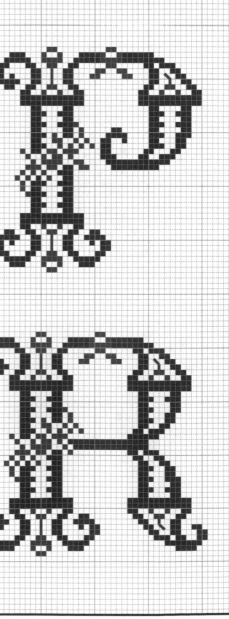

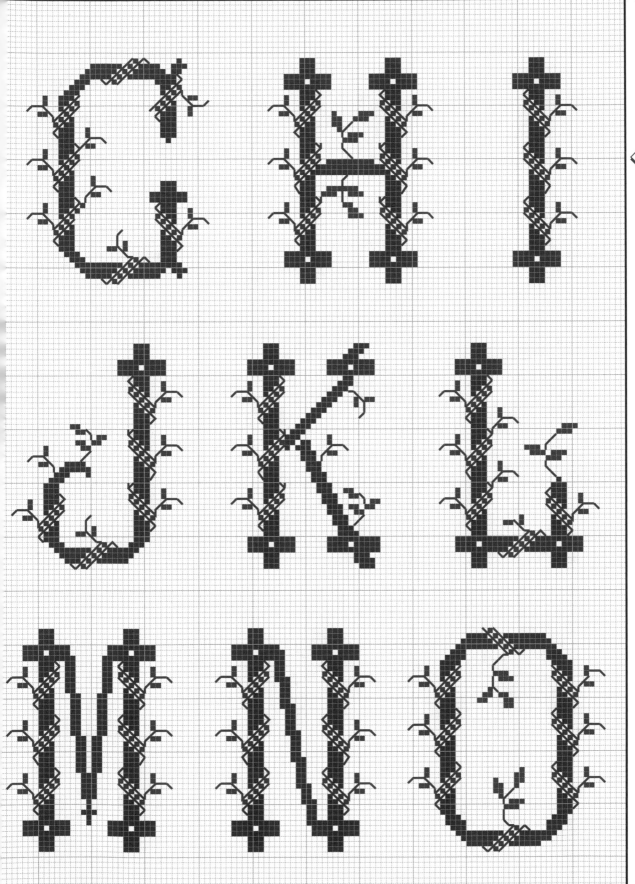

684

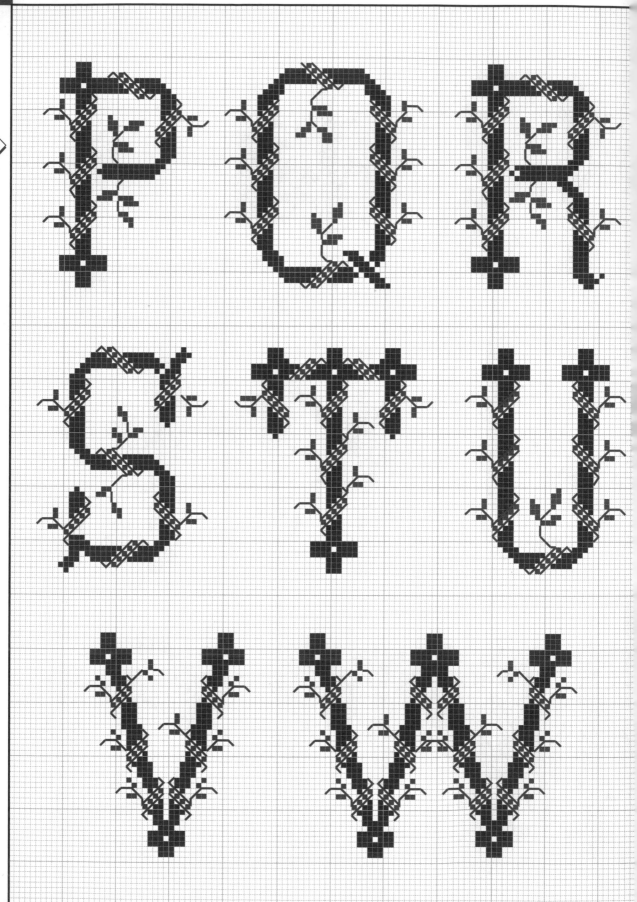

686

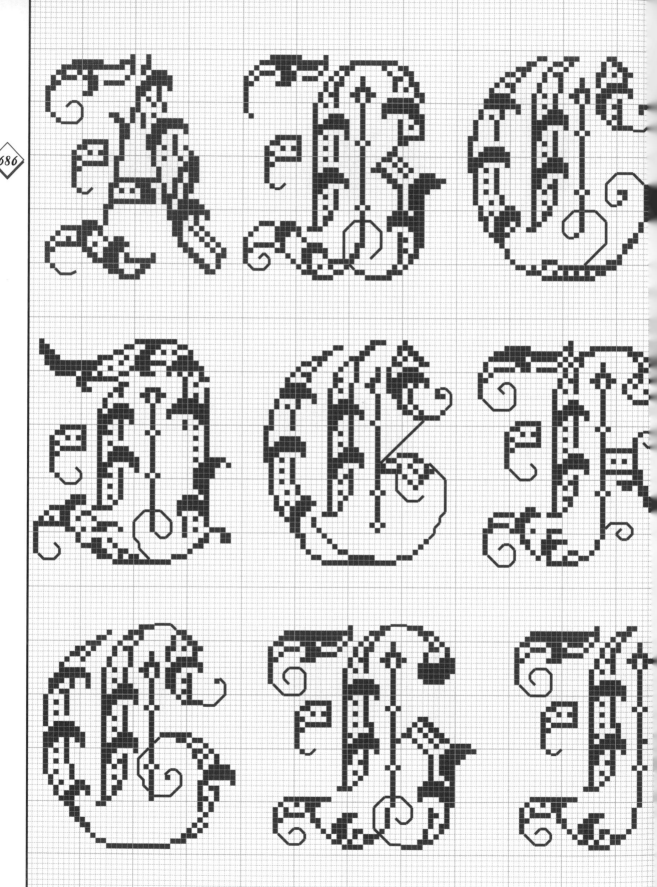

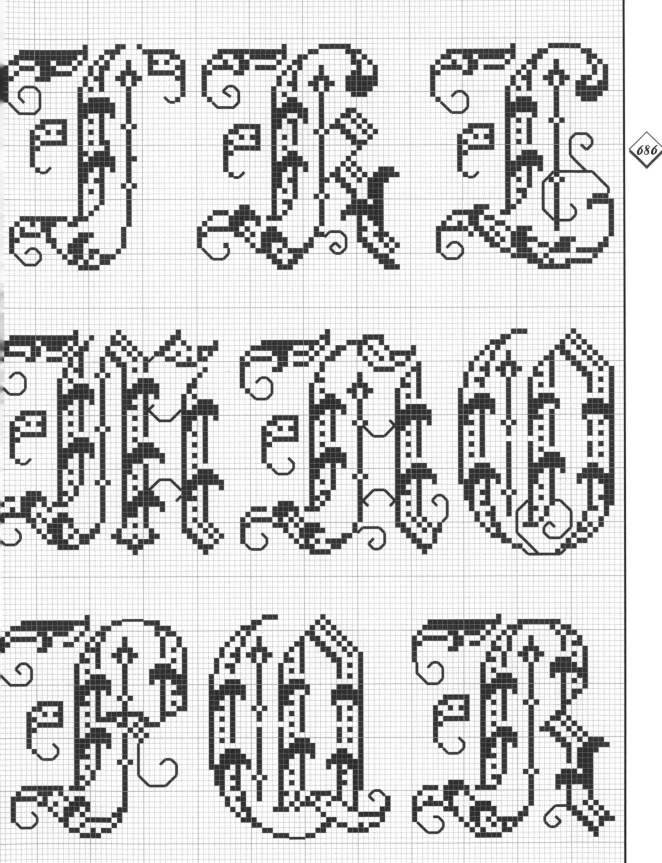

686

686

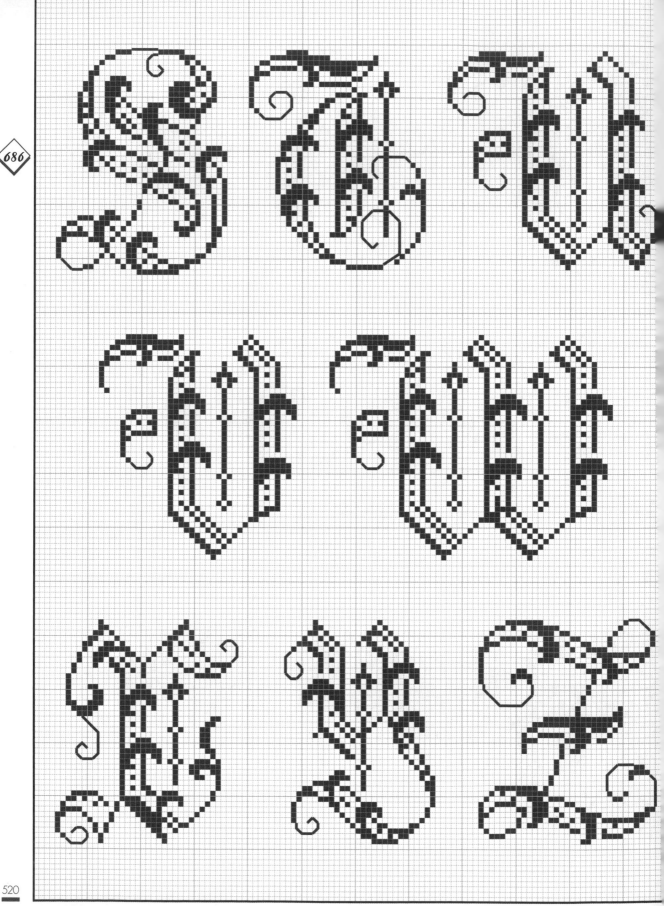

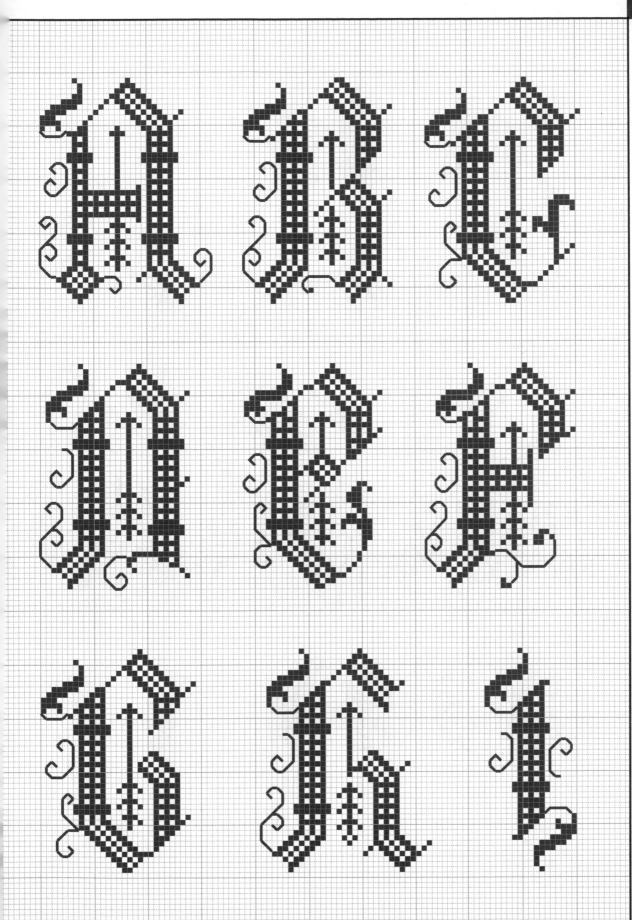

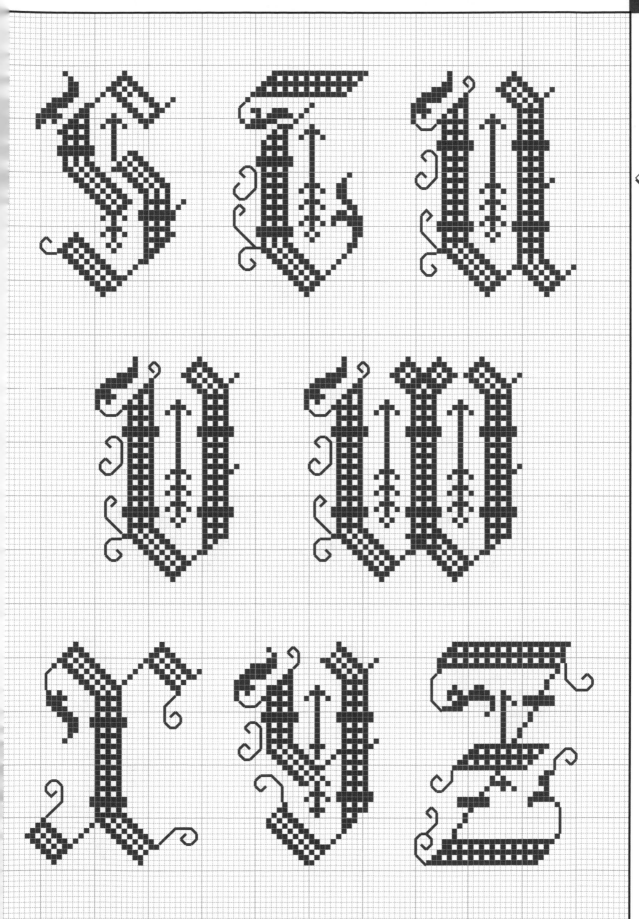

688

688

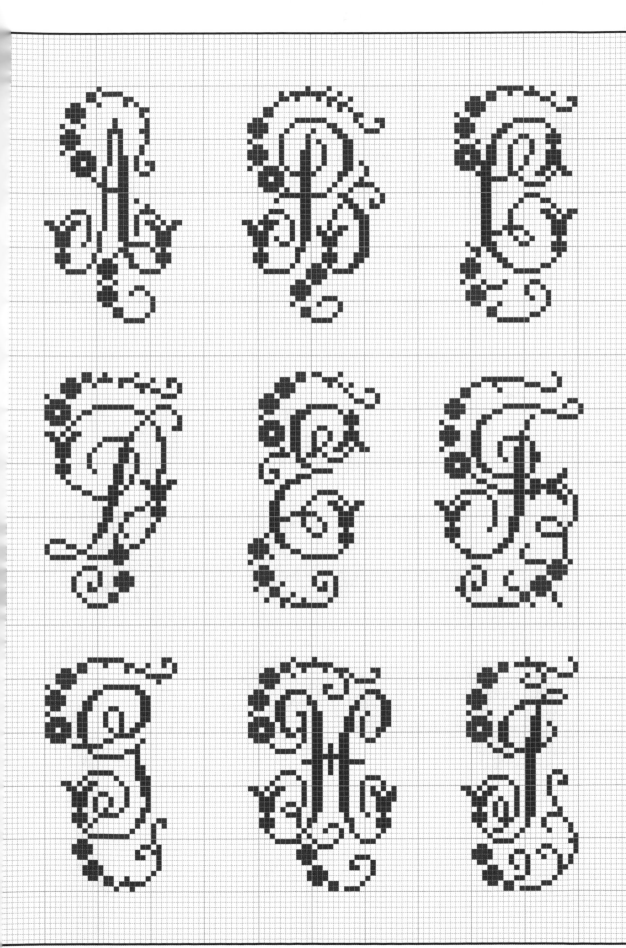

689

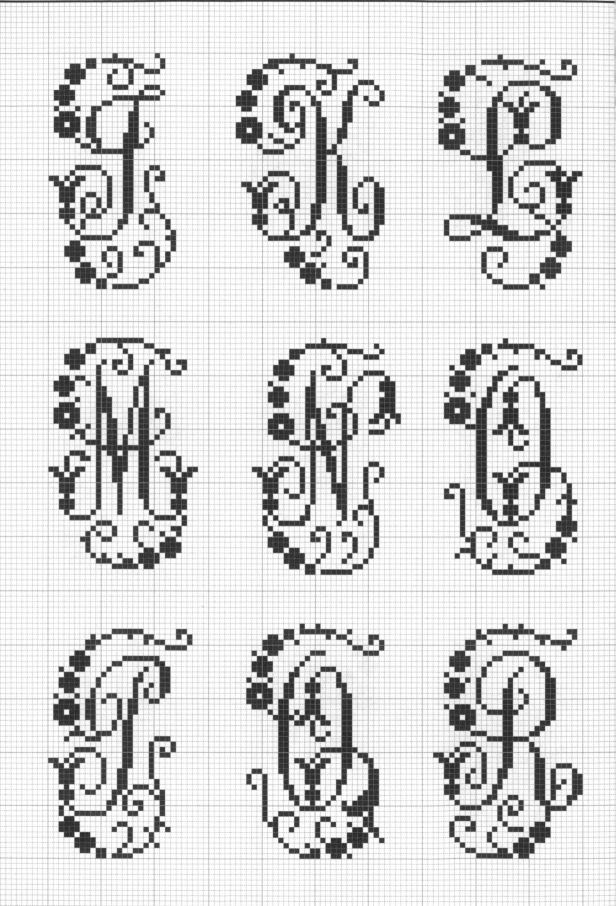

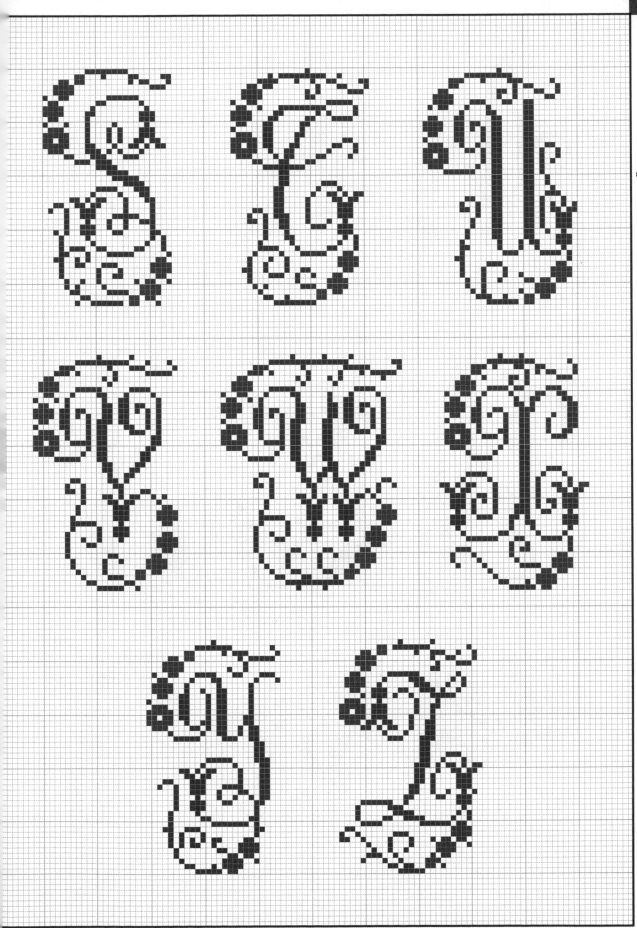

690

690

690

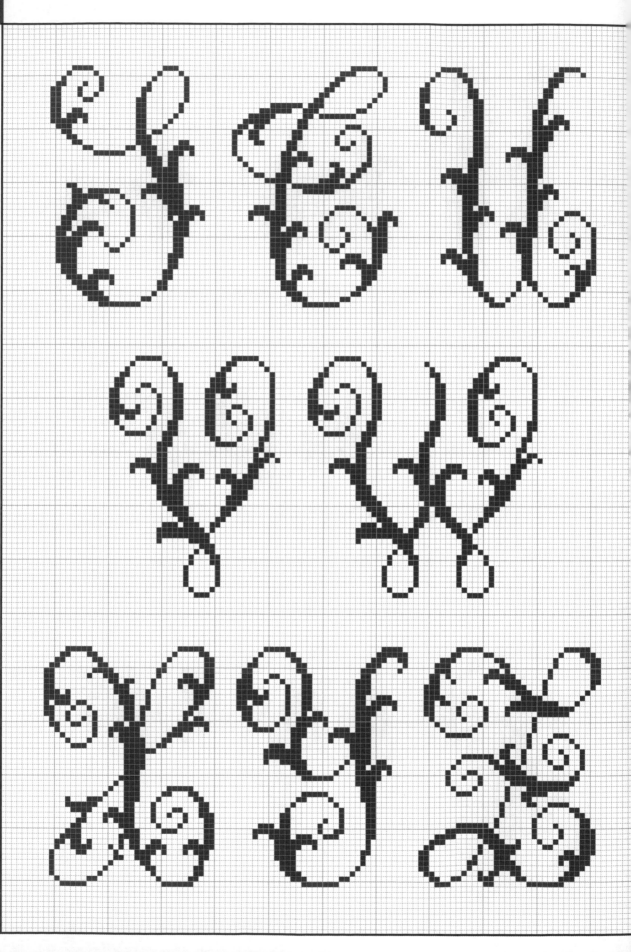

691

691

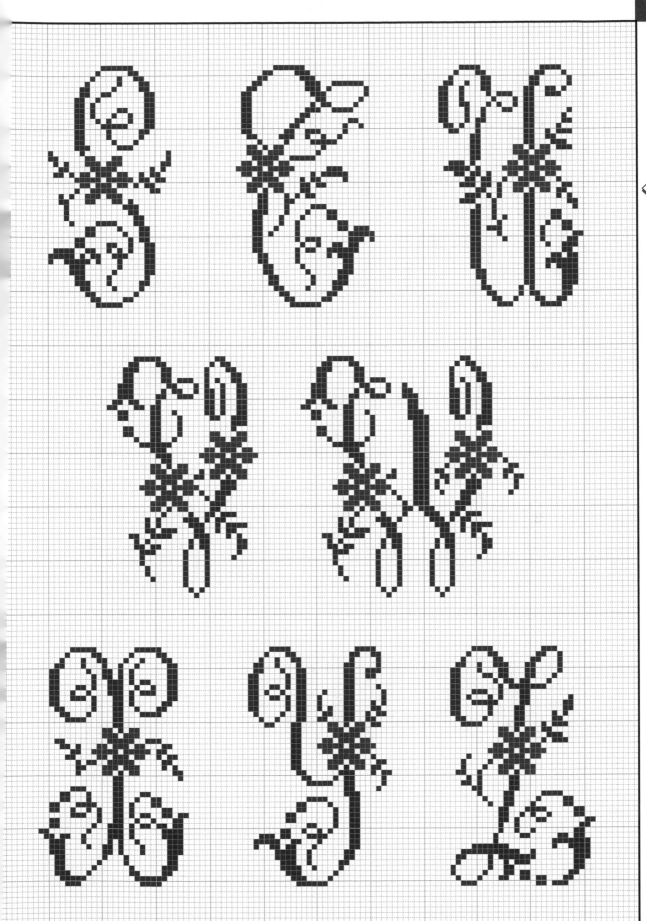

691

692

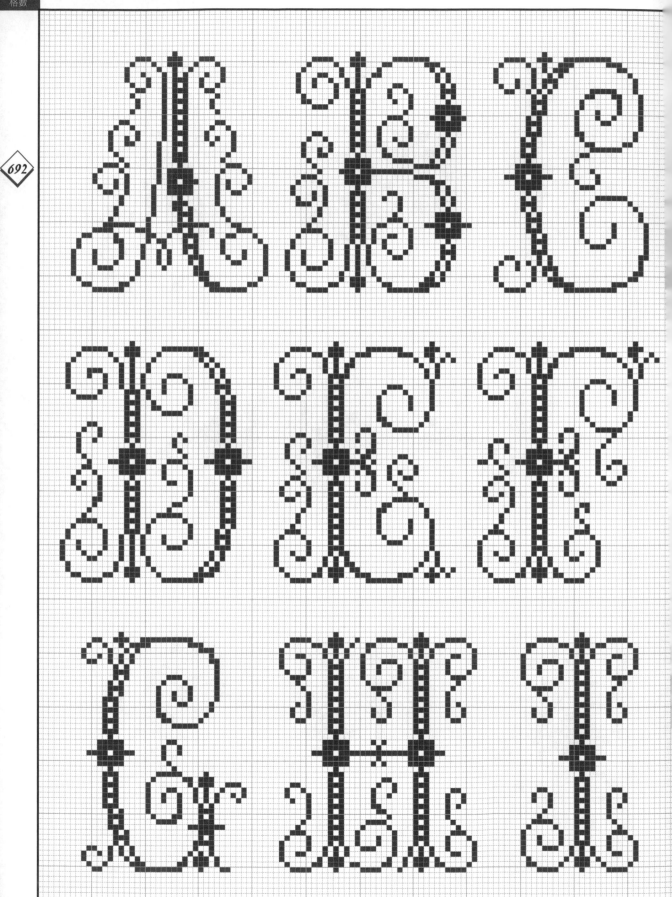

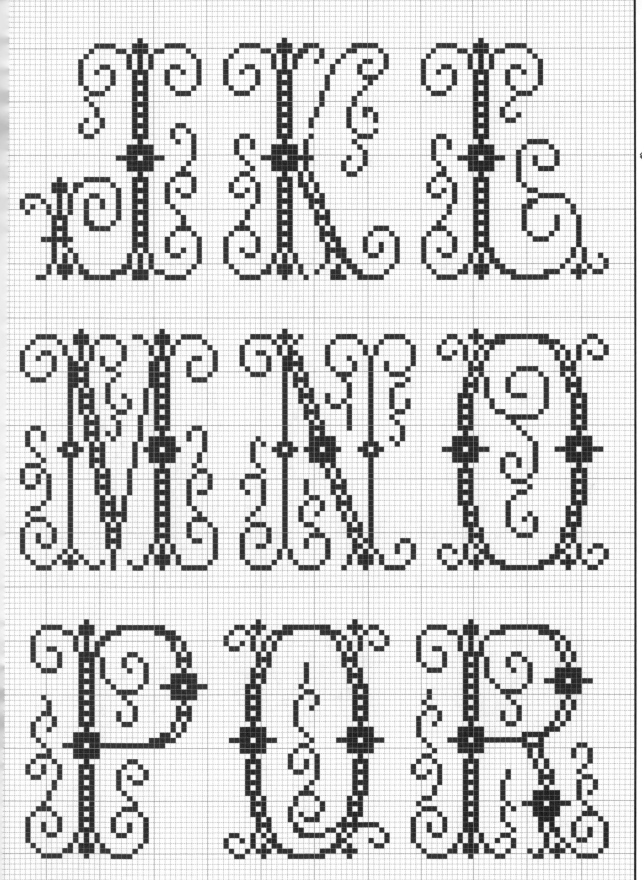

692

692

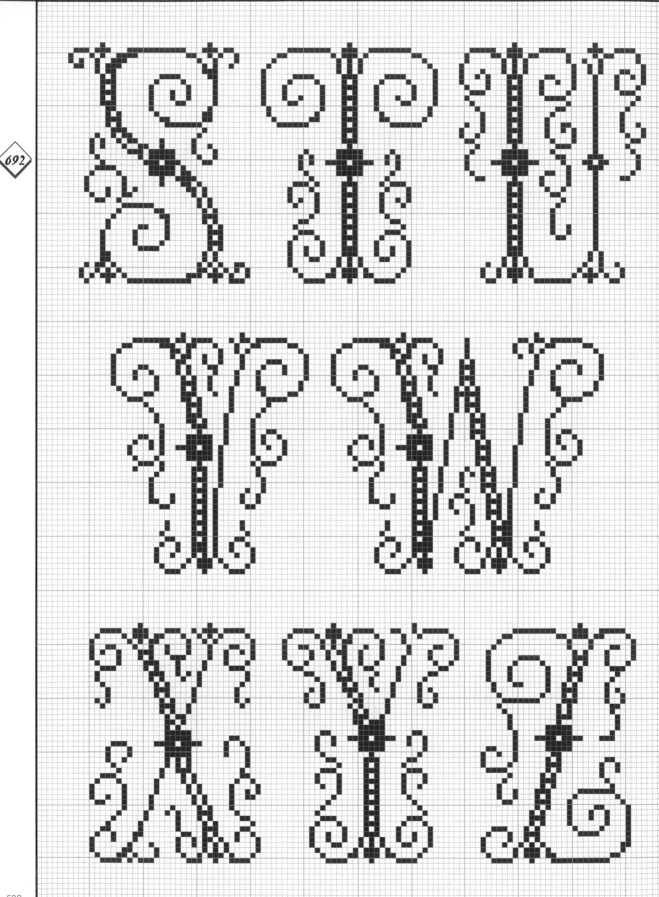

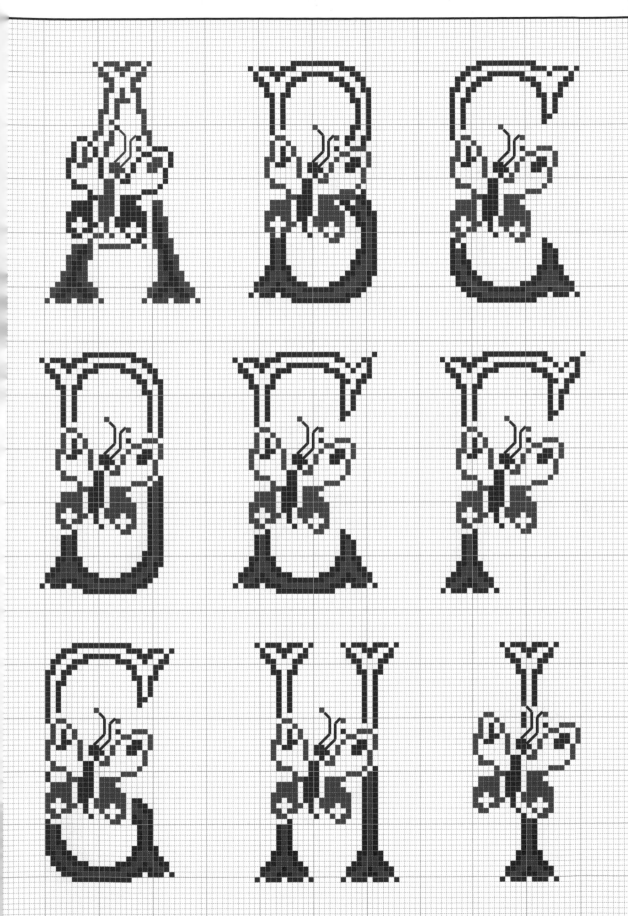

693

693

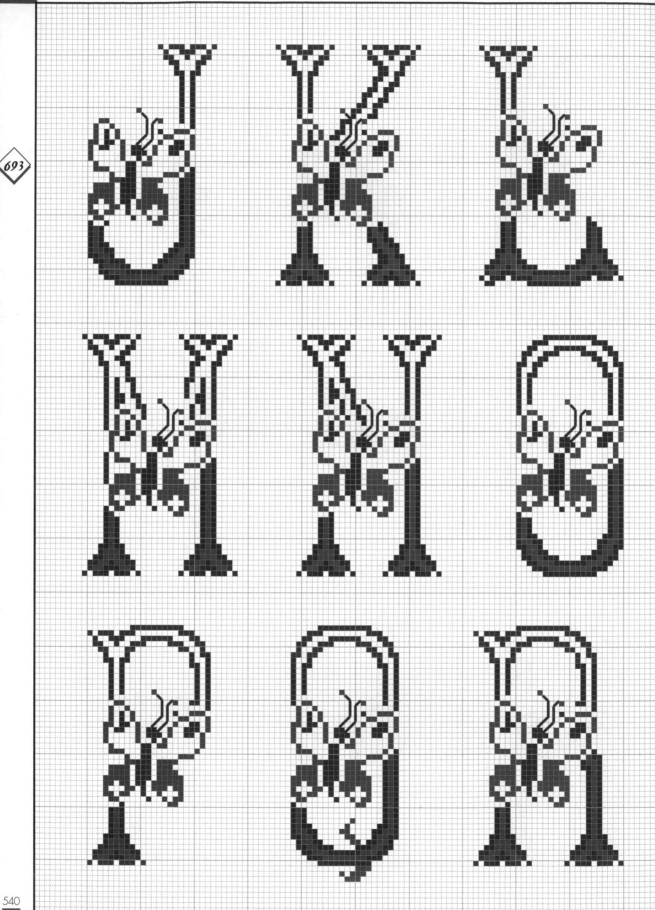

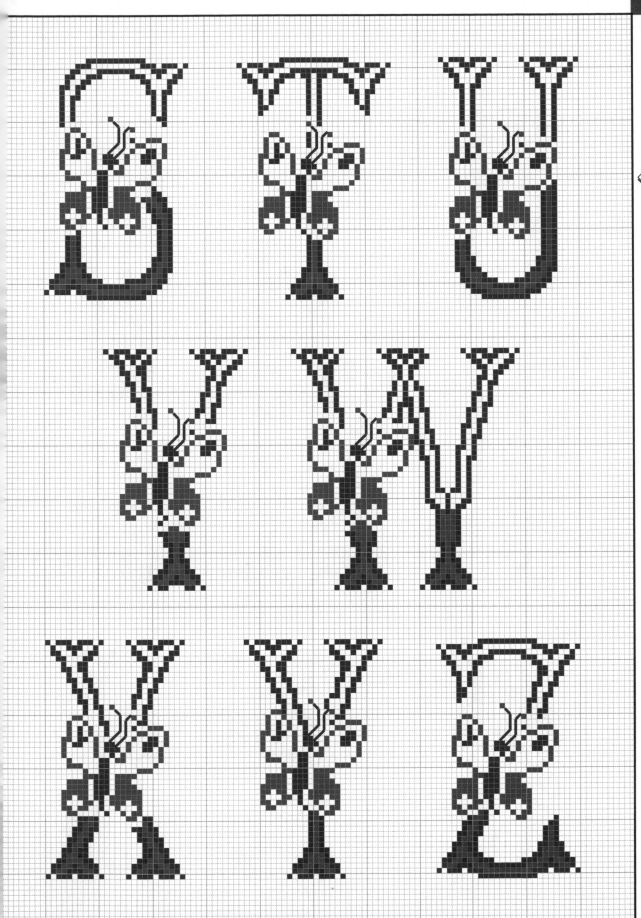

694

694

694

695

695

695

696

696

696

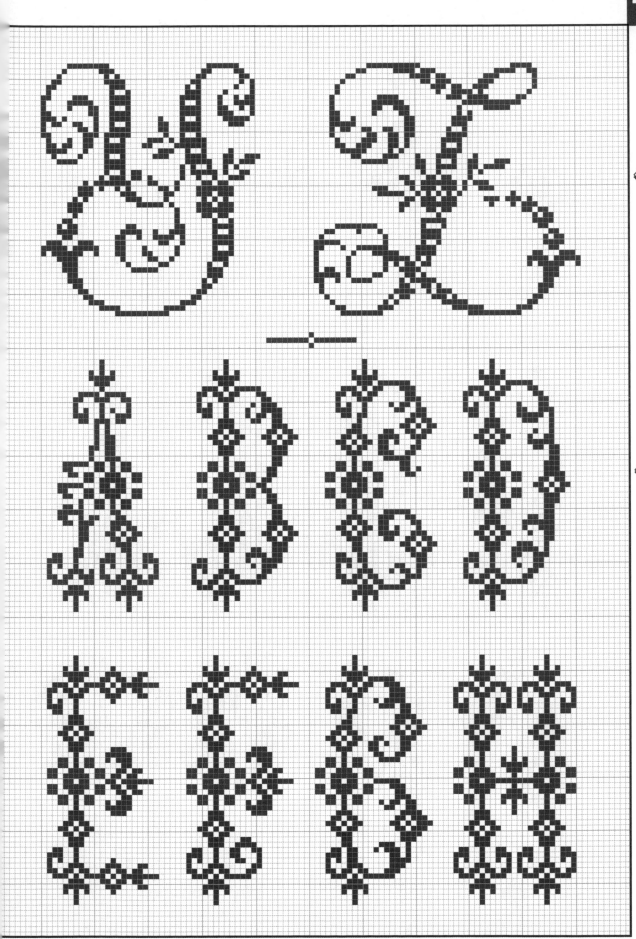

697

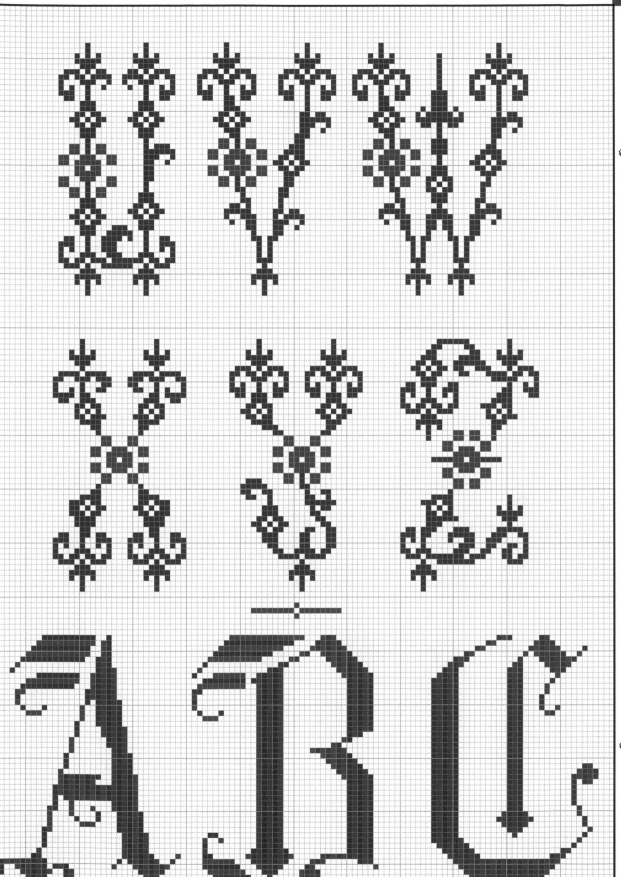

698

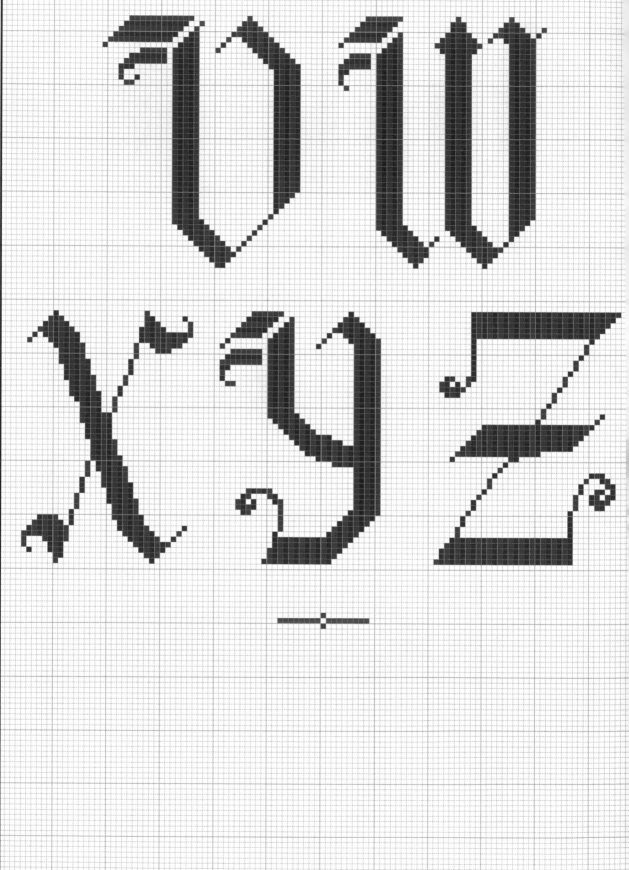

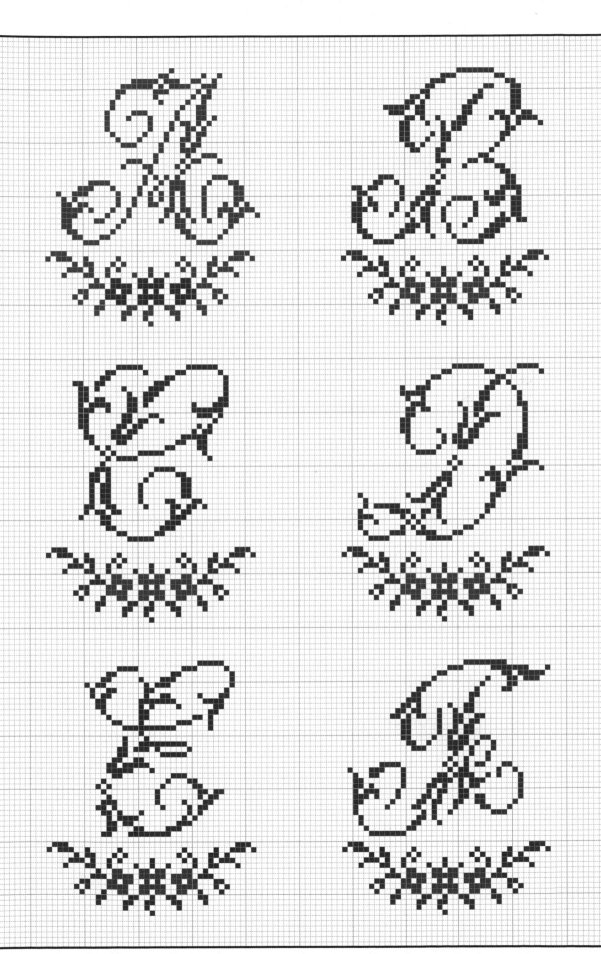

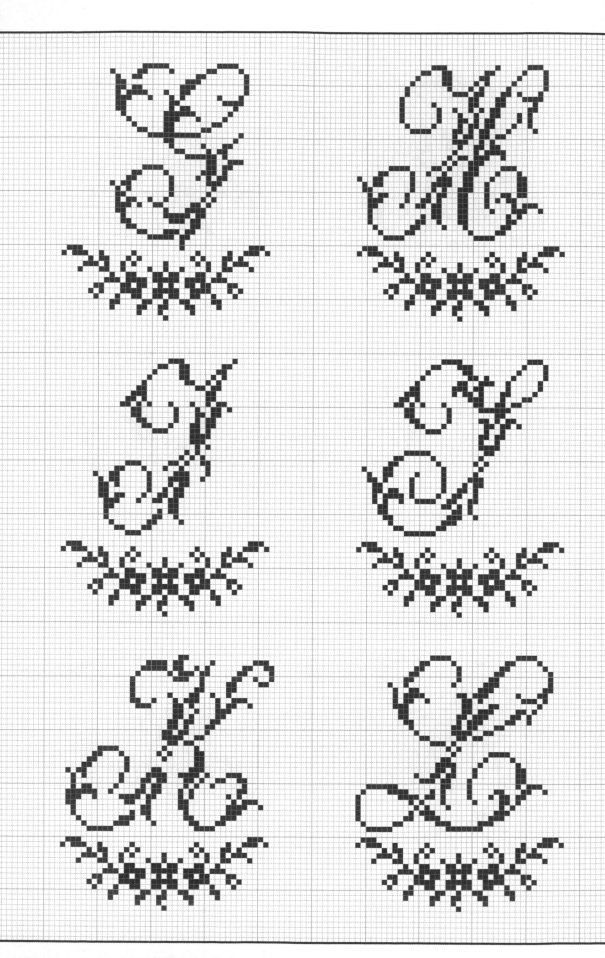

699

699

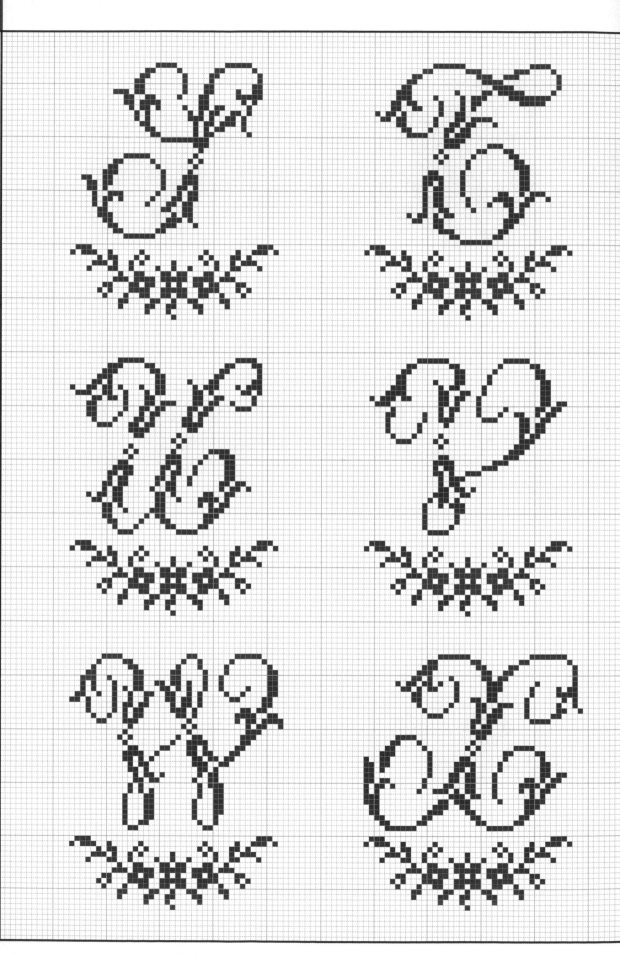

699

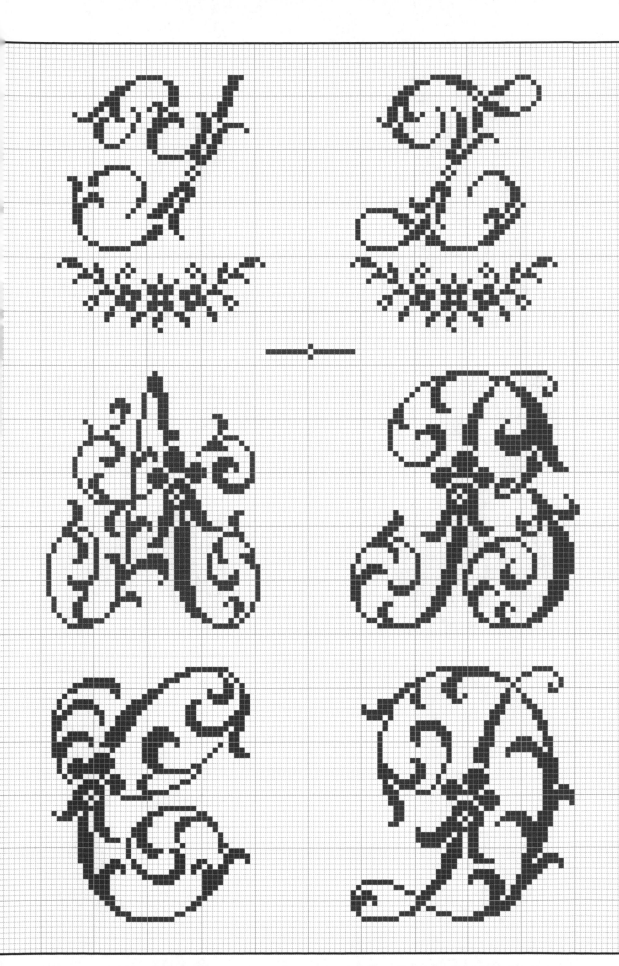

699

700

700

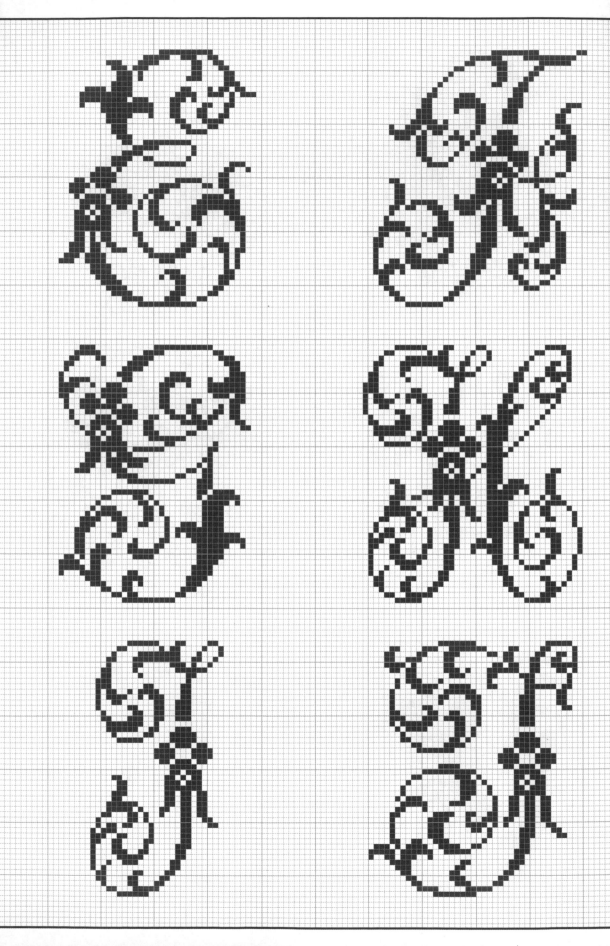

700

700

700

701

格數

701

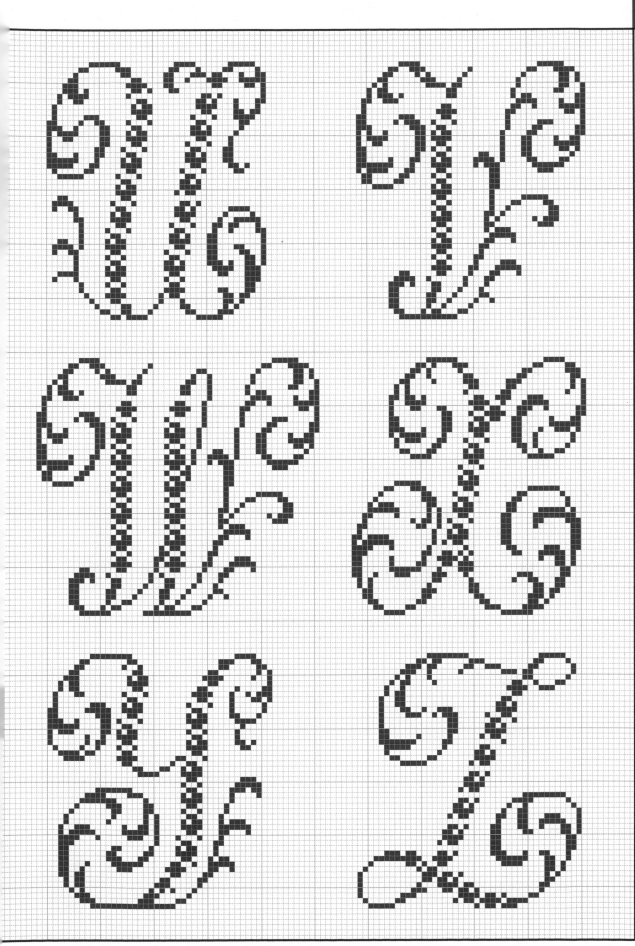

701

702

702

702

702

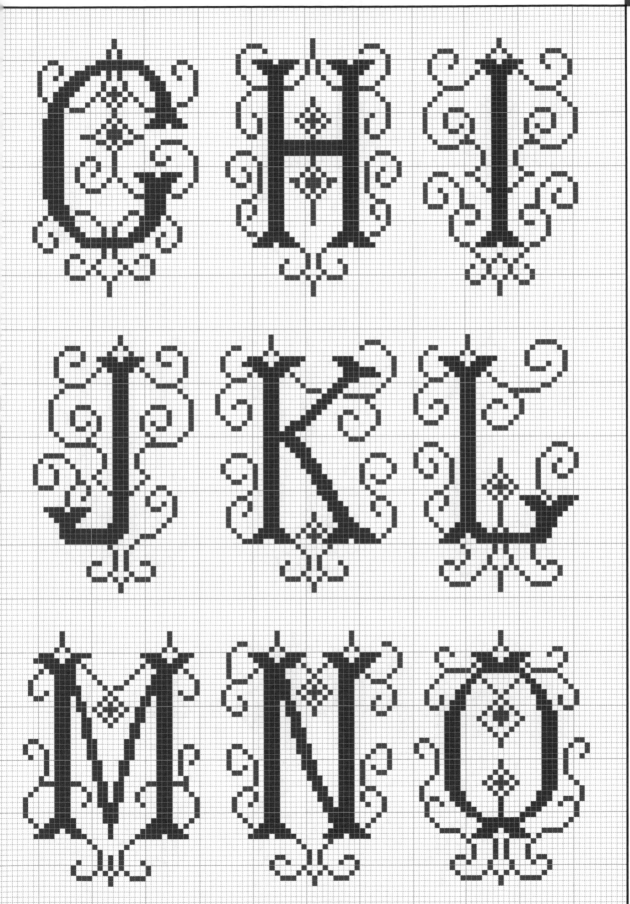

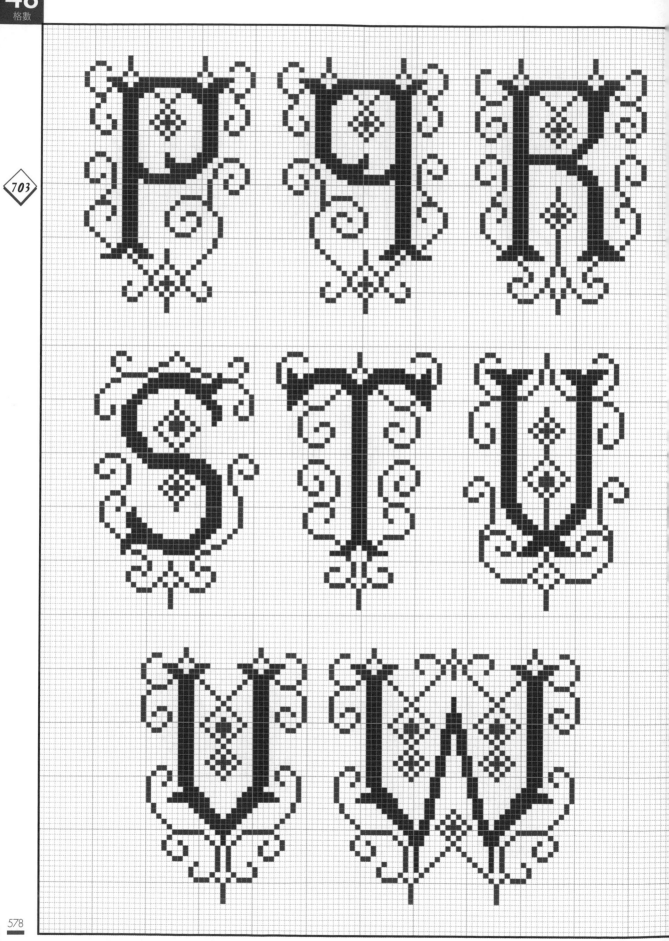

703

703

704

705

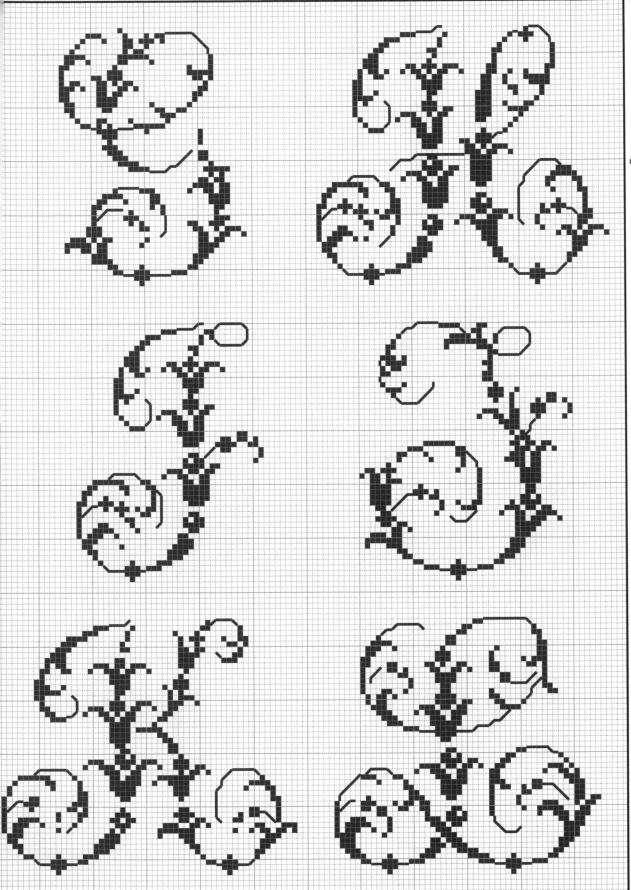

〈705〉

705

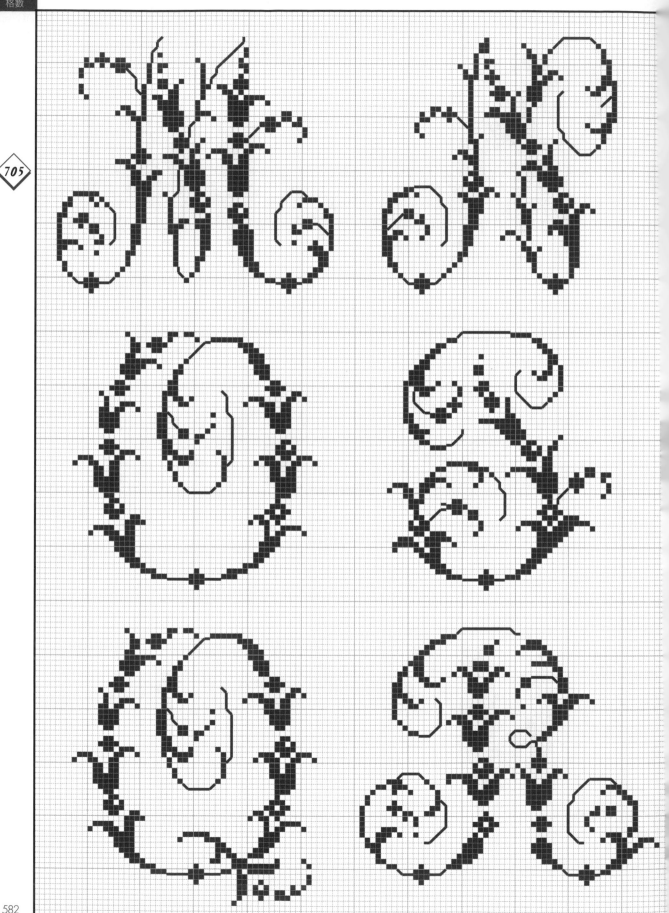

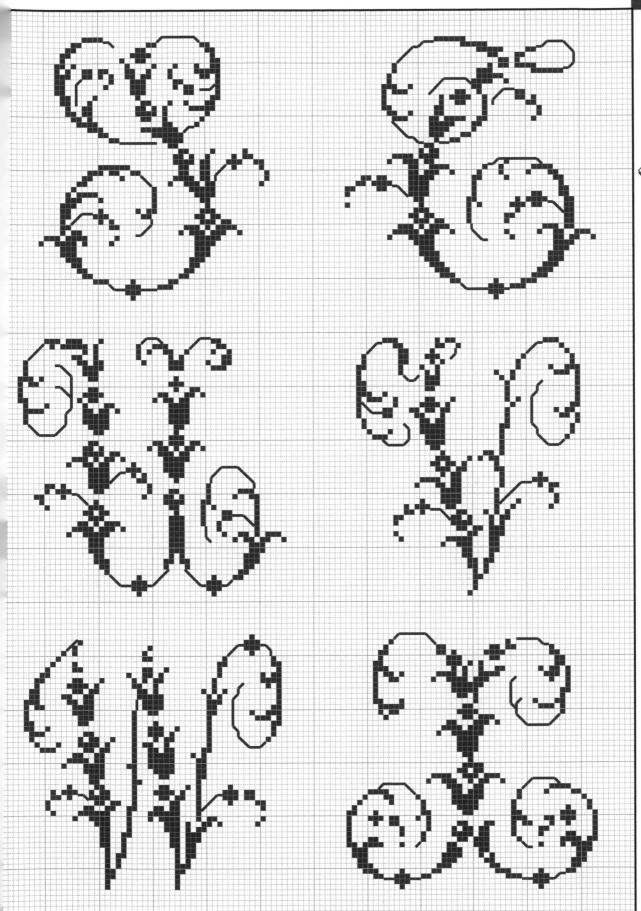

705

706

706

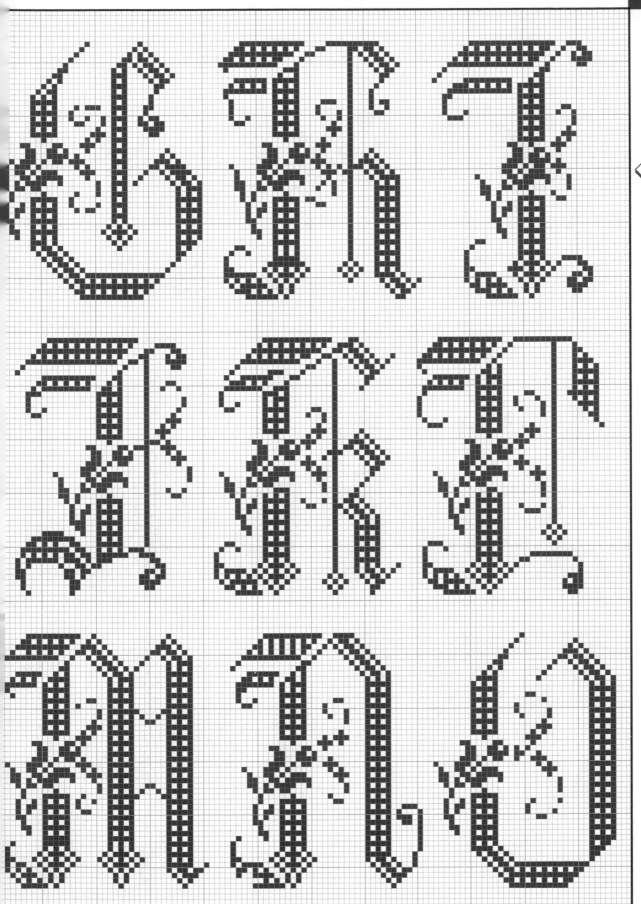

706

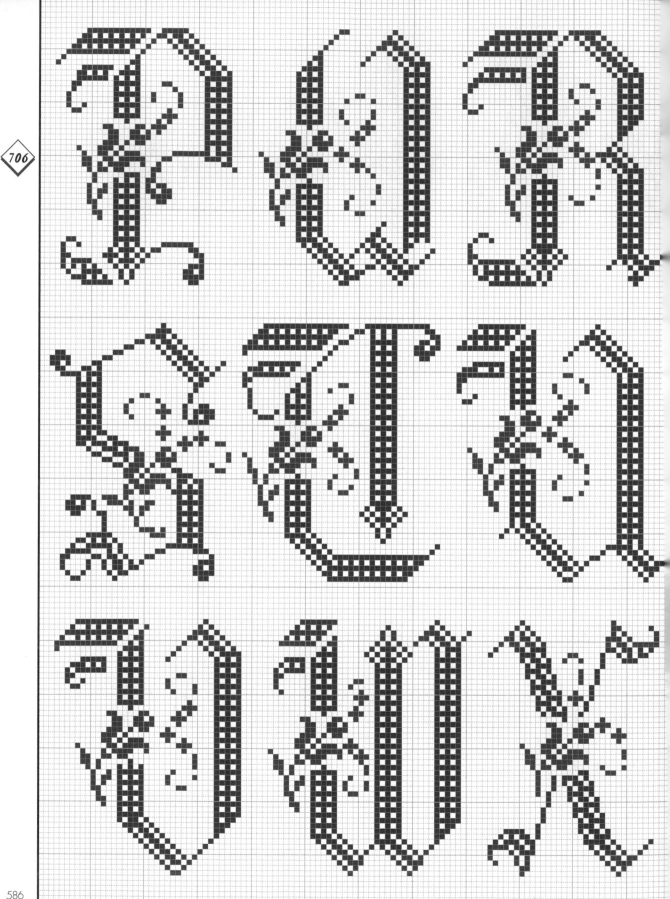

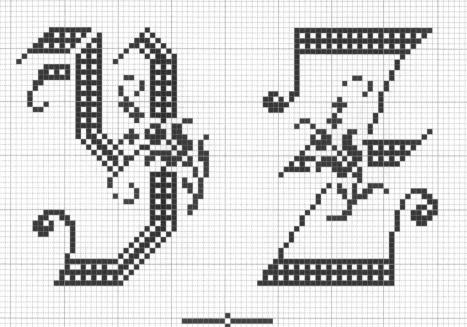

706

707

707

707

708

708

709

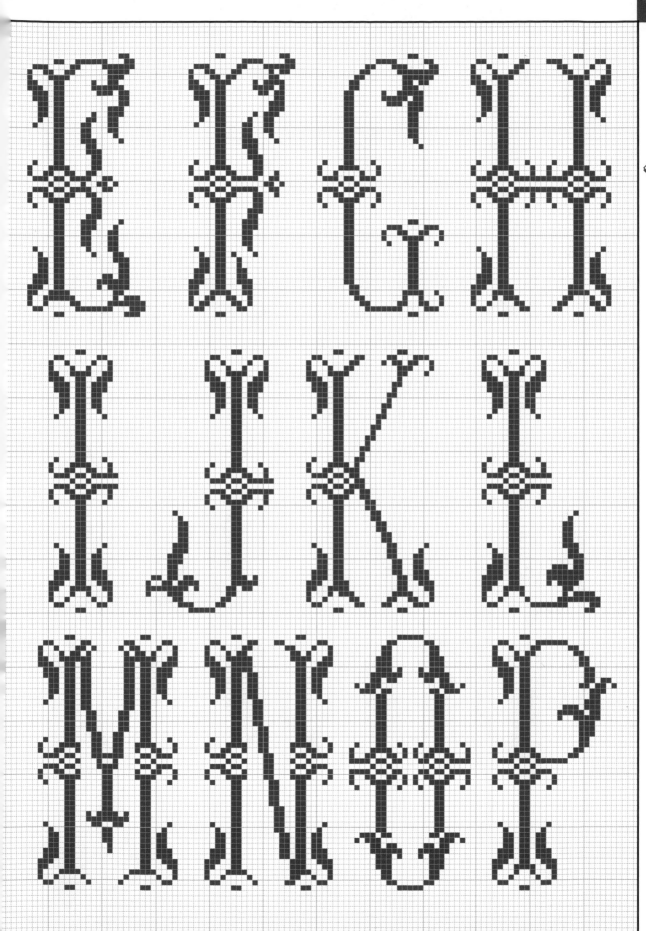

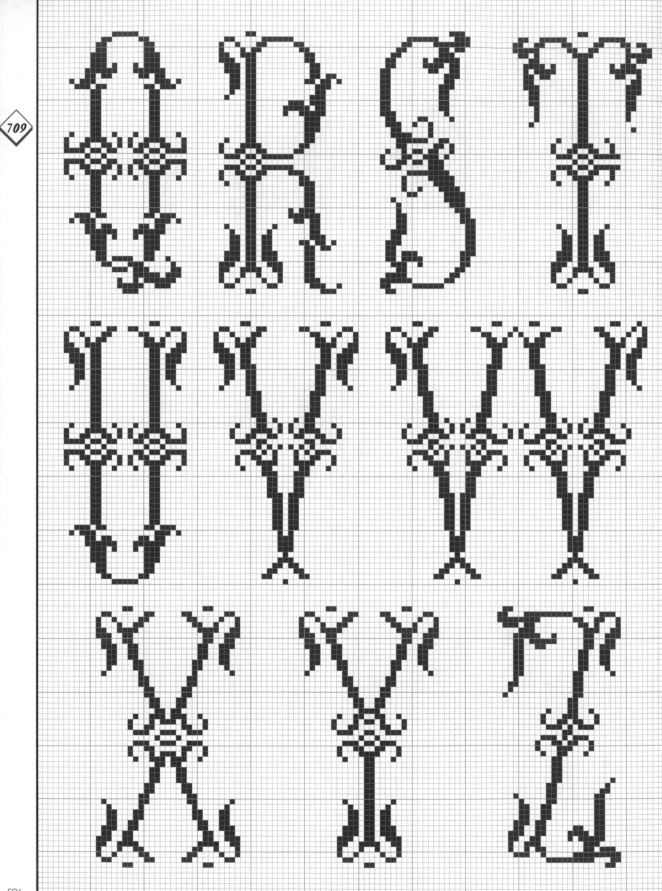

709

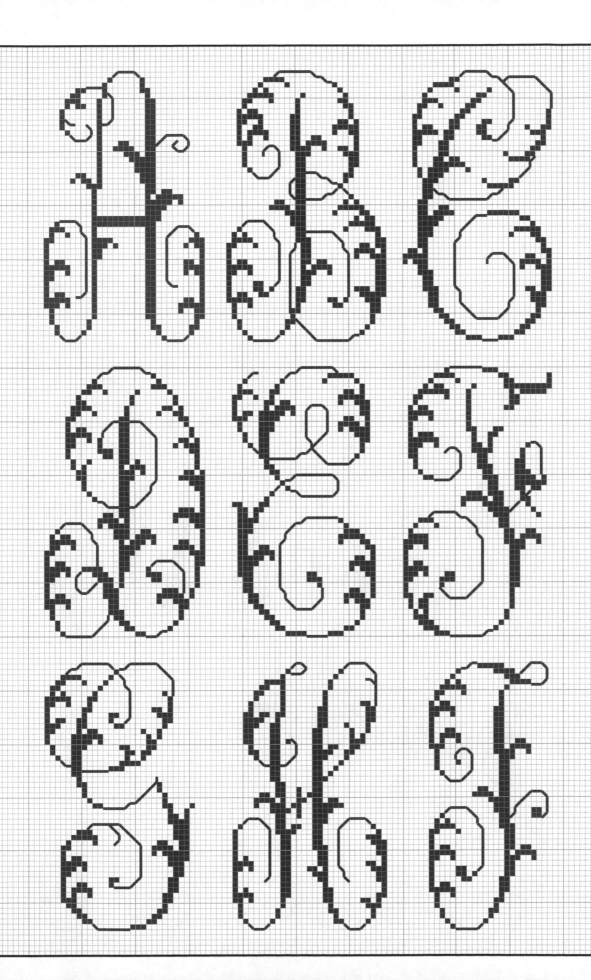

710

711

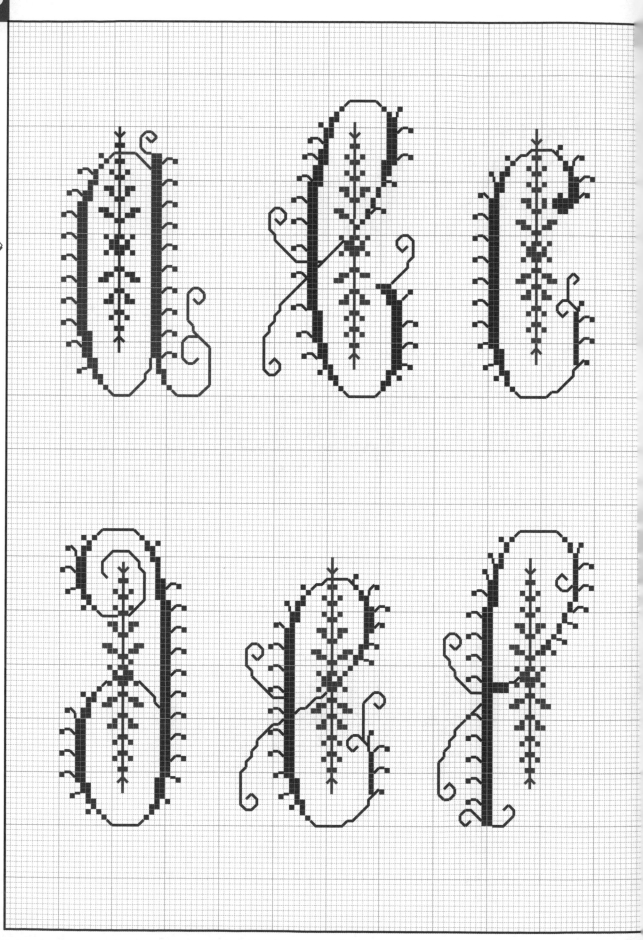

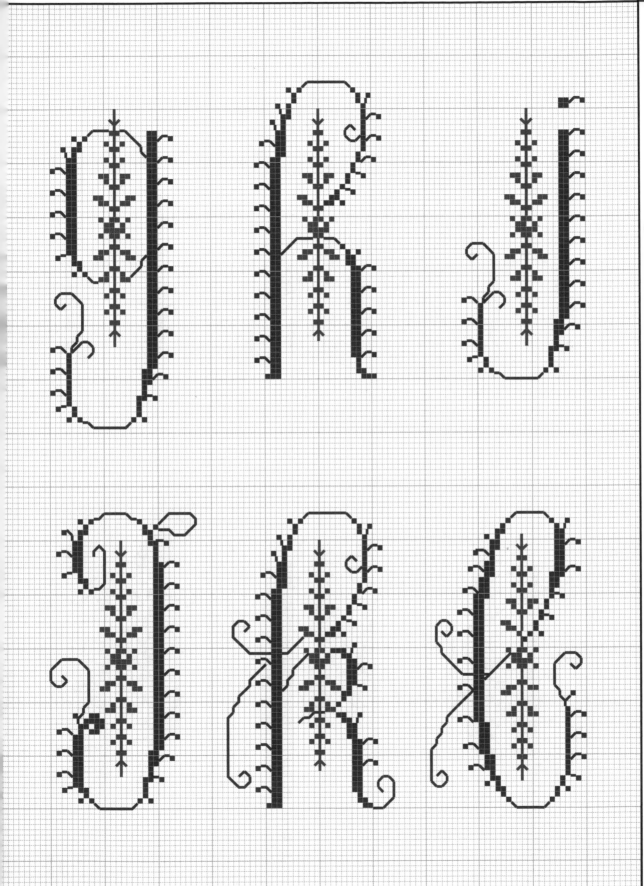

711

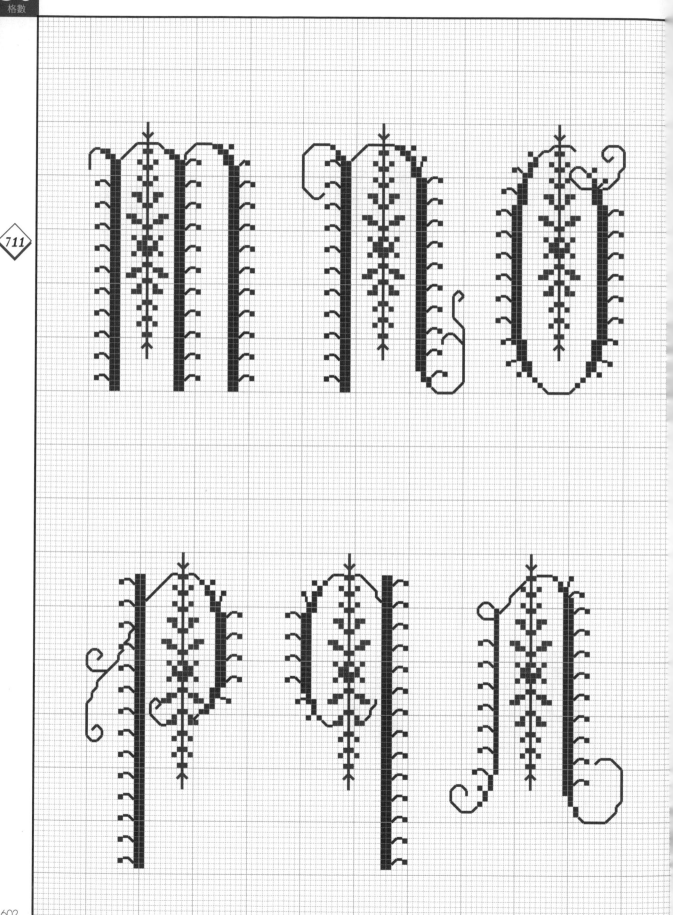

711

711

711

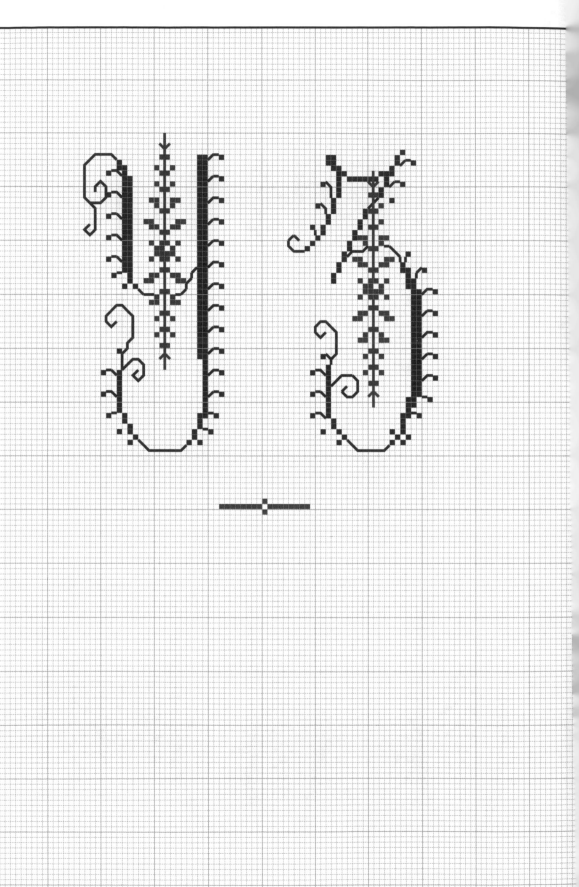

712

712

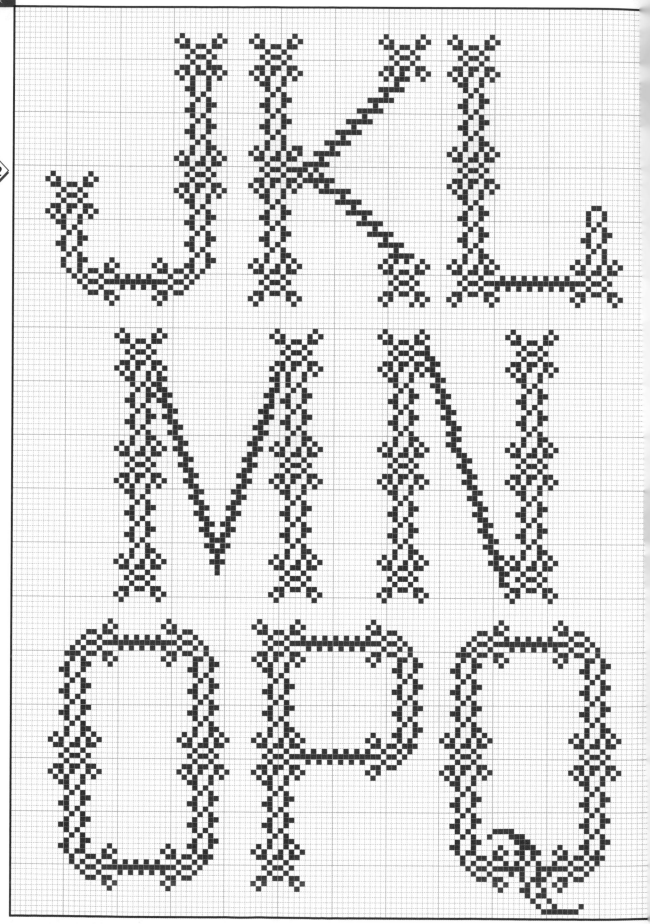

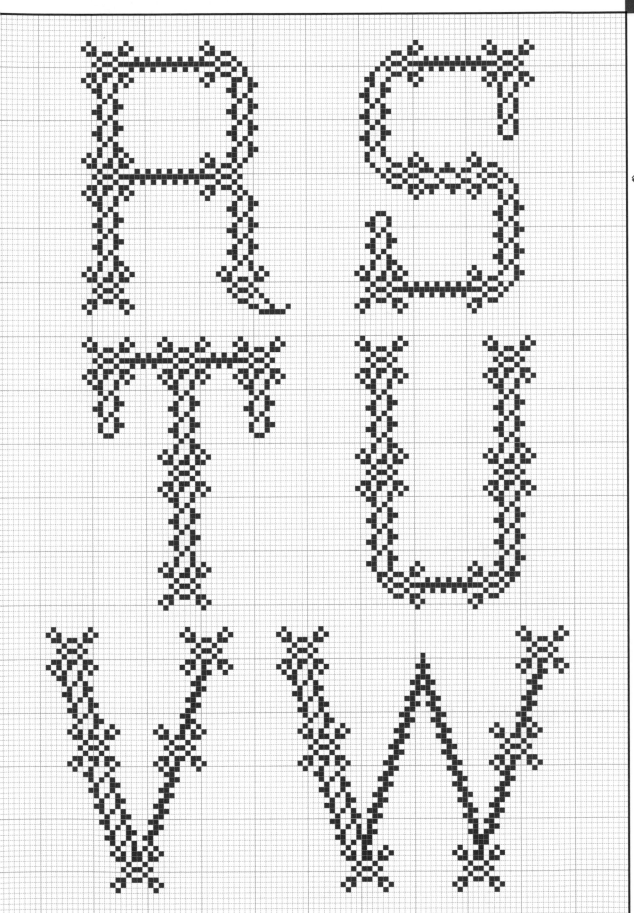

712

713

713

713

714

714

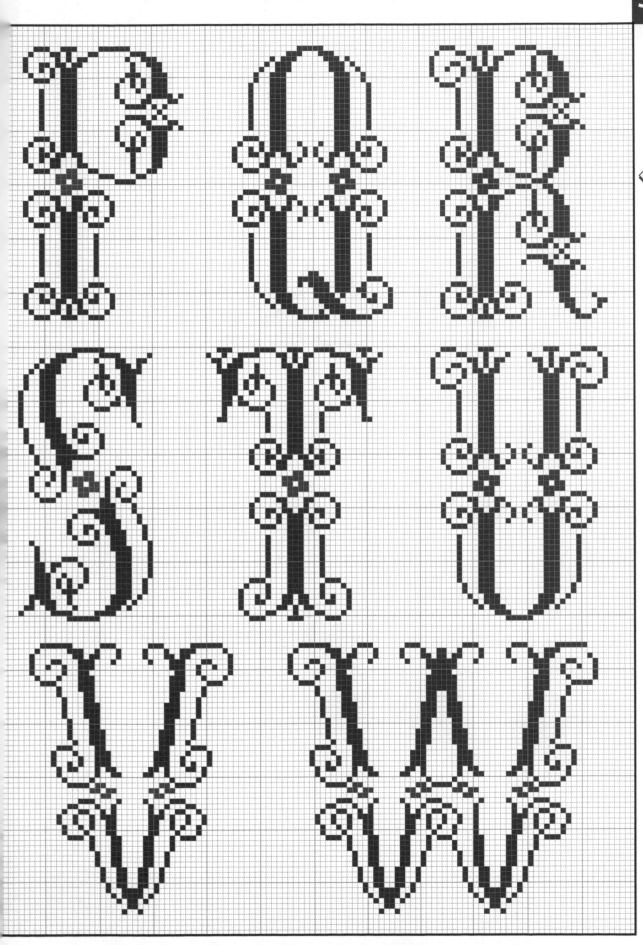

714

⬦714

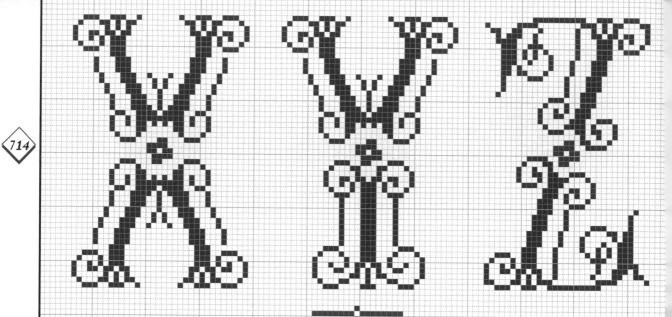

715

715

715

716

716

716

716

716

717

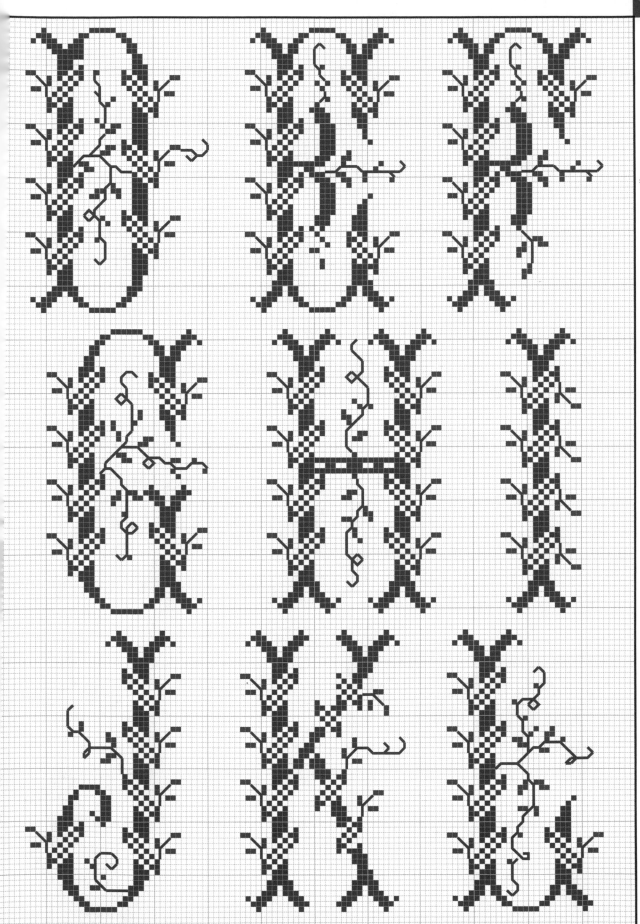

717

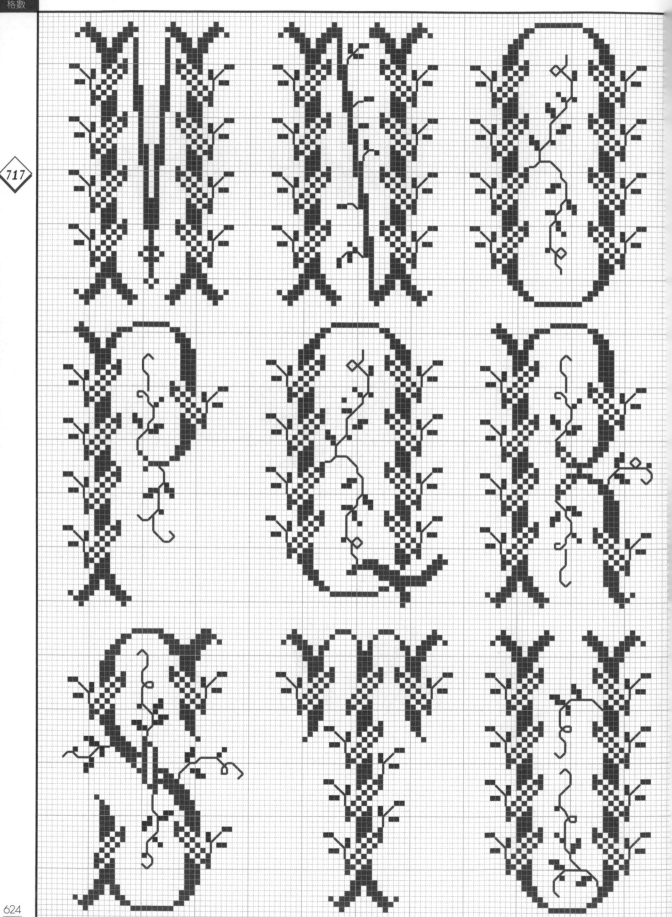

718

718

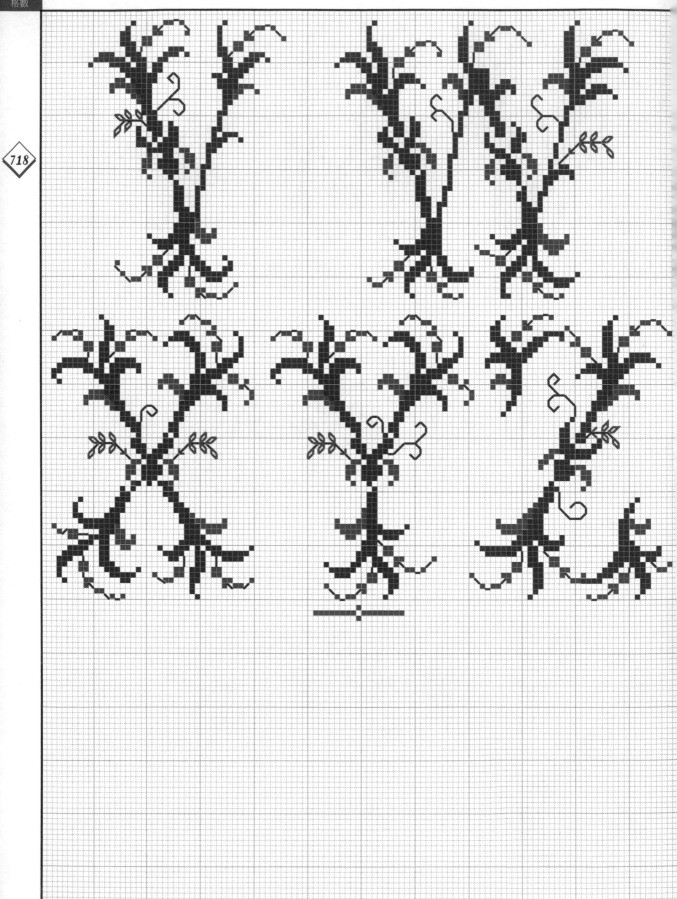

718

719

719

719

719

720

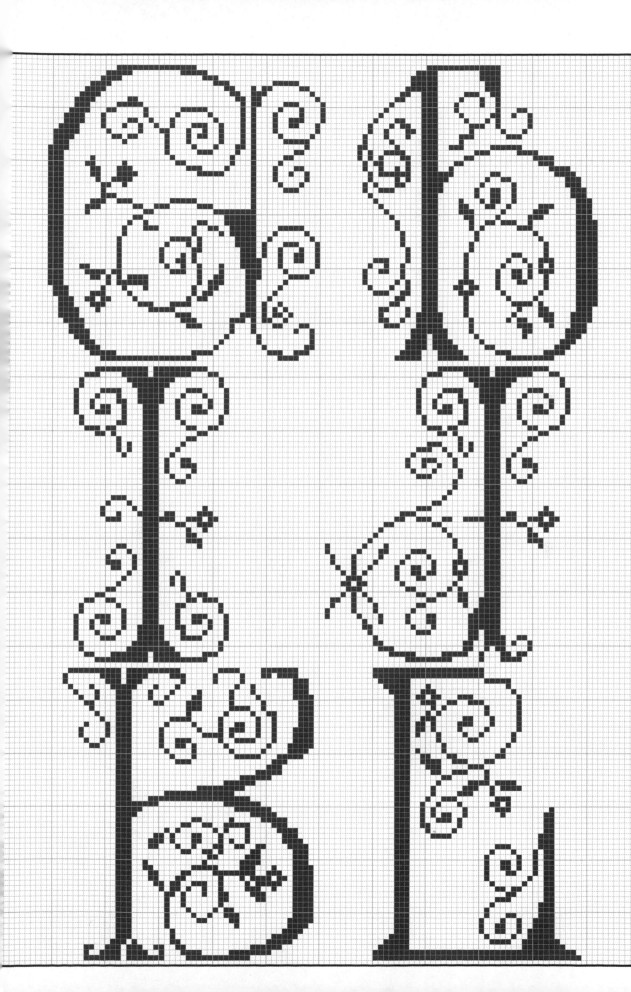

720

720

720

721

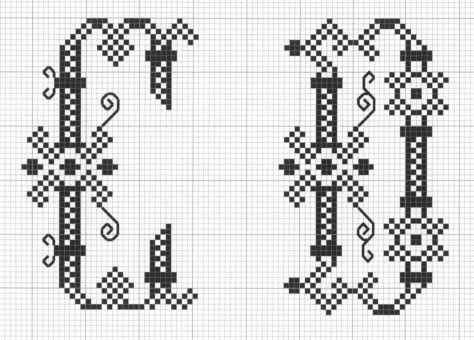

721

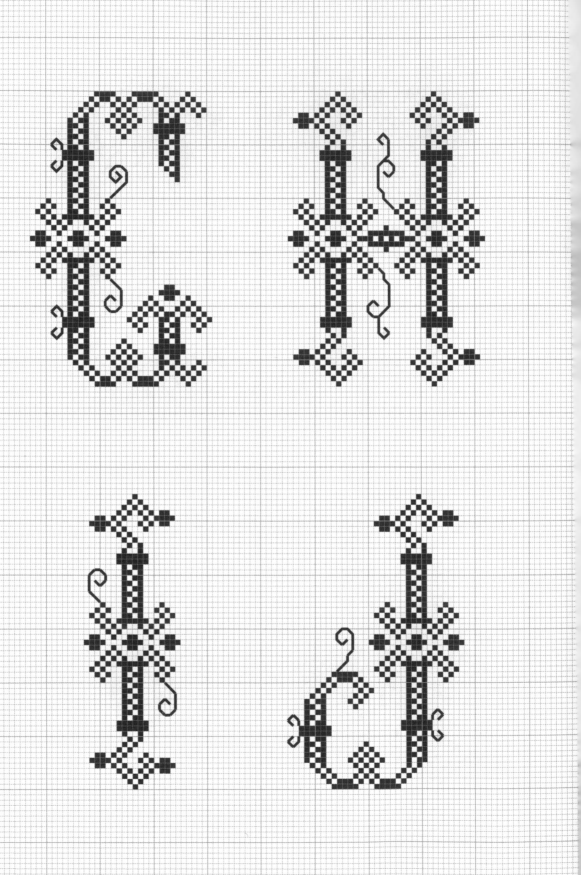

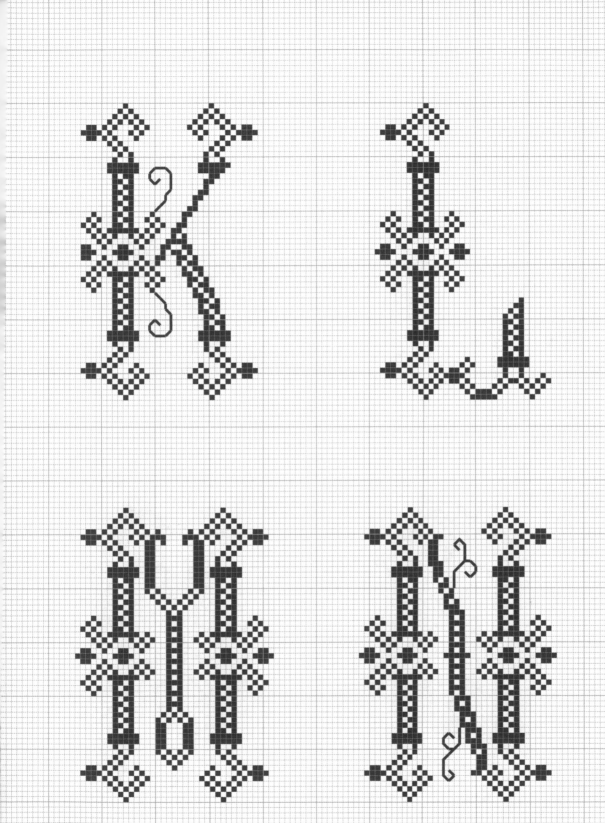

721

721

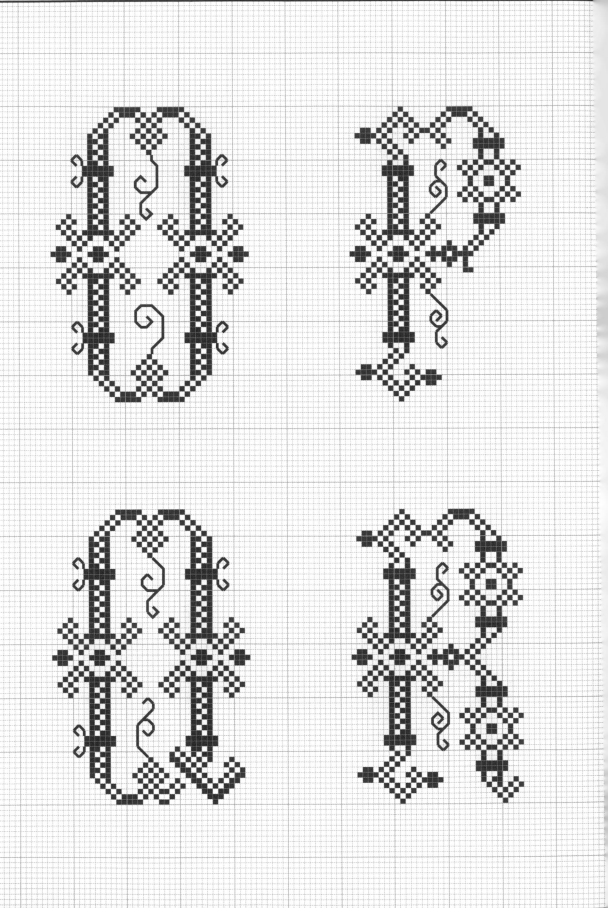

721

721

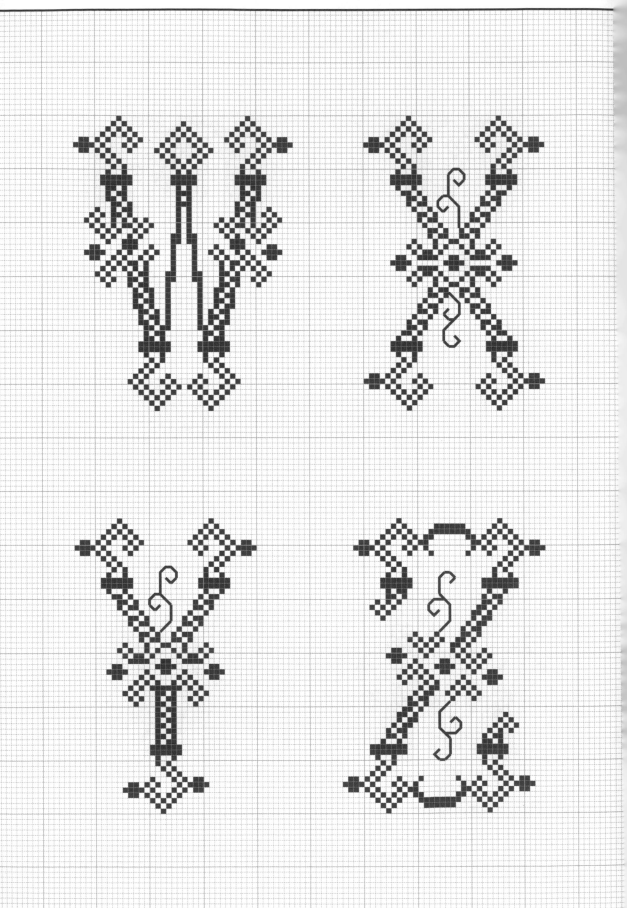

722

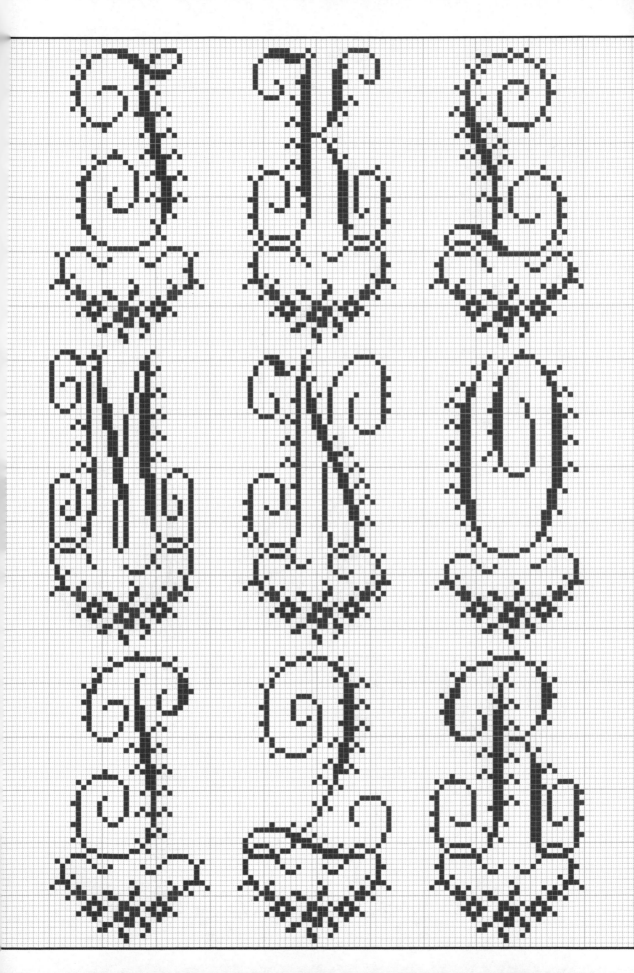

723

724

724

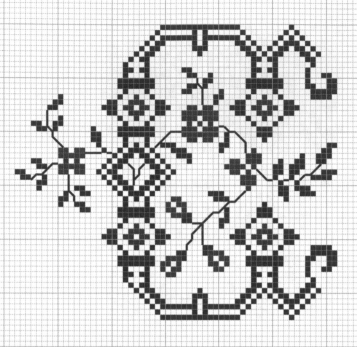

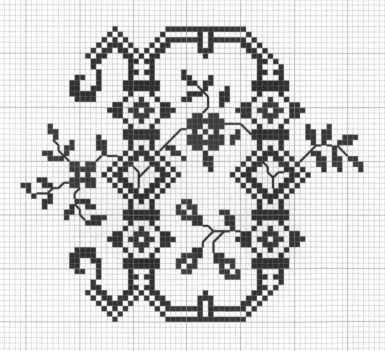

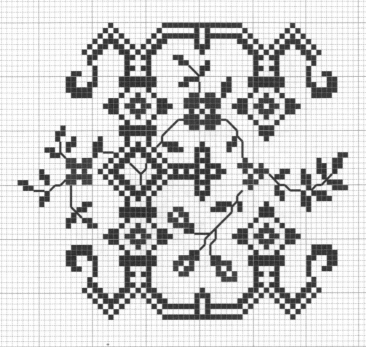

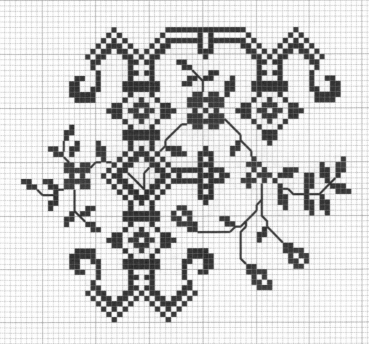

724

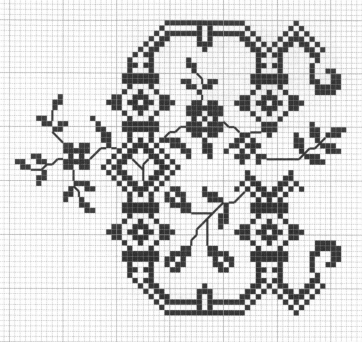

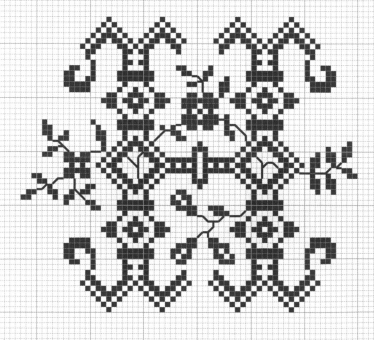

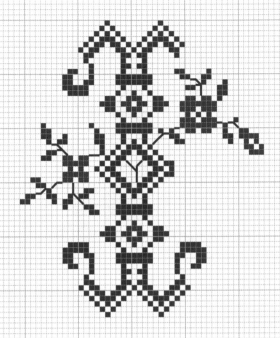

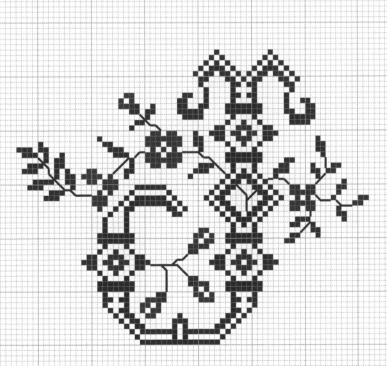

724

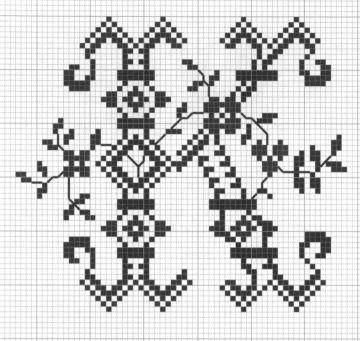

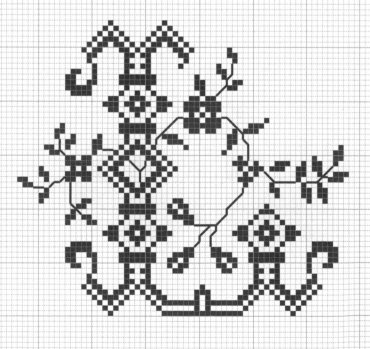

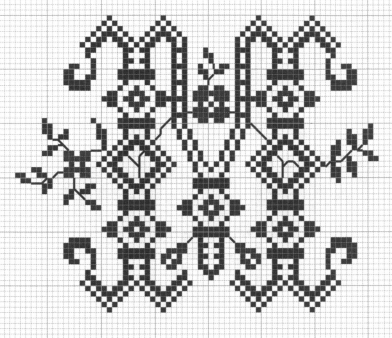

724

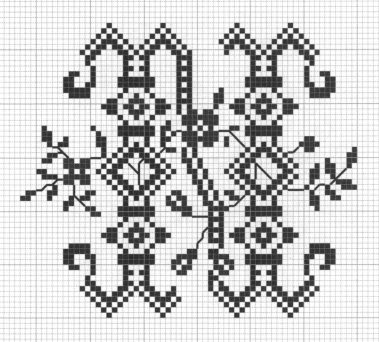

724

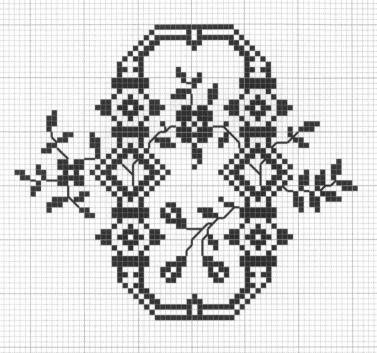

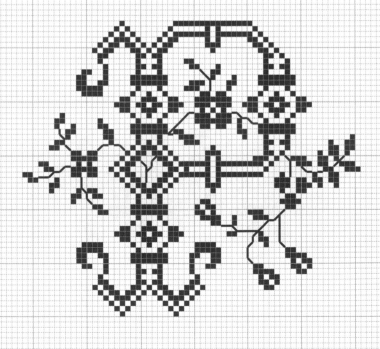

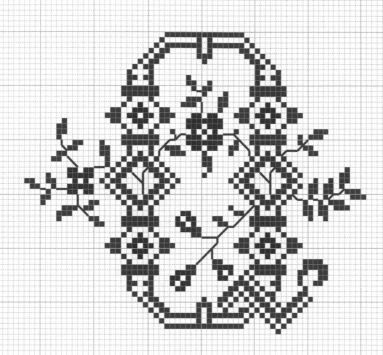

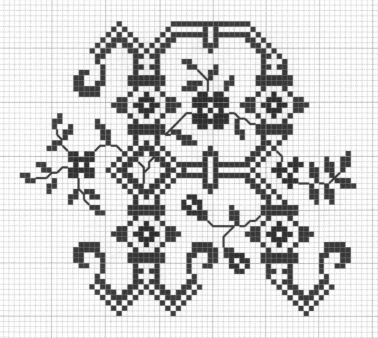

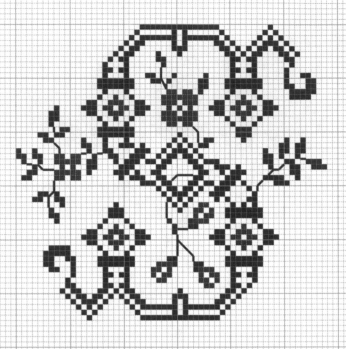

724

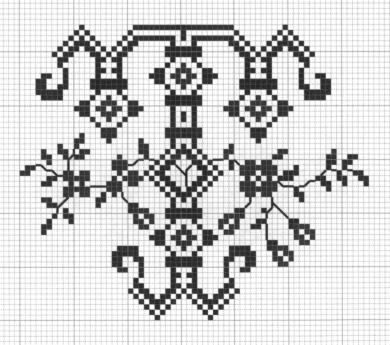

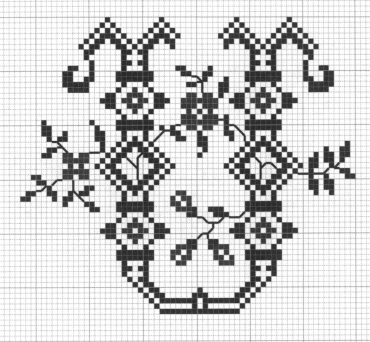

724

724

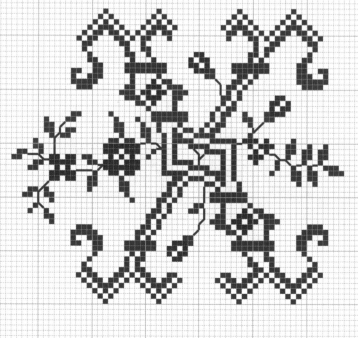

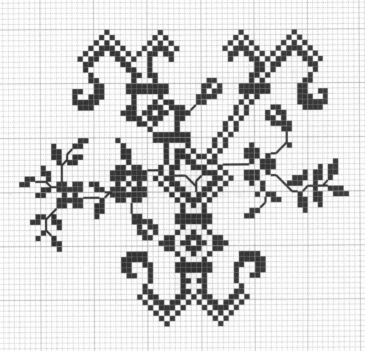

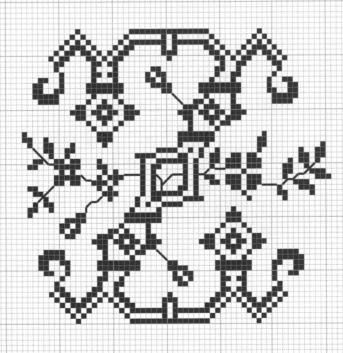

725

725

725

725

725

725

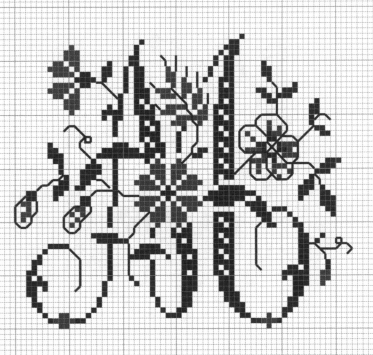

725

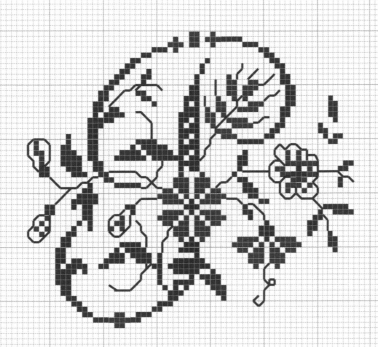

725

725

725

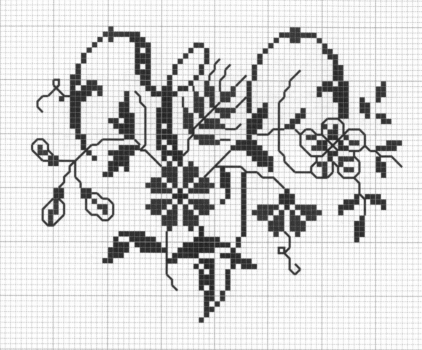

725

725

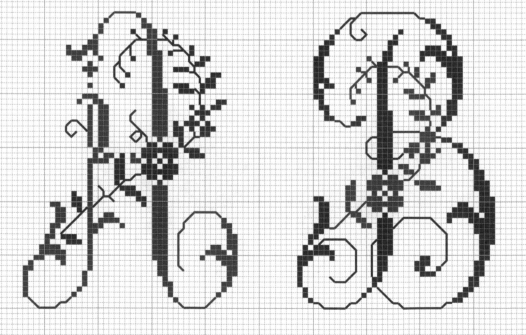

726

726

726

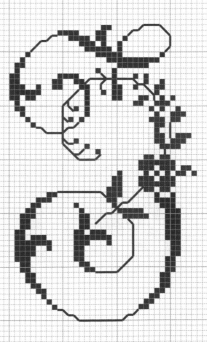

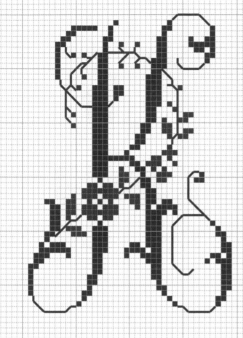

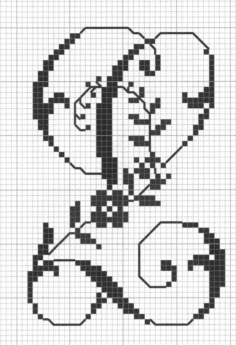

726

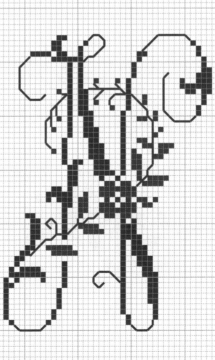

726

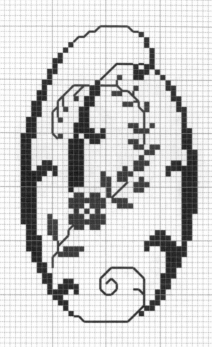
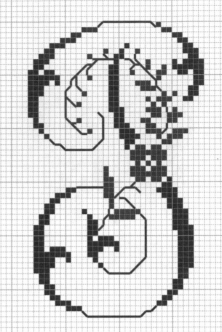

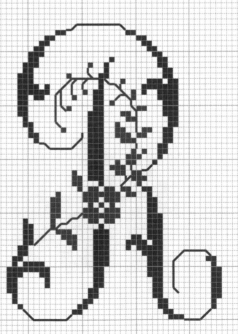

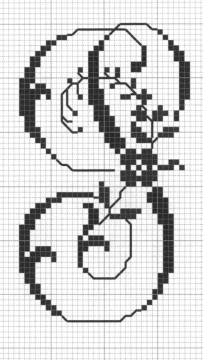

726

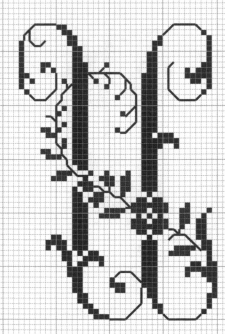

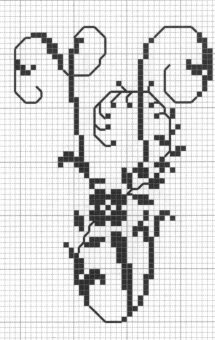

726

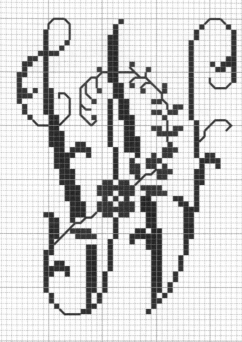
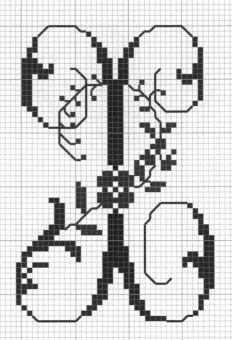
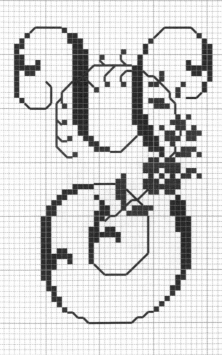
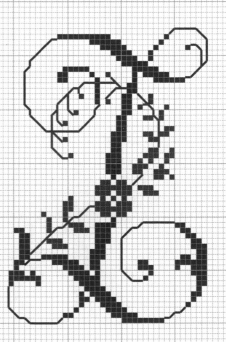

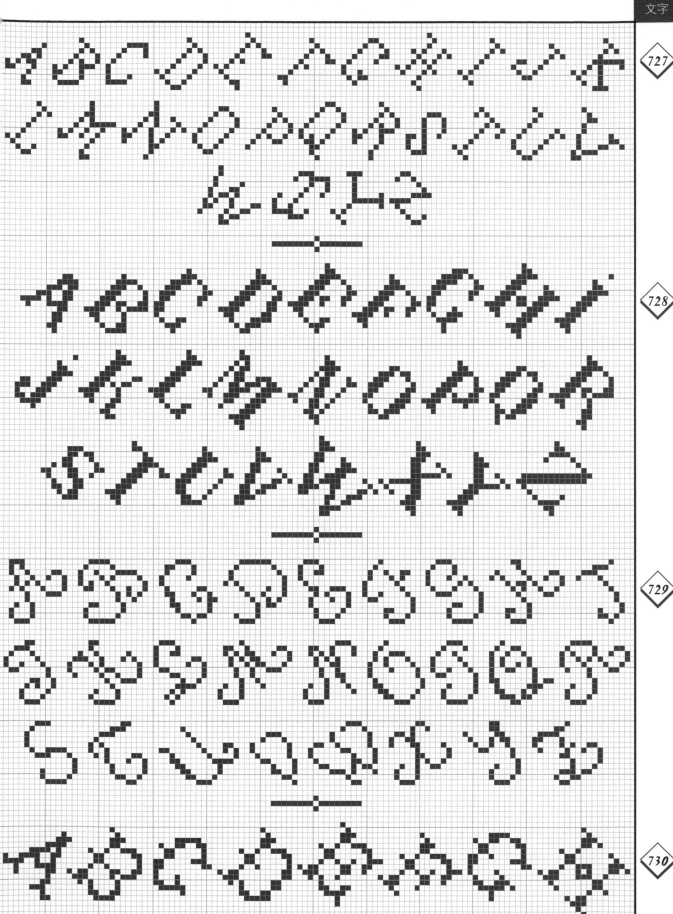

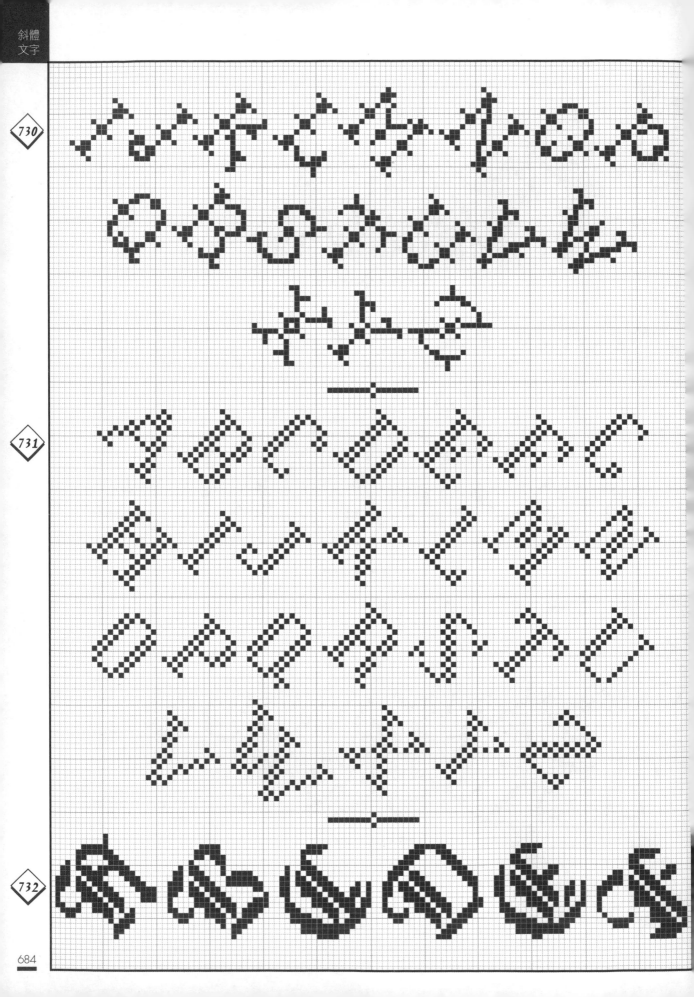

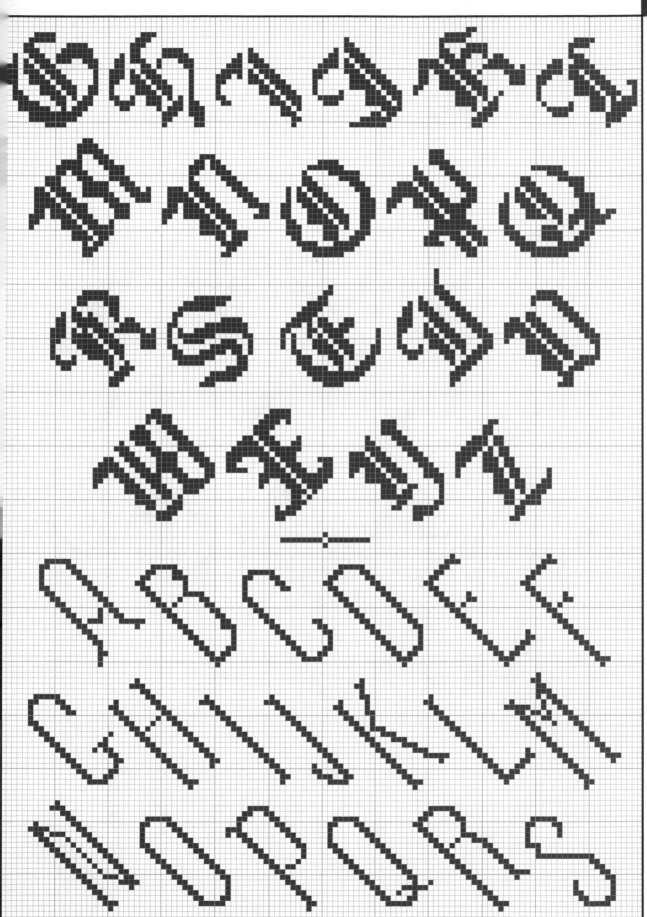

733

734

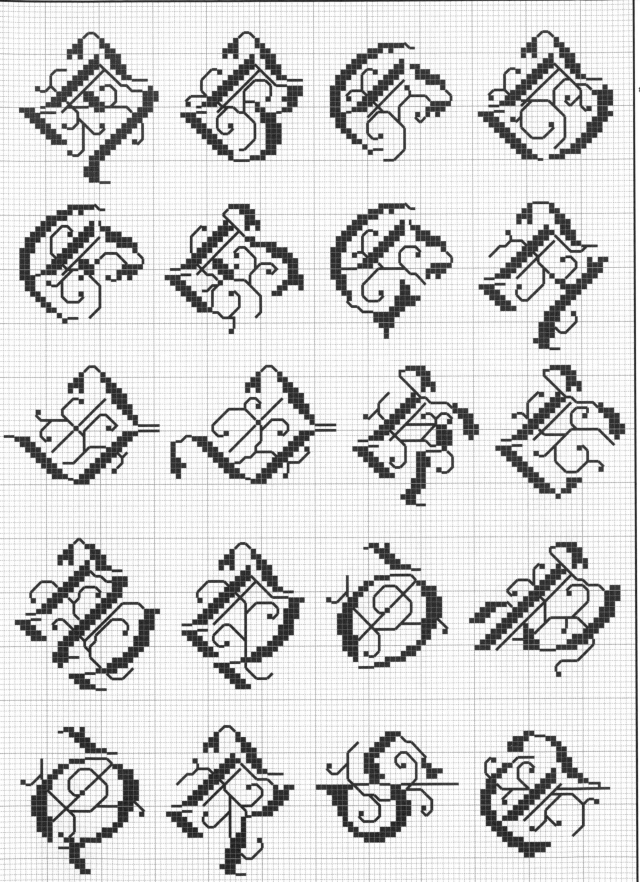

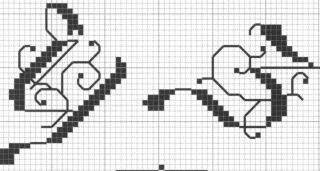

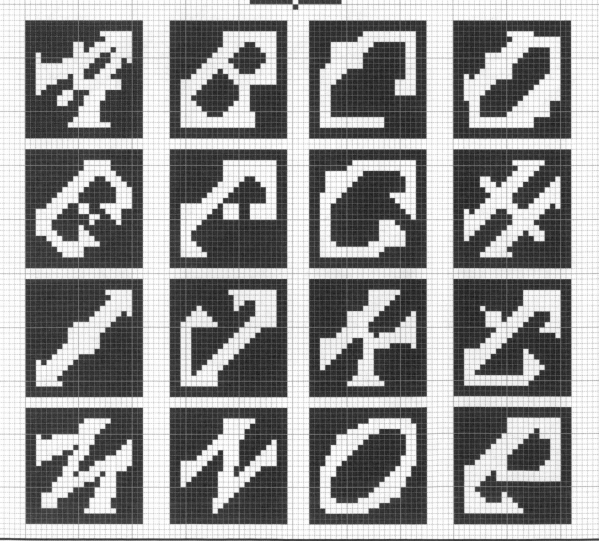

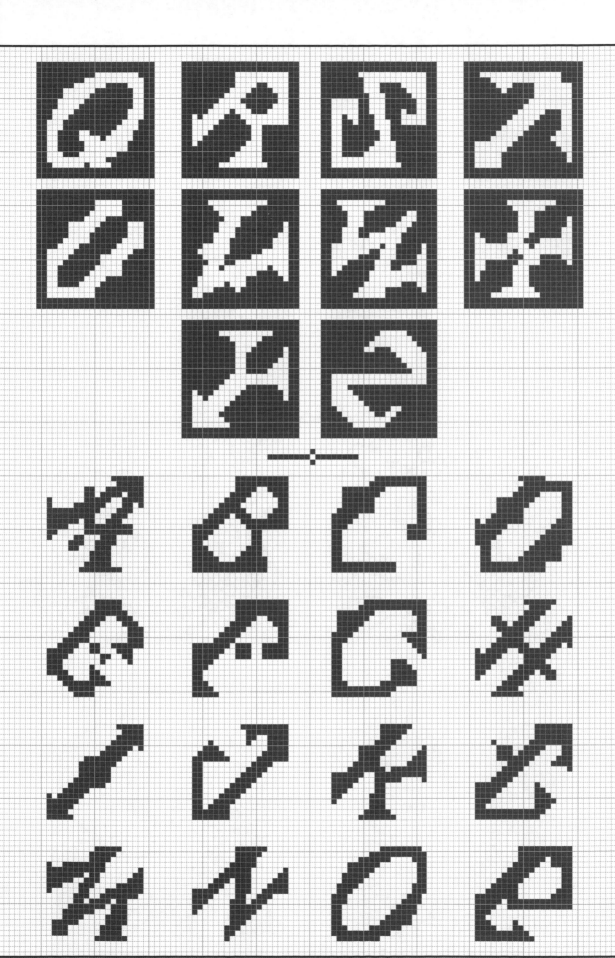

737

738

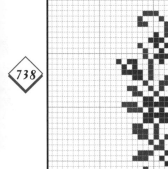

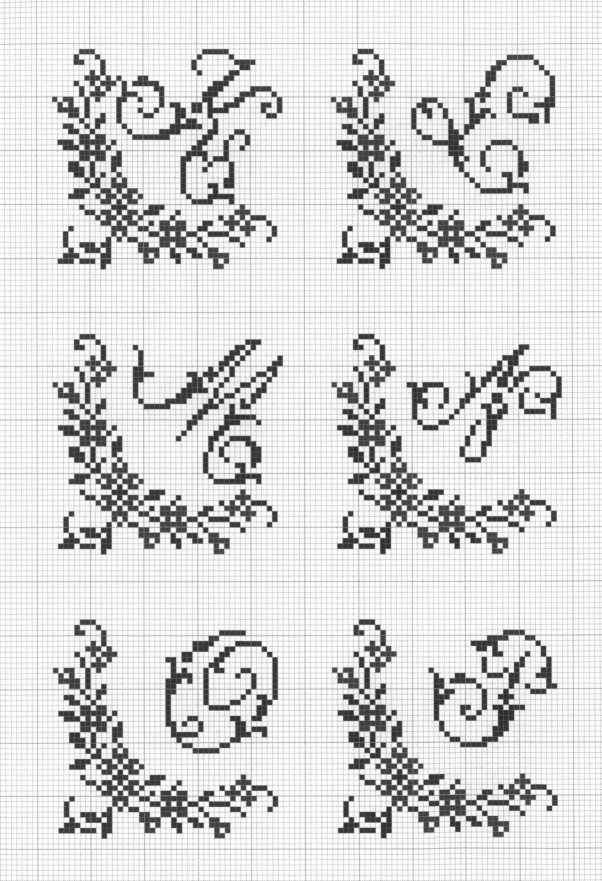

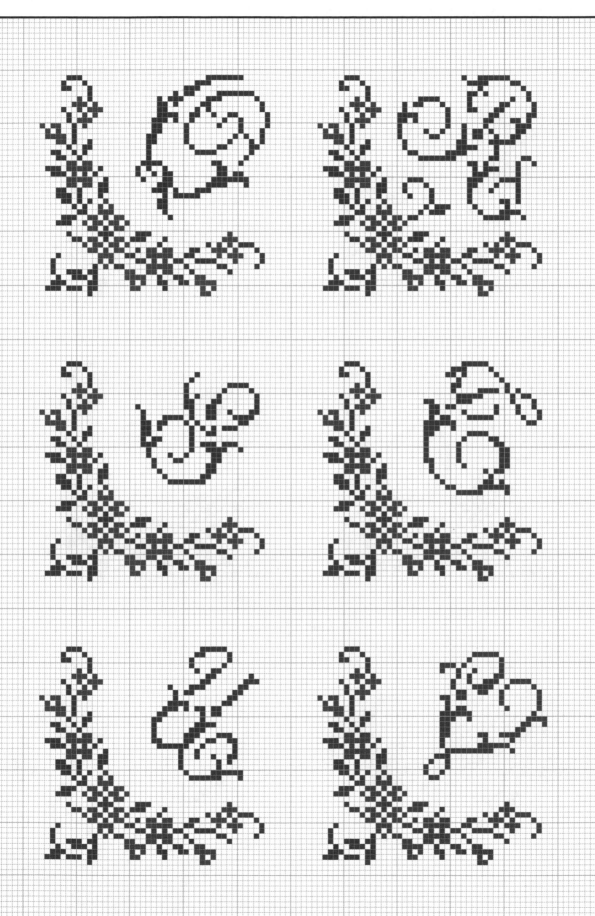

738

739

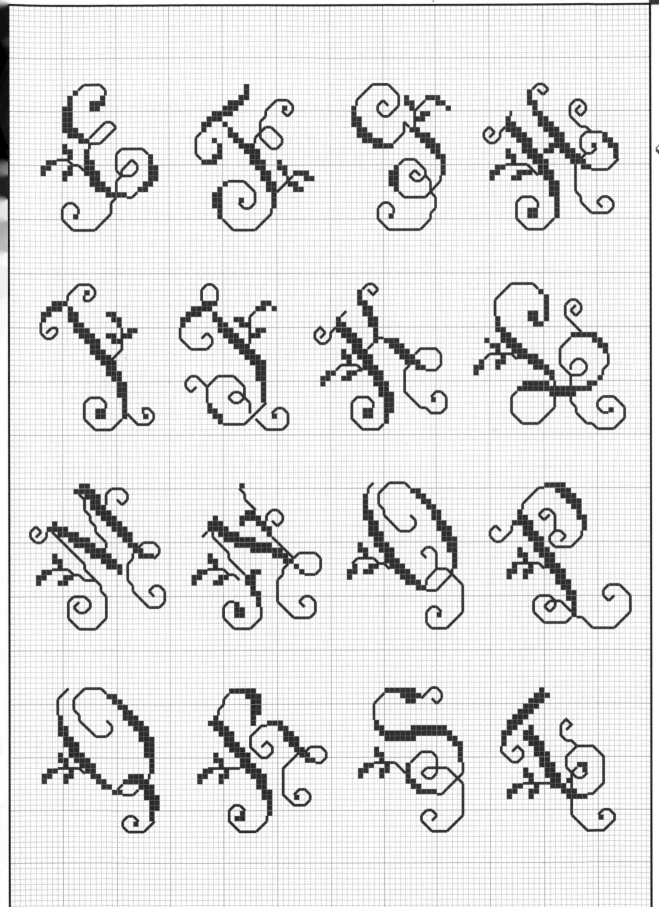

1234567890

1234567890

1.2 3 4 5 6 7 8 9 0

1 2 3 4 5 6 7 8 9 0

1 2 3 4 5 6 7 8 9 0

1 2 3 4 5 6 7 8 9 0

1 1 3 4 5 6 7 8 9 0

1 2 3 4 5 6 7 8 9 0

1 2 3 4 5 6 7 8 9 0

1 2 3 4 5 6 7 8 9 0

1 2 3 4 5 6 7 8 9 0

1 2 3 4 5 6 7 8 9 0

1 2 3 4 5 6 7 8 9 0

1 2 3 4 5 6 7 8 9

1 2 3 4 5 6 7 8 9 0

1 2 3 4 5 6 7 8 9 0

1 2 3 4 5 6 7 8 9 0

1 2 3 4 5 6 7 8 9 0

1 2 3 4 5 6 7 8 9 0

1 2 3 4 5 6 7 8 9 0

1 2 3 4 5 6 7 8 9 0

740
741
742
743
744
745
746
747
748
749
750
751
752
753
754
755
756
757
758
759
760

761 1234567890

762 1234567890

763 1234567890

764 1234567890

765 1234567890

766 1234567890

767 1234567890

768 1234567890

769 1234567890

770 1234567890

771 1234567890

772 1234567890

773 1234567890

774 1234567890

775 1234567890

776 1234567890

777 1234567890

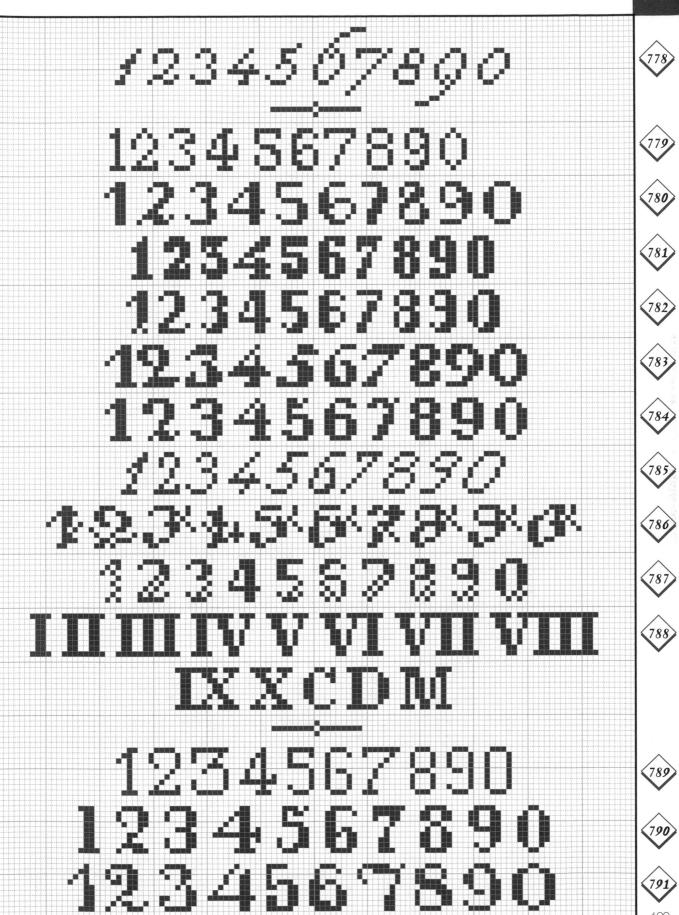

778
779
780
781
782
783
784
785
786
787
788
789
790
791

792 1234567890

793 1234567890

794 1234567890

795 1234567890

796 1234567890

797 I II III IV V VI
VII VIII IX X

798 1234567890

799 1234567890

800 1234567890

801 1234567890

802 1234567890

803 1234567890

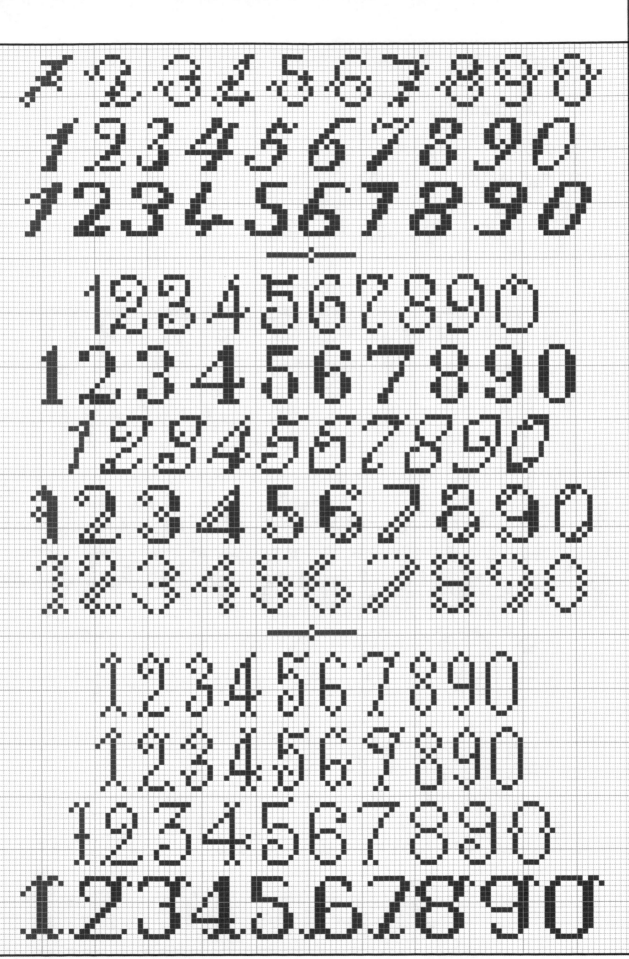

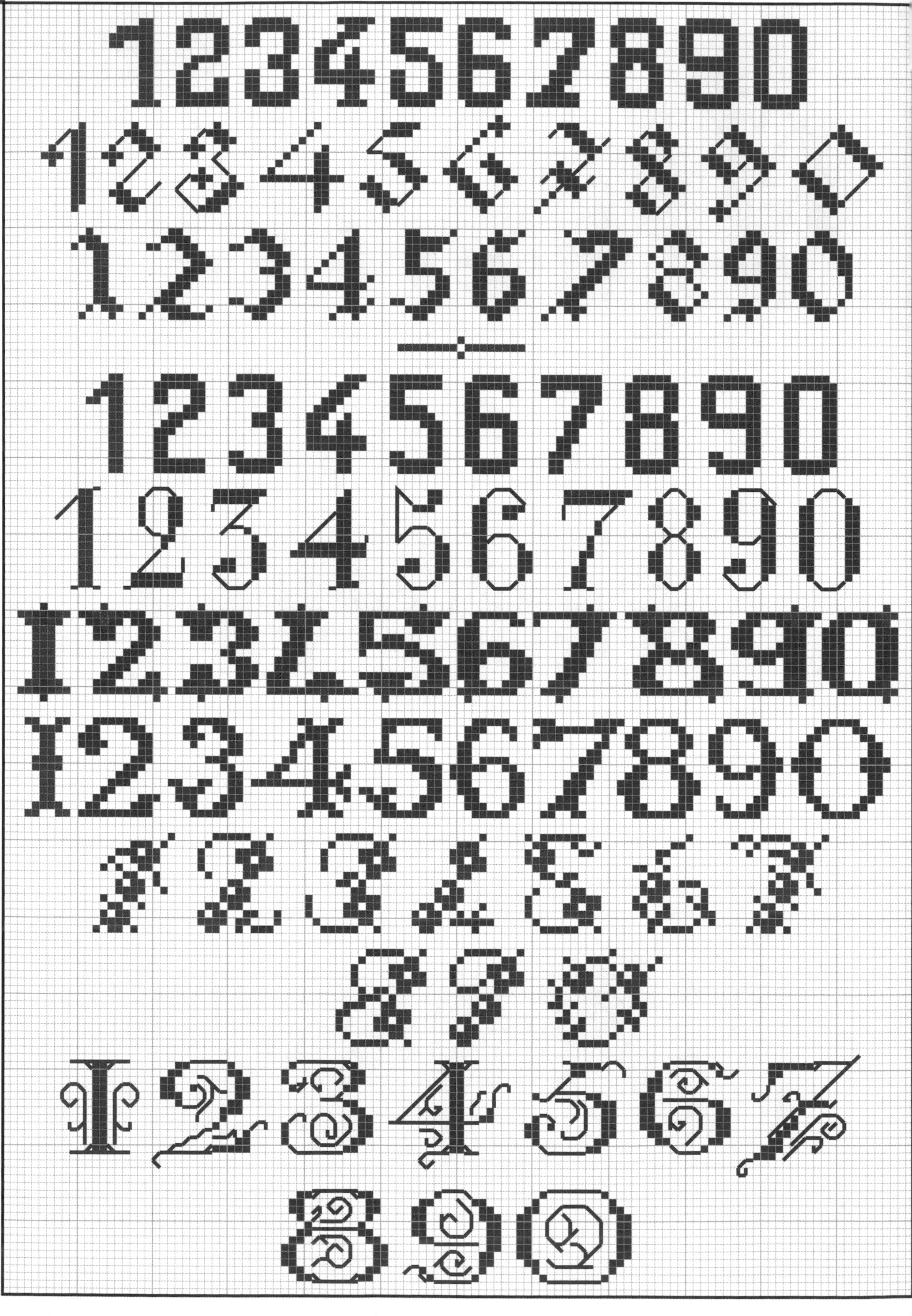

816 1234567890
817 1234567890
818 1234567890
819 1234567890
820 1234567890
821 1234567890
822 1234567890
823 1234567890
824 1234567890

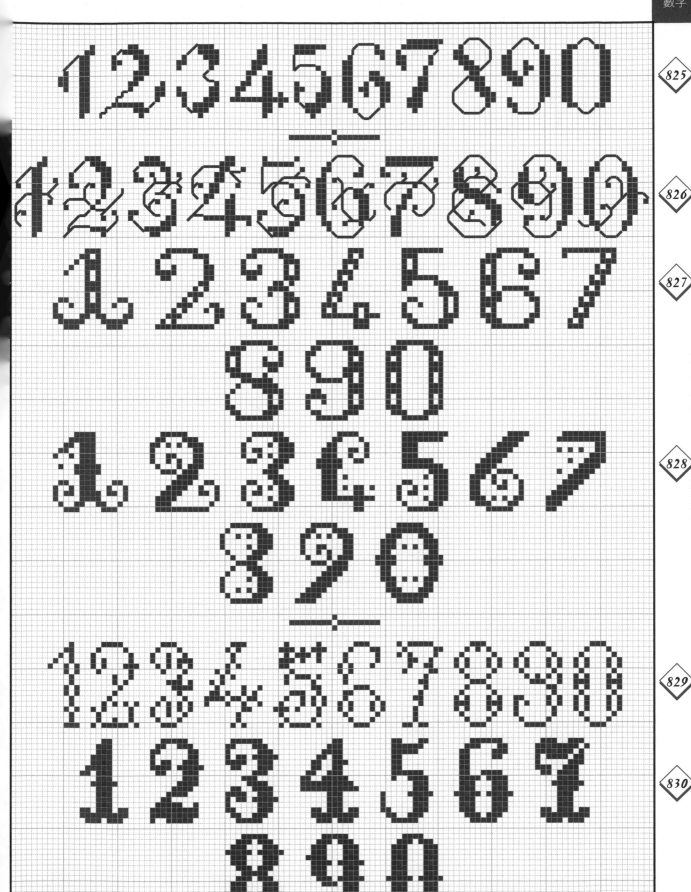

825

826

827

828

829

830

831　1234567890

832　1234567890

833　1234567890

834　1234567890

835　1234567890

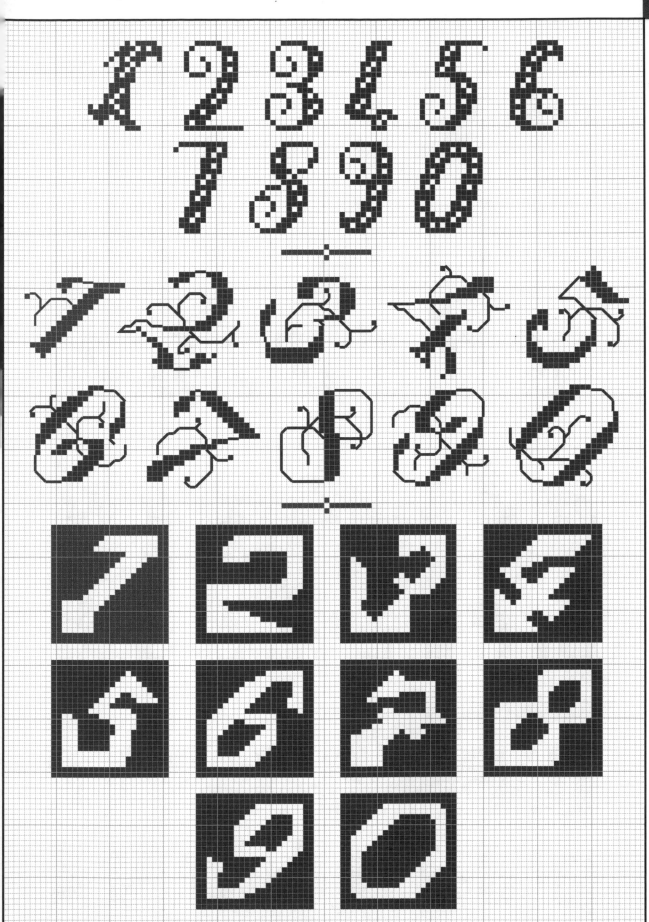

839

亞美尼亞字體（小寫）

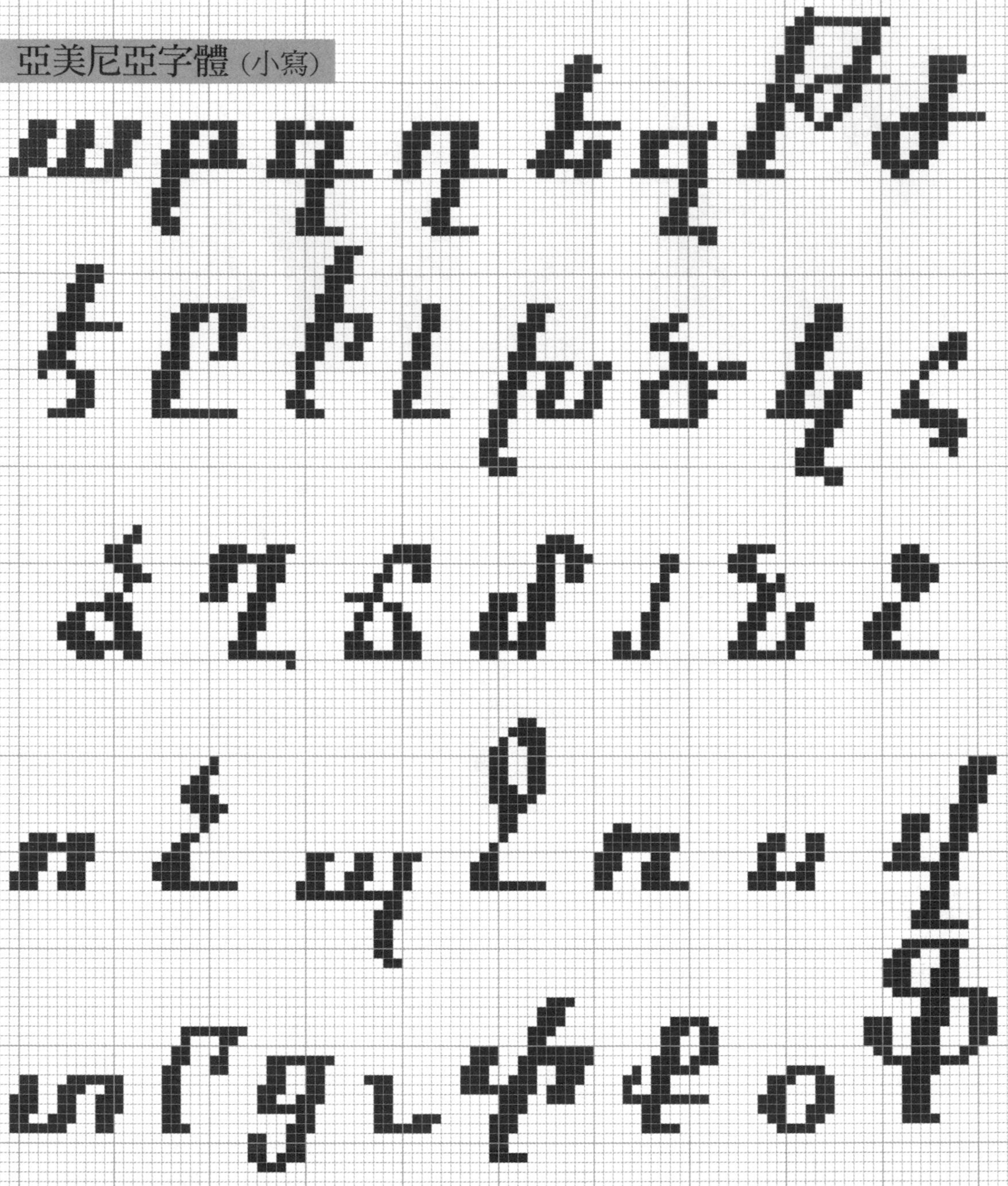

亞美尼亞字體（大寫）

840

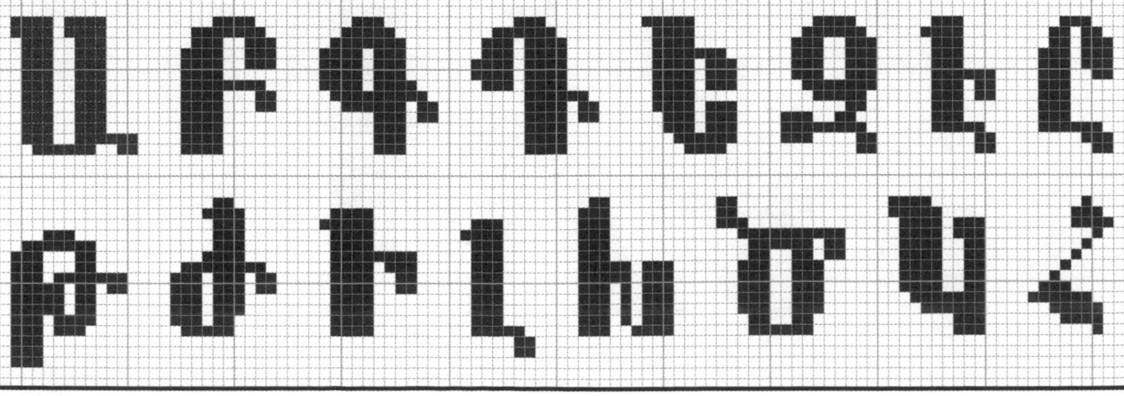

840

841

希臘字體

Aα Bβ Γγ Δδ

Eε Zζ Hη Θθ Iι

Kκ Λλ Mμ Nν

Ξξ Oo Ππ Pρ

Σσ Tτ Yυ Φφ

Xχ Ψψ Ωω

希伯來字體

842

俄羅斯字體

843

АБВГДЕЖЗИ
ЙКЛМНОПРС
ТУФХЦЧШЩ
ЬЫЗЭЮЯ

塞爾維亞字體

844

ЂЈЉЊЋЏ

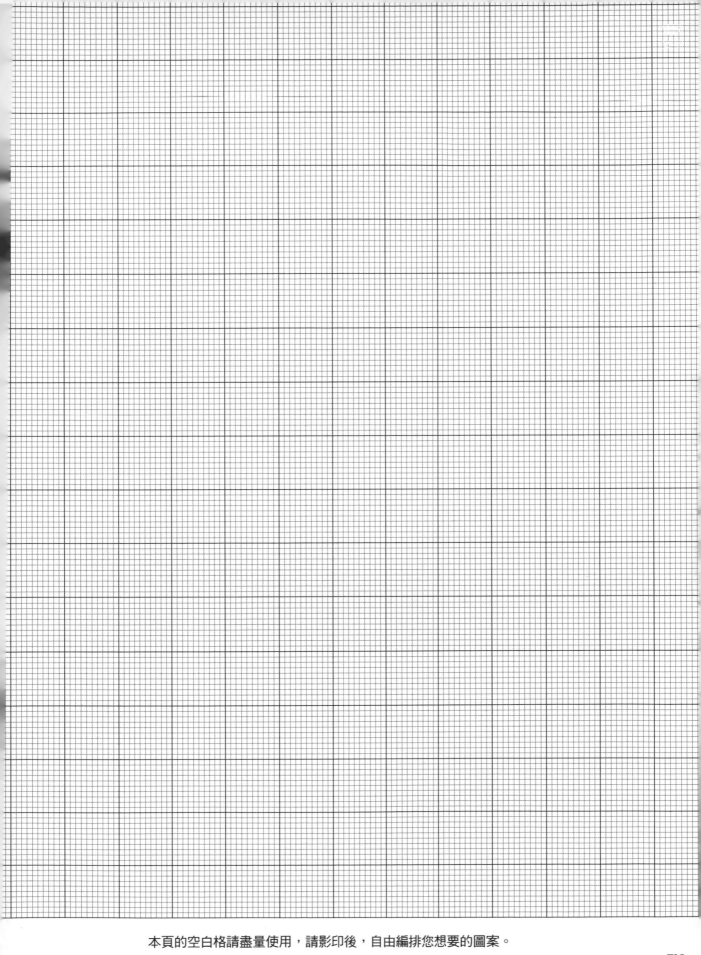

本頁的空白格請盡量使用，請影印後，自由編排您想要的圖案。

本頁的空白格請盡量使用，請影印後，自由編排您想要的圖案。

致謝

自出版第一本書後，在我身邊一起刺繡的人們，讓這個圈子不斷地擴大。許多朋友無私地與我分享他們的珍藏或資料，因為樂於見到我欠他們的這本聖經終於出版！而我也非常感謝他們對我的信心及真摯的友誼。

我要特別謝謝Marie－Jo Lemercier，由於她的職業天賦，而得以帶動此次的出版計劃；Renollet姐妹，Octavie及Liliane，感謝妳們的熱情支持；Pierrette Bonnard，妳是個永不疲倦的刺繡愛好者；Sirirat及Denis Chabault，我身邊最有默契的伙伴，給我專業諮詢，也給我最無限的心靈支持；Armelle Boisson，妳的活力令我臣服；還有其他所有奉獻你們的時間，甚至許多時候是在無法知道何時能結束的狀況，允許我參考你們珍貴的收藏，讓我得以挖出許多珍貴的寶物，在這本獨一無二的書裡展現出來。特別要謝謝Marni Robins，在佛羅里達的角落鼓舞著我，使我能在這次的出版計劃上更有國際視角；還有Juliette，William Sheller及Maxime Leforestier，因為你們的歌曲的陪伴，照亮了我在2008年秋天那些埋頭研究的時光。

至於我該如何答謝Paulette和Guy Rousset，我最初的編輯，而今由他們的女兒Viviane接掌家業的Editions de Saxe出版社呢！他們以旺盛的好奇心及無與倫比的熱忱進入且經營這個行業，在這些與他們一起工作的日子裡，對我來說，是一份極為難能可貴的愉悅歷程。

作者其它著作

《Vilaines》小說
Albin Michel出版社，1995年

《Le Livre des lettres》
Editions de Saxe出版社，2000年（絕版）

《Le Livre des lettres d'ici et d'ailleurs》
2001年（絕版）

《Le Répertoire des motifs，超過1200個十字繡圖樣》
Mango出版社，2002年

《Anges et chérubins，超過80個十字繡的天使圖樣》
Mango出版社，2002年

《Majuscules et minuscules》
Mango出版社，2003年

《Le Répertoire des frises，超過1400種十字繡的角度和點綴圖樣》
Mango出版社，2004年

《Le Répertoire des alphabets，超過5500種融合字母大小寫&數字的十字繡圖案》
Mango出版社，2004年

《Saisons romantiques，超過100種十字繡造形圖案》
Mango出版社，2004年（絕版）
《Bordures et frises fleuries，超過145種十字造形圖案》
Mango出版社，2004年（絕版）

《Marquoirs en liberté》
Marabout出版社，2005年（絕版）

❤ 愛│刺│繡 11

十字繡聖經：手作人の完美刺繡典藏Bible

完整收錄844款英文字母×數字&20,000種刺繡字型，創意組合Fun手繡！

作　　者／Valérie Lejeune
譯　　者／丁廣貞
發 行 人／詹慶和
總 編 輯／蔡麗玲
執行編輯／黃璟安
編　　輯／蔡毓玲・劉蕙寧・陳姿伶・白宜平・李佳穎
執行美編／陳麗娜
美術編輯／周盈汝・李盈儀・翟秀美
出 版 者／雅書堂文化事業有限公司
發 行 者／雅書堂文化事業有限公司
郵撥帳號／18225950
戶　　名／雅書堂文化事業有限公司
地　　址／新北市板橋區板新路206號3樓
電　　話／（02）8952-4078
傳　　真／（02）8952-4084
網　　址／www.elegantbooks.com.tw
電子郵件／elegantbooks@msa.hinet.net

2015年4月初版一刷　定價1200元

Bible des lettres au point de croix, volume 1, Valérie Lejeune© Les Editions
de Saxe－2011
All rights reserved.
Chinese complex translation copyright©ELEGANT BOOKS CULTURAL
ENTREPRISE Co.,ltd.,2015
Published by arrangement with Les Editions de Saxe through LEE`s
Literary Agency

總經銷／朝日文化事業有限公司
進退貨地址／新北市中和區橋安街15巷1號7樓
電話／(02) 2249-7714
傳真／(02) 2249-8715

國家圖書館出版品預行編目資料

十字繡聖經：手作人の完美刺繡典藏Bible：完整收錄844
款英文字母×數字&20,000種刺繡字型,創意組合Fun手
繡！/ Valérie Lejeune著；丁廣貞譯.
-- 初版. -- 新北市：雅書堂文化, 2015.04
　面；　公分. -- (愛刺繡；11)
　譯自：Bible des lettres au point de croix. volume 1
ISBN　978-986-302-231-2 (精裝)
1.刺繡 2.手工藝
426.2　　　　　　　　　　　　　　104001313

法文原書團隊

LES EDITIONS DE SAXE

作　　者：Valérie LEJEUNE
負責人：Viviane ROUSSET
　　　　©2011 Les Editions de Saxe
美　　編：Kaï & Denis
　　　　　CHABAULT
　　　　　Armelle BOISSON
攝　　影：Eric Martin
原書封面設計：Ghislaine HUGUES